KB141836

극한 식물의 세계

끝내 진화하여 살아남고 마는 식물 이야기

일러두기

1. 식물 이름은 국립수목원의 국가표준식물목록(http://www.nature.go.kr/kpni/SubIndex.do)의 표기를 기준으로 했습니다. 국립국어원 표준국어대사전과 일부 다른 경우가 있습니다(리토프스-리돕스, 벼과-볏과).

2. 지명, 인명 등은 국립국어원 외래어 표기법을 따르되 몇몇 표기는 널리 쓰이는 표현을 썼습니다.

3. spp.는 그 속에 있는 여러 종을 일컫는 약어입니다. 예를 들어 *Lithops* ssp.는 리토프스속에 포함된 여러 식물종을 뜻합니다.

식물의
극한 세계
끝내 진화하여 살아남고 마는
식물 이야기
다른

들어가며

극한의 모습으로 살아가는 놀랍고도 신기한 식물의 세계

식물은 참으로 경이로운 생물입니다. 식물이 햇빛과 물, 이산화탄소, 이 세 가지만으로 양분(포도당)을 만들어낸다는 사실을 떠올려 볼까요? 광합성이라 부르는 이 과정은 과학기술이 눈부시게 발달한 오늘날까지도 절대 똑같이 따라 할 수 없습니다. 만약 광합성을 하는 기계를 발명한다면 어떨까요? 낮이 되면 어김없이 내리쬐는 햇빛, 지구 표면의 무려 71%를 차지하는 물, 너무 많아져서 걱정이라는 대기 중의 이산화탄소를 가지고 지구상의 모든 생명체에게 필요한 양분인 포도당을 실험실에서 뚝딱 만들어낼 수 있다면요? 그것은 아마도 인류가 지금까지 한 그 어떤 발명보다 더 획기적인 발명이 될 것입니다.

이처럼 광합성을 한다는 것만으로도 경이로운 식물은 때때로 저게 진짜 가능한지 의심스러울 만큼 극한의 모습으로 살아가기도 합니다. 하늘로 39층 건물 높이로 자라는가 하면 땅으로 600km에 달하는 뿌리를 뻗기도 하고, 가늘디가는 바늘의 끝보다도 작은 꽃을 피우는가 하면 43kg에 달하는 거대한 열매를 맺기도 합니다. 지진이나 태풍 같은 천재지변이나 누군가 땅을 파서 번쩍 옮겨다놓는 등의 별다른 일이 없다면 대부분 한 자리에서 뿌리를 내리고 일생을 살아가야 하기에 식물은 자신에게 주어진 환경에서 살아남고자 이렇게 극한의 모습을 하기도 합니다.

오늘날 지구 곳곳에서 놀랍고도 신기한 모습으로 살아가고 있는 극한 식물들은 치열한 삶의 결과로 그곳에 있는 것이며, 그 삶은 지금도 진행 중입니다. 사실 극한 식물뿐만 아니라 지구상의 모든 식물은 그들의 조상이 지구에 처음 나타난 후 생존을 위해 최선을 다해 투쟁해온 진화의 결과입니다. 생존에 유리한 특징은 점점 극대화되고 생존에 불리한 특징은 계속 퇴화되는 과정을 통해 식물은 자신의 환경에 맞춰 진화한 것이죠.

이 책은 식물이 지구에 처음 등장한 후 오늘날까지 어떻게 진화해왔는지 간단히 살펴보고, 극한의 진화를 이루며 열심히 살아가고 있는 식물들을 소개하고자 합니다. 그리고 그들의 기발한 아이디어와 놀라운 적응력을 들여다보려 합니다. 이 책을 통해 우리에게 숨 쉴 수 있는 산소를 비롯해 생명을 이어주는 음식과 집을 지을 수 있는 목재 등을 아낌없이 내어주는 고맙기만 한 식물에 대해 더 많이 알게 되기를 바랍니다.

차례

Chapter 2

속도 — 빠르거나 느리거나

Chapter 3

힘 — 강하거나 독하거나 교묘하거나

Chapter 4

환경 — 지나치거나 열악하거나

Chapter 5

시간 — 오래되거나 최신이거나

극한 식물이 우리 앞에 나타나기까지
지구 달력

식물은 지구에 언제 나타나게 된 것일까요? 또 최초의 식물에서 지금의 식물까지, 식물은 어떤 과정을 거쳐 진화해온 것일까요? 이를 알기 위해서는 45억 7,000만 년이라는 지구의 역사와 지질시대를 함께 알아보아야 합니다. 지질시대는 멸종사건으로 인해 생물의 종이 급변하는 시점을 기준으로 크게 선캄브리아기, 고생대, 중생대, 신생대로 나뉩니다.

고작 100년을 사는 우리 인간으로서는 지구의 역사라는 이 방대한 시간을 실감하기가 아주 어렵습니다. 그래서 지구의 역사 약 46억 년을 1년으로 바꾸고 지금까지 밝혀진 그동안의 일들을 달력의 날짜별로 나타내려 합니다.

지구의 역사인 46억 년을 1년 달력으로 바꾸면 1월 1일 0시에 지구가 탄생했으며 바로 지금은 12월 31일 밤 12시 정각이 됩니다. 그리고 지구의 역사에서 약 3억 8,333만 3,333년이 1년 중 한 달을 차지하게 되며, 1,260만 2,739년은 하루, 52만 5,114년은 1시간, 8,762년은 1분, 146년은 1초가 됩니다.

1.1~11.18		선캄브리아기 46억 년 전~5억 4,200만 년 전
1.1	day 1	0시, 지구 탄생[1]
1.14	day 14	달 탄생[2]
1.16	day 16	가장 오래된 광물 생성[3]
3.21	day 60	바다에서 최초의 생명체 출현
4.22	day 112	광합성을 하는 세균 출현
6.16	day 167	대륙 지각 생성
8.11	day 223	대기권의 산소 증가
8.27	day 239	진짜 핵을 가진 진핵세포 출현
11.18	day 322	다세포 동물 출현, 에디아카라[4] 생물군 멸종[5]

1 태양계의 먼지들이 뭉쳐지며 지구가 형성되었다.

2 원시행성과 부딪힌 지구 일부가 떨어져 나와 달이 되었다.

3 오스트레일리아에서 발견된 지르콘은 가장 오래된 광물로 알려져 있다.

4 오스트레일리아의 구릉지대. 선캄브리아기 화석 발견 지역으로 유명하다.

5 이로써 최초의 생명이 출현한 322일간의 선캄브리아기(지질시대의 88%)가 끝나고 고생대가 시작되었다.

11.19~12.12		고생대 5억 4,200만 년 전~2억 5,100만 년 전
.19~11.23	day 323-327	**캄브리아기** 생물 대폭발로 다양성 확장, 바다에 조류 출현
.24~11.26	day 328-330	**오르도비스기** 최초의 이끼식물 출현, 무척추동물 번성
.27~11.28	day 331-332	**실루리아기** 최초의 고사리식물 출현, 삼엽충 번성
1.29~12.3	day 333-337	**데본기** 고사리식물 확산, 최초의 원시적인 겉씨식물 출현
2.4~12.8	day 338-342	**석탄기** 고사리식물 번성, 석탄이 되는 숲 생성, 척추동물 육상 진출, 곤충 번성
2.9~12.12	day 343-346	**페름기** 고사리식물 쇠퇴, 겉씨식물 확산, 판게아 초대륙 생성, 화산 폭발로 대멸종[6]

6 지구상의 생물종 95%가 멸종함으로써 24일간의 고생대(지질시대의 7%)가 끝나고 중생대가 시작되었다.

12.13~12.26		중생대 2억 5,100만 년 전~6,500만 년 전
12.13~12.16	day 347-350	**트라이아스기** 암모나이트 번성, 공룡 출현
12.17~12.20	day 351-354	**쥐라기** 겉씨식물 번성, 공룡 번성
12.21~12.26	day 355-360	**백악기** 꽃을 가진 속씨식물 출현, 새로운 공룡 번성, 운석 충돌로 공룡 멸종[7]

12.27~12.31		신생대 6,500만 년 전~현재
12.27~12.30	day 361-364	**고제3기** 겉씨식물 쇠퇴, 속씨식물 확산 및 번성, 포유류 빠르게 진화
12.31~ 12.31(21시)	day 365	**신제3기** 유인원 출현, 오스트랄로피테쿠스 출현, 포유류 등장
12.31(21시)~	day 365	현생 인류 등장, 인류 문명 시작[8]

7 이로써 14일간의 중생대(지질시대의 4%)가 끝나고 신생대 시작되었다.

8 12월 31일 밤 11시 58분 51초(실제로 1만 년 전)에 신석기시대가 열리며 인류 문명이 시작되었다. 단군이 고조선을 건국한 것은 11시 59분 30초이고, 46초에 예수가 탄생했다. 현재 신생대(지질시대의 1%)는 5일간 이어지고 있다.

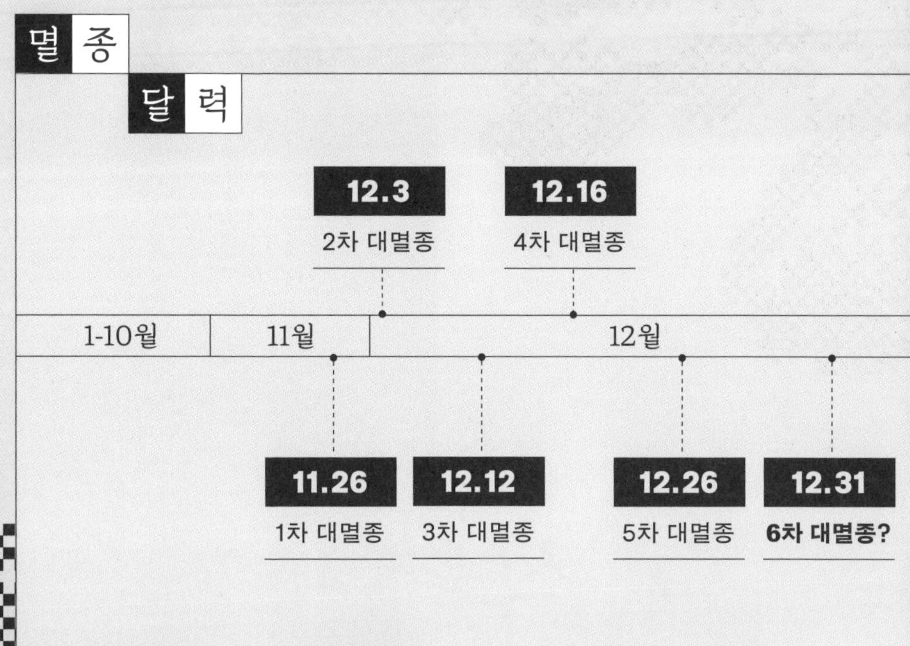
멸종 달력
12.3
2차 대멸종
12.16
4차 대멸종
1-10월
11월
12월
11.26
1차 대멸종
12.12
3차 대멸종
12.26
5차 대멸종
12.31
6차 대멸종?

식물의
진화 여정
극한 식물이 우리 앞에 나타나기까지

지구가 1월 1일 0시에 탄생했다고 한다면 식물은 11월 24일(4억 6,600만 년 전)쯤에 '이끼식물'의 모습으로 나타났습니다. 이끼식물은 우리가 축축하고 습한 곳에서 쉽게 봐왔던 바로 그 이끼를 말합니다. 물론 광합성을 하는 식물의 조상은 더 일찍 나왔겠지만, 현재 우리가 식물(육상식물)이라고 부르는 생물의 가장 원시적인 단계는 이끼식물입니다.

그 후 3일이 지난 11월 27일(4억 2,800만 년 전)쯤 관다발(식물에서 물과 양분이 이동하는 통로)을 가진 '고사리식물'이 등장했습니다. 그리고 이 고사리식물은 12월 초(3억 4,000만 년 전~2억 8,900만 년 전)에는 지구에서 가장 번성한 식물이 되었습니다. 지금도 지구의 원시적인 모습을 볼 수 있는 아마존 밀림의 습지에는 이끼를 비롯해 고사리식물이 많이 있습니다.

고사리식물이 번성하던 그 무렵에 씨앗을 가진 원시적인 '겉씨식물'이 나타났습니다. 겉씨식물은 포자로 번식하던 이전 식물들과 다르게 씨앗, 즉 종자로 번식합니다. 그런데 그 씨앗이 겉으로 드러나 있어서 겉씨식물이라고 하죠. 겉씨식물은 지금은 멸종되어 사라진 공룡과 함께 12월 20일(1억 3,800만 년 전)까지 지구를 대표하는 생물이었습니다.

마지막으로 중생대가 끝나는 시기인 12월 21일(1억 2,600만 년 전)에 '속씨식물'이 등장했습니다. 씨앗이 겉으로 드러난 겉씨식물과 다르게 씨앗이 씨방(꽃에서 씨앗이 되는 밑씨를 둘러싸고 있는 기관)에 싸여 있어 속씨식물이라고 합니다. 속씨식물은 12월 말인 신생대, 즉 지금 지구상에서 가장 번성하고 있는 식물입니다. 다시 말해 우리가 주변을 둘러볼 때 눈에 보이는 식물들은 대개가 속씨식물이라고 할 수 있습니다.

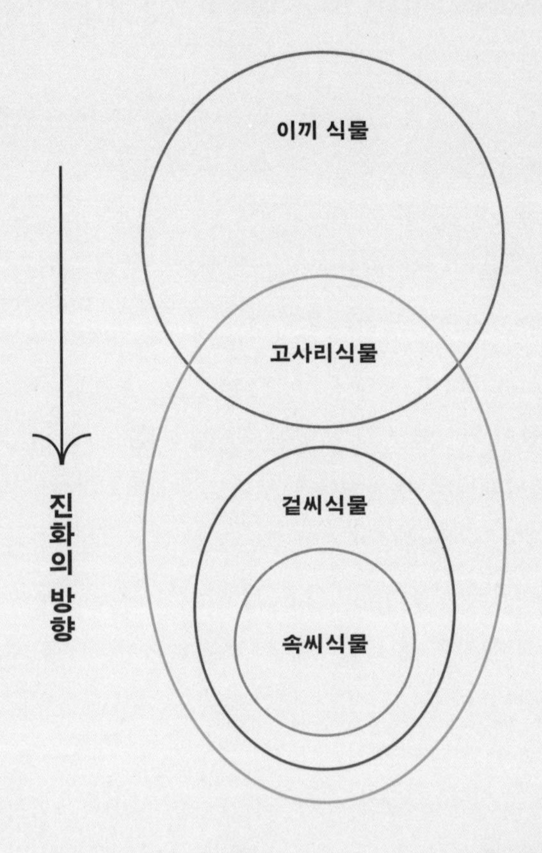

이끼식물: 축축한 돌연변이의 탄생

지구에서 생명이 처음 생겨난 곳은 바다입니다. 식물의 조상도 바다에서 생겨났습니다. 그들은 물속에서 광합성을 하는 조류로 그중에서도 녹색의 엽록소를 가지고 있다고 해서 녹조류green algae라고 합니다. 녹조류들은 물속에서만 살던 생물이라 물 밖으로 나오면 말라 죽을 수밖에 없었습니다. 하지만 그들 중에 파도가 칠 때마다 잠깐씩 물이 없어져 육지가 되는 곳, 즉 물가의 환경에 놓이게 된 개체들이 있었습니다.

잠깐씩이라고 해도 물 밖의 삶은 물속의 삶과 많이 달랐기 때문에 물가로 나온 녹조류들은 물이 사라지는 상황을 버티지 못하고 사라졌을 것입니다. 하지만 돌연변이는 언제나 생겨나기 마련이죠. 오랜 시간에 걸쳐 결국 물가 환경에서 살아남을 수 있는 돌연변

이들이 나타났습니다. 이들이 바로 식물의 가장 원시적인 모습을 하고 있는 이끼식물입니다.

그렇다면 과연 녹조류에 어떤 돌연변이가 생긴 것이길래 그들은 잠깐씩 물이 없어지는 물가에서도 살아남을 수 있었을까요? 그것은 그들이 녹조류에는 없었던 주머니를 가지고 있었기 때문입니다. 이끼식물에는 번식의 단위인 포자를 만들어내는 포자체가 있는데, 이 포자체의 어린싹(배아)을 주머니가 감싸서 보호하고 있습니다. 이 주머니 덕분에 물속보다 건조한 물가에서도 어린싹을 보호하면서 포자를 만들어 자손을 이어갈 수 있었던 것이죠.

이렇게 이끼식물은 조상이 살던 바다에서 처음으로 육지로 올라온 식물이 되었습니다. 하지만 육지로 올라왔다고는 해도 이끼식물은 물에 의존하는 삶을 살아야 했습니다. 포자체가 만들어지기 위해서는 이끼식물의 정자가 물을 헤엄쳐 난자와 만나야 했기 때문에 물을 떠나서는 살아갈 수 없었죠. 또 이끼식물은 그들의 조상처럼 주변의 물을 몸속으로 흡수할 수는 있지만, 빨아들인 물을 식물체 위로 올라가게 해주는 관다발이 없어 키가 클 수도 없었습니다. 그저 물속을 벗어나 새로운 곳으로 첫발을 내디딘 것에 만족하며 물기가 많은 축축한 바닥에 낮게 꽉 붙어서 살아가야 했죠.

이러한 이끼식물은 크게 솔이끼류(선류)와 우산이끼류(태류)로 나눌 수 있습니다. 그래서 이끼식물을 다른 말로 선태식물이라고 합니다. 이끼식물은 11월 24일~11월 26일(4억 6,600만 년 전~4억 4,100만 년 전)인 고생대 오르도비스기에 출현해 지금까지 지구에 살고 있습니다.

고사리식물: 관다발을 타고 태양 가까이 더 높이

물 밖으로 나온 이끼식물들은 물이 있는 곳이라면 어디든 점점 그 수를 늘려가고 있었습니다. 경쟁자가 없는 육지는 천국이나 다름없었죠. 하지만 축축한 바닥에만 붙어 살기에는 하늘 아래가 너무 넓었고, 햇빛을 더 많이 받고자 위로 크고 싶은 욕망이 생겼습니다. 그리고 또 돌연변이가 생겨났죠. 이 돌연변이는 바닥에서 흡수한 물을 더 높은 곳으로 끌어올릴 수 있는 통로인 관다발을 가지고 있었습니다. 이것으로 오늘날 고사리식물이라 부르는 무리가 등장하게 됩니다.

물론 이런 돌연변이가 하루아침에 뚝딱 나타난 것은 아닙니다. 바다에서 육지로 올라온 이끼식물이 그랬던 것처럼 고사리식물이 관다발을 갖기까지 그들의 조상이 될 뻔했던 무수히 많은 식물이

사라져갔을 것입니다. 하지만 결국 관다발이 없어 물가 바닥에 붙어 살아야 했던 이끼식물에서 '관다발을 가진' 고사리식물로의 진화는 일어났습니다.

잎의 가장자리가 톱니처럼 생긴 것이 양의 이빨을 닮았다고 해 양치羊齒식물이라고도 부르는 고사리식물은 크게 '석송'이라는 무리와 우리에게 친숙한 '고사리' 무리로 이루어져 있습니다. 이들의 줄기 속에 들어 있는 관다발은 뿌리에서 빨아들인 물을 식물체 위로 올라가게 해줄 뿐만 아니라 광합성으로 만들어진 양분을 이동시키고, 식물이 위로 자랄 수 있도록 지탱하는 역할까지 합니다. 그래서 고사리식물은 이끼식물과는 다르게 키가 클 수 있었습니다. 우리나라에는 키가 큰 고사리식물이 별로 없지만 열대지역에 가보면 나무처럼 높이 자라는 나무고사리가 많이 있습니다.

이로써 관다발을 가진 고사리식물들은 이끼식물보다 물이 더 적은 육지 지역에서 살 수 있었고, 이끼식물보다 더 높이, 더 크게 자라며 거대한 숲을 이룰 수 있었습니다. 하지만 고사리식물에게도 육지에서의 삶이 평탄하지만은 않았습니다. 점점 더 높이 자라기 위해서는 그만큼 튼튼한 뿌리가 필요했지만 아직은 뿌리가 잘 발달하지 않은 상태였기 때문이죠. 또 포자체가 만들어지기 위해서는 역시나 물이 필요했습니다. 그래서 이끼식물보다는 물에 대한 의존도가 적었지만 고사리식물도 물기가 많은 곳에 살아야 했습니다. 하지만 12월 9일~12월 12일(2억 7,700만 년 전~2억 3,900만 년 전)에 지구의 모든 대륙이 하나로 합쳐진 초대륙 판게아가 형성되면서 지구의 기후는 점점 건조해지고 추워졌으며, 고사리식물은 살 곳을 잃어갔습니다. 결국 12월 12일에 고생대가 막을 내리며 수많은 고사리식물도 멸종하게 되었습니다.[1]

1 화석이란 오래전에 땅에 묻힌 생물이 암석이나 지층 속에 남아 있는 것을 말합니다. 그리고 이것을 꺼내서 연료로 사용하면 화석연료가 되는 것이죠. 이런 화석연료에는 석탄과 석유, 천연가스가 있습니다. 석유와 천연가스는 고생대와 중생대에 바다에 살던 작은 생물들이 묻혀 만들어진 것입니다. 그리고 석탄은 고생대에 지구 전체에 형성되었던 거대한 고사리식물의 숲이 땅속에 묻혀 오랜 시간 동안 여러 가지 작용을 받아 만들어진 것입니다. 즉, 석탄은 고사리식물의 화석인 것이죠. 그래서 지질시대 중 고사리식물이 가장 많이 번성하던 때를 일컬어 석탄기라고도 하는 겁니다.

겉씨식물: 위대한 탄생, 씨앗

포자를 만들어내는 포자체는 물이 있는 환경에서 만들어집니다. 그래서 이끼식물과 고사리식물은 의존도가 다르긴 해도 물이 있는 축축한 곳에 살아야 했습니다. 이 이유 때문에 지구의 대부분을 점령하던 고사리식물들도 건조한 지역으로는 퍼져나갈 수 없었죠. 그리고 또 한 번, 위대한 돌연변이가 등장하게 됩니다. 그 돌연변이는 바로 포자가 아닌 씨앗으로 번식하는 종자식물입니다.

씨앗은 포자에 비해서 물이 없는 환경에서 만들어지는 번식 단위입니다. 꽃가루가 바람을 타고 날아와 밑씨를 만나면 씨앗이 만들어지죠. 씨앗을 갖게 된 식물은 이제 더 건조한 육지 지역의 구석구석까지 영역을 넓히며 지구를 정복할 수 있었습니다. 또 씨앗은 물이 닿아 발아하기 전까지 짧게는 몇 년, 길게는 수천 년까지도 잠을 잘 수 있었기에 씨앗은 말 그대로 식물 진화의 역사에서 위대한 탄생이었습니다.

사실 씨앗을 갖는 종자식물의 조상은 12월 초(3억 5,200만 년 전)에 나타났습니다. 하지만 그때는 고사리식물이 워낙 번성하고 있어서 세력을 넓히지는 못했죠. 그러던 중 12월 9일~12월 12일(2억 7,700만 년 전~2억 3,900만 년 전)에 초대륙 판게아가 형성되고 지구의 기후가 바뀌면서 고사리식물은 쇠퇴의 길을 걸을 걷게 되었습니다. 그리고 오히려 이때 씨앗을 가진 식물들은 고사리식물의 그늘에서 벗어나 전 세계로 퍼져나갈 수 있었습니다.

처음으로 나타난 종자식물은 씨앗이 밖으로 드러난 겉씨식물이었습니다. 지금 우리가 쉽게 볼 수 있는 소나무와 전나무, 편백나무, 은행나무, 소철 등이 겉씨식물입니다. 이들은 씨앗이라는 무기를 가지고 중생대인 12월 13일~12월 26일(2억 2,600만 년 전~6,300만 년 전)까지 지구에서 가장 번성한 식물이 되었습니다.

하지만 겉씨식물에게도 한 가지 아쉬운 점이 있었는데, 그것은 이름 그대로 씨앗이 겉으로 드러나 있다는 것입니다. 씨앗이 외부로 나와 있으니 자칫 하다가는 싹을 틔우기도 전에 다칠 수 있는 것이었죠. 그래서 결국 겉씨식물은 그 위대한 탄생을 뒤로하고 많은 수가 사라지게 되었으며 지금은 전 세계적으로 1,100여 종, 전체 식물의 0.3%만을 차지하며 지구에 살고 있습니다.

속씨식물: 획기적인 발명, 씨방과 꽃

식물은 씨앗으로 물이 거의 없는 내륙까지도 퍼져나갈 수 있었지만 겉으로 드러난 씨앗은 많은 위험에 노출되어 있었습니다. 그리고 드디어 씨앗을 안전하게 보호하는 '씨방'을 가진 속씨식물이 등장하게 되었습니다. 그들은 씨방을 만들어 씨앗을 보호할 수 있었기 때문에 지금까지 나타났던 그 어떤 식물보다도 막강한 번식력을 자랑했습니다.

씨방만으로도 막강했던 속씨식물에게는 사실 비장의 무기가 하나 더 있었습니다. 그것은 바로 속씨식물을 또 다른 이름인 '꽃식물(현화식물)'로도 부르게 만든 '꽃'입니다. 꽃식물이란 말 그대로 꽃을 가지고 있는 식물이라는 뜻입니다. 그렇다면 속씨식물 이전의 이끼식물, 고사리식물, 겉씨식물은 모두 꽃이 없었다는 뜻일까요? 포자로 번식하는 이끼식물과 고사리식물은 제외하더라도 씨앗으로 번식하는 겉씨식물마저도 꽃이 없다는 말일까요?

정확히 말하자면 꽃이라는 기관은 오로지 속씨식물만이 가지고 있는 기관입니다.(67쪽 그림 참조) 속씨식물의 꽃은 꽃받침과 꽃잎, 암술, 수술로 이루어져 있는데, 이는 모두 특수한 목적을 가지고 변형된 잎입니다. 꽃받침은 가장 바깥쪽에서 꽃을 보호하는 역할을 하는 잎이며, 꽃잎은 주로 꽃가루를 옮겨주는 동물을 끌어들이는 역할을 하는 잎입니다. 또 암술과 수술은 각각 밑씨와 꽃가루를 달고 있던 잎들이 변형된 것이죠. 그리고 이들의 목적은 단 하나, '번식'입니다.

속씨식물은 이러한 꽃을 갖게 됨으로써 12월 21일(1억 2,600만 년 전)에 등장한 후 지금까지 폭발적으로 다양해졌습니다. 또 꽃과 그 안에 있는 씨방(자라서 열매로도 성장)이 지구상의 많은 생물의 먹이가 됨에 따라 공존의 능력치 또한 최고를 이루었습니다. 그 결과 현재 속씨식물은 최소 36만 종에 이르는 다양성을 가지고 지구상에 살고 있으며, 전체 식물의 91% 이상을 차지하고 있습니다.

식물은 이렇듯 놀라운 진화를 거듭해오며 현재를 살아가고 있습니다. 비록 아주 오랜 시간에 걸친 과정이었지만 식물은 자신이 처한 환경에 안주하지 않고 변화하는 환경에 적응하며 진화해왔습니다. 그 결과 어떤 식물들은 놀랍고도 신기한 극한의 모습으로 살아가기도 합니다. 그리고 그 극한의 모습은 오로지 생존을 위해서 그들이 펼치고 있는 전략을 고스란히 보여주고 있죠. 이제 극한의 모습으로 살아가고 있는 식물을 만나 그 전략들을 살펴봅시다.

Chapter 1

크기

크거나
작거나

가장 큰 꽃 I +× 타이탄 아룸

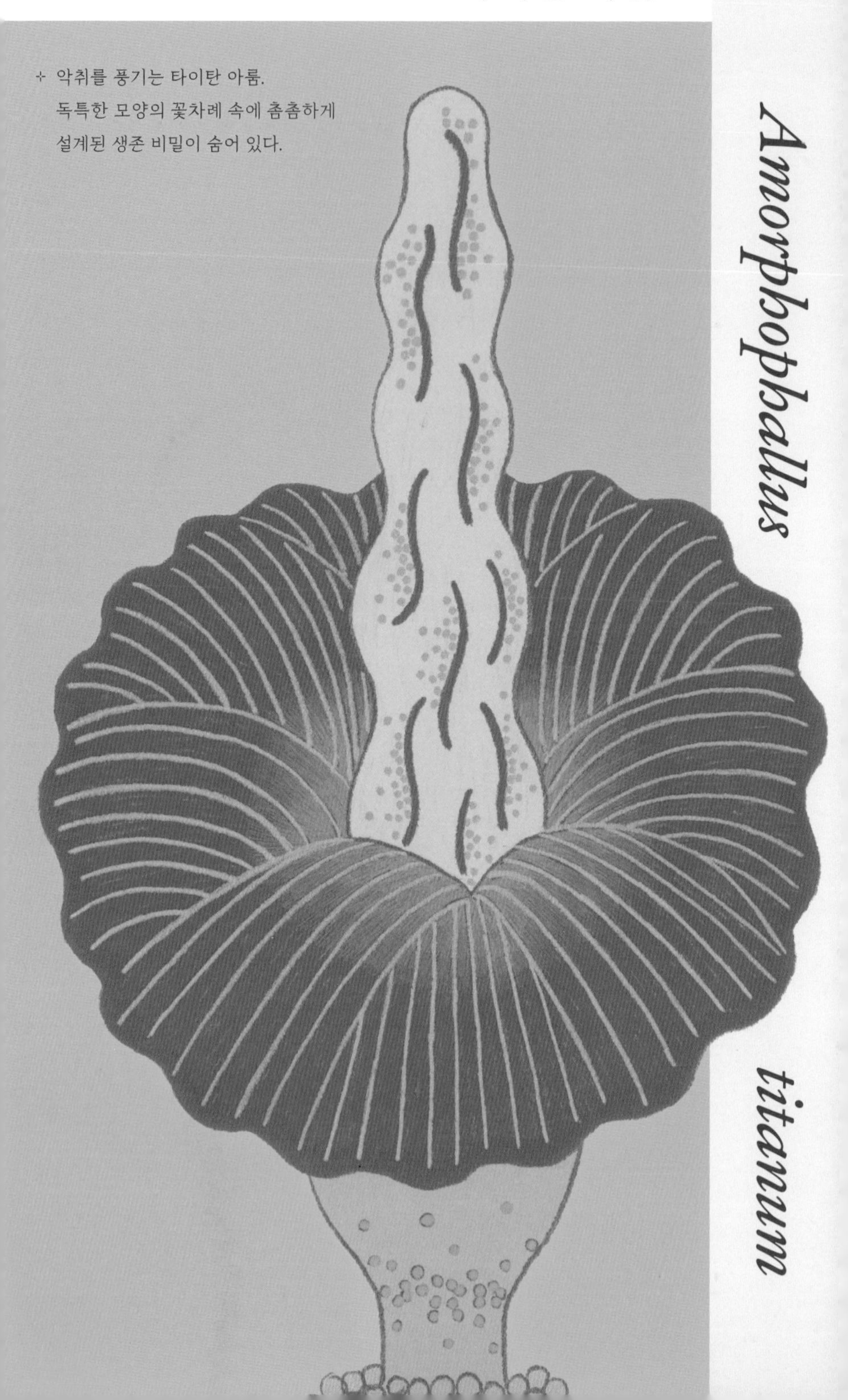

+ 악취를 풍기는 타이탄 아룸.
독특한 모양의 꽃차례 속에 촘촘하게
설계된 생존 비밀이 숨어 있다.

Amorphophallus titanum

전 세계가 기다리는 개화 이벤트

"80년 만에 꽃이 핍니다!" 2016년 7월, 전 세계가 뉴욕식물원에서 꽃을 피우는 한 식물을 집중 조명했습니다. 그 식물은 흔히 '시체꽃'이라 부르는 타이탄 아룸이었습니다. 뉴욕식물원에서 1937년에 피었던 타이탄 아룸의 꽃이 80년 만에 드디어 다시 피어나는 것이었죠. 수만 명이 이 꽃을 보기 위해 몰려들었으며, 꽃이 피고 지는 장면은 전 세계로 생중계되었습니다. 대체 어떤 꽃이기에 이렇게 뜨거운 관심의 대상이 된 것일까요?

타이탄 아룸은 원래 인도네시아의 서쪽에 위치한 수마트라섬에만 있던 식물입니다. 지금은 전 세계 70여 개 이상의 식물원에서 옮겨 심어 전시하고 있는데, 보통 7년에서 9년에 한 번 꽃을 피우는 것으로 알려져 있습니다. 하지만 오랜 시간에 걸쳐 피워냈다고 하기엔 피어 있는 기간이 단 이틀뿐이라 타이탄 아룸의 꽃을 제대로 보기란 쉬운 일이 아닙니다. 그래서 타이탄 아룸의 개화 소식은 늘 관심의 대상이 되는 것입니다.

그러나 단지 보기가 어려워 이토록 관심을 끄는 건 아닙니다. 타이탄 아룸이 피워내는 꽃은 세계에서 가장 큰 꽃으로 알려져 있기 때문이죠. 이 꽃은 길이가 무려 3m에 너비는 1.5m까지 자란다고 합니다. 단 여기서 꽃이란 꽃 한 송이를 말하는 게 아니라, 꽃대에 달린 꽃 전체를 일컫는다는 걸 짚고 넘어가야 합니다. 타이탄 아룸의 꽃은 '세계에서 가장 큰 꽃차례[1]'라고 해야 정

1 '화서'라고도 하며 꽃대에 꽃이 달려 있는 형태를 말합니다. 꽃차례에는 여

확한 표현이 됩니다.

그럼에도 흔히 타이탄 아룸의 꽃을 세계에서 가장 큰 '꽃'이라고 하는 이유는 꽃차례 전체가 하나의 꽃처럼 보이기 때문입니다. 마치 바깥쪽은 녹색의 잎이고, 안쪽은 검붉은 거대한 나팔 모양의 꽃잎이 피어나는 것 같습니다. 하지만 꽃잎처럼 보이는 이 부분은 꽃차례 전체를 감싸는 불염포라는 기관입니다. 불염포는 잎이 변형된 것으로 주로 꽃차례를 보호하며, 화려한 모습으로 작은 꽃들을 대신해 꽃가루를 옮기는 동물을 불러들이는 역할을 합니다. 꽃집에서 흔히 볼 수 있는 칼라와 안스리움의 꽃도 사실은 각각 흰색과 빨간색의 꽃잎처럼 보이는 불염포로 싸여 있는 꽃차례입니다.

꽃가루받이를 위한 촘촘한 설계자

그럼 진짜 꽃은 어디 있을까요? 불염포 안쪽으로 가운데에 높게 솟아 있는 거대한 연두색 기둥 아래쪽에 진짜 꽃이 달려 있습니다. 불염포가 감싸고 있어 잘 보이지 않지만 이 연두색 기둥 아래로 내려가 보면, 맨 아래에는 장차 씨가 될 밑씨를 가진 작은 암꽃이 빼곡하게 달려 있고, 그 바로 위에는 꽃가루를 가진 수꽃이 빼곡하게 달려 있습니다. 자세히 보아야 보이는 이 꽃들

러 종류가 있으며, 장미처럼 하나의 꽃대에 한 송이의 꽃이 달리는 꽃차례(홑꽃차례)도 있고, 타이탄 아룸처럼 두툼한 꽃대에 여러 송이의 꽃이 달리는 꽃차례(육수꽃차례)도 있습니다.

을 보려고 가까이 다가갈 수 있으면 좋겠지만 아쉽게도 그렇게 하기는 쉽지 않습니다. 성능이 뛰어난 마스크나 방독면 없이는 말이죠.

그 이유는 바로 이 꽃이 풍기는 지독한 냄새 때문입니다. 썩어가는 고기와 같다는 그 냄새가 얼마나 독한지 이 꽃이 '시체꽃' 또는 '썩은꽃'이라는 이름으로 더 널리 알려져 있을 정도니까요. 그래서 신기한 이 꽃을 보려고 다가갔다가 기절한 사람도 있었다고 합니다. 타이탄 아룸은 왜 이렇게 지독한 냄새를 풍기는 것일까요?

이는 타이탄 아룸의 꽃가루받이(=수분. 꽃가루가 암술머리에 옮겨 붙는 일) 전략입니다. 지독한 냄새로 꽃가루를 옮겨주는 곤충을 더 멀리서, 더 많이 불러오기 위한 것이죠. 타이탄 아룸이 썩은 고기 냄새로 불러들이고자 하는 곤충은 파리와 딱정벌레입니다. 이들이 썩은 사체를 찾아 알을 낳기 때문에 그 냄새를 따라 하는 것입니다. 냄새와 더불어 썩은 고기의 검붉은 색을 따라 불염포 안쪽도 검붉게 만들었습니다. 심지어 타이탄 아룸이 꽃을 피우는 시간도 파리와 딱정벌레가 가장 활발하게 활동하는 밤입니다.

그리고 여기에 더해 하나의 이벤트가 또 있습니다. 타이탄 아룸의 꽃가루받이 전략의 화룡점정, 바로 '열'입니다. 타이탄 아룸은 냄새를 더 멀리 퍼뜨리고자 불염포 가운데로 길게 솟아 있는 연두색 기둥을 뜨겁게 달굽니다. 오로지 자신이 가지고 있는 에너지로 열을 발산하는 것이죠. 30℃까지 올라가는 열은 불염포 내부를 데워 냄새를 수 킬로미터까지 날아가게 합니다.

타이탄 아룸은 이틀이라는 짧은 개화 시간 동안 성공적인 꽃가루받이를 하기 위해 꽃차례에 거대한 크기, 강렬한 색깔, 지독한 냄새, 높은 온도 등의 촘촘한 설계를 해두었습니다. 한 번 꽃을 피우기 위해서 많은 에너지를 쏟아붓는 것이죠. 그래서 타이탄 아룸은 매해 꽃을 피울 수 없습니다. 이렇게 꽃을 피우고 열매를 맺은 후에는 적어도 3년에서 7년 동안 잎만 피워내며 땅속에 있는 알줄기(구경)[2]에 다음 꽃을 피울 에너지를 저장해야 합니다. 이 알줄기는 다음 꽃이 필 시기가 되면 무게가 100kg에 이르기까지 합니다.

타이탄 아룸의 이 같은 생존 전략은 곤충뿐만 아니라 인간이 볼 때도 매력적입니다. 그러니 이 식물의 개화 소식에 전 세계가 흥분하는 거겠죠.

우리나라의 시체꽃

앉은부채 *Symplocarpus renifolius*

안타깝게도 우리가 타이탄 아룸을 실제로 보고, 냄새 맡고, 경이로운 현장을 경험하기란 정말 어려울 수밖에 없습니다. 언

2 땅속에 있는 줄기의 하나로 녹말 같은 양분을 저장하여 단단하고 둥글게 된 것을 말합니다. 우리가 먹는 토란도 알줄기이며, 이들은 추위나 더위와 같은 불리한 환경에서 생존하기 위해 식물이 만들어내는 땅속의 저장 기관입니다.

제 꽃을 피울지도 모르고 게다가 머나먼 외국 몇몇 식물원에만 있기 때문에 찾아가기가 어렵습니다. 하지만 타이탄 아룸만큼은 아니지만 우리나라에도 독특한 냄새를 풍기는 꽃을 피우는 식물이 있습니다. 바로 앉은부채입니다. 앉은부채의 영어 이름은 재미있게도 스컹크 양배추skunk cabage입니다. 과연 무얼 닮았고, 그 냄새가 어떨지 짐작이 되죠. 이 식물은 타이탄 아룸처럼 독특한 냄새와 생김새로 꽃가루받이를 해주는 곤충을 불러 모읍니다.

타이탄 아룸과 앉은부채는 모두 천남성과[3]에 속하는 식물입니다. 그래서 이 두 식물의 꽃은 비슷한 구조를 가지고 있죠. 앉은부채의 꽃 역시 하나의 꽃이 아닌 불염포에 싸인 꽃차례로 되어 있습니다. 노란 바탕에 붉은색 무늬가 있는 불염포 안에 부처의 머리를 닮은 꽃차례가 들어 있습니다. 이 꽃차례에서도 썩은 고기 또는 상한 생선 냄새가 납니다. 하지만 타이탄 아룸에 비해서는 냄새가 그렇게 지독하지 않습니다.

앉은부채도 자신의 냄새를 멀리 퍼뜨리기 위해 열을 내뿜습니다. 그래서 겨울이 끝나는 이른 봄에 피워내는 앉은부채의 꽃은 때아닌 눈이 온다고 해도 두렵지 않습니다. 자신의 열로 눈을

3 외떡잎식물에 속하는 식물의 무리로 세계적으로 2,000여 종이 알려져 있습니다. 이들은 주로 여러 해를 살며 땅속의 알줄기와 육수꽃차례, 그리고 꽃차례를 감싸는 불염포를 가지고 있습니다. 우리나라에는 추석에 먹는 토란을 비롯해 사약의 주재료인 천남성, 고약한 냄새를 풍기는 앉은부채가 자생하고 있습니다.

녹여버릴 수 있기 때문이죠. 이 꽃이 질 때쯤 나오는 잎은 양배추 잎처럼 크게 자랍니다. 그리고 맛있어 보이기까지 합니다. 하지만 앉은부채는 식물 전체에 독이 있어서 생으로 먹으면 안됩니다. 그래서인지 앉은부채의 꽃말은 "내버려 두세요"입니다.

가장 큰 꽃 II ÷× 자이언트 라플레시아

÷ 세계에서 가장 큰 꽃, 자이언트 라플레시아.
잎도 뿌리도 없지만
꽃만큼은 세계에서 가장 크다.

Rafflesia arnoldii

오로지 꽃으로만 승부한다

1818년 5월 19일 영국의 외과의사이자 박물학자인 조지프 아널드는 영국의 식민지였던 인도네시아 수마트라섬에서 파견근무를 하고 있었습니다. 그러던 중 다급하게 부르는 가이드를 따라간 곳에서 그는 지름 92cm, 무게 6.8kg, 꽃잎 한 장의 길이가 30cm가 넘는 거대한 꽃을 발견합니다. 그 꽃은 현재 '세계에서 가장 큰 꽃'으로 알려진 라플레시아 아놀디*Rafflesia arnoldii*, 흔히 자이언트 라플레시아라고 부르는 꽃이었습니다.

이 꽃을 발견해 처음으로 세상에 알린 아널드는 그때까지 자신이 보거나 들어본 꽃 중에서 가장 큰 꽃이라고 말하며, 증인이 없었다면 이 꽃의 크기에 대해 아무리 설명해도 누구도 자신을 믿어주지 않았을 것이라고 했습니다. 그리고 당시 식민지 지역의 총독이었던 스탬퍼드 래플스에게 이 거대한 꽃에 대해 알렸습니다. 오늘날 자이언트 라플레시아라는 이름은 이 총독의 이름을 딴 것입니다. 2년 후인 1820년에 이 꽃은 영국의 과학자 로버트 브라운에 의해 라플레시아 아놀디라는 학명[1]으로 전 세계에 공식 발표되었습니다.

자이언트 라플레시아는 라플레시아과 라플레시아속에 속하

1 Scientific name. 생물종에게 부여된, 전 세계가 공통으로 사용하는 하나의 이름을 말합니다. 학명은 1753년 식물분류학의 아버지 칼 린네가 공식적으로 도입했으며, 라틴어로 된 단어 2개(속명+종소명)로 이루어져 있습니다. 이를 이명법(二名法)이라고 하죠. 여기서 속명(Generic name)은 생물종이 속하는 속을 말하며, 종소명(Specific name)은 그 종을 구별하는 이름입니다.

는 식물 20종 중에서 가장 큰 꽃을 피우는 식물로 인도네시아에 서식하며 인도네시아의 국화로 지정되어 있습니다. 지금까지 알려진 자이언트 라플레시아의 최대 크기는 지름 1.1m이며, 무게는 11kg이라고 합니다. 이 꽃은 양배추처럼 생긴 꽃봉오리에서 피어나는데, 이 꽃봉오리만 해도 지름이 최대 43cm나 된다고 합니다.

하지만 이렇게 거대한 꽃을 피우는 자이언트 라플레시아는 독특하게도 잎도, 줄기도, 심지어 뿌리도 없습니다. 아무것도 없이 그저 땅바닥에서 거대한 꽃 한 송이를 피우는 게 전부입니다. 이런 상태로 꽃을 피우는 것이 어떻게 가능할까요? 그것도 세계에서 가장 큰 꽃을 말이죠. 여기서 생각을 조금만 다르게 해보면 이에 대한 해답을 찾을 수 있습니다. 잎을 낼 에너지도, 뿌리를 뻗을 에너지도 모두 아껴두었다가 오로지 꽃을 피우는 데에만 쏟는다고 생각해보면 말이죠.

자이언트 라플레시아는 꽃봉오리가 올라오기 전까지 세상에 모습을 드러내지 않습니다. 꽃을 만들어내기 전까지는 테트라스티그마*Tetrastigma spp.*라는 포도나무 속에 몰래 숨어 있습니다. 사실 자이언트 라플레시아는 거대한 꽃과는 전혀 어울리지 않는 삶을 삽니다. 상처가 난 포도나무의 줄기와 뿌리에 가느다란 실 모양으로 침입해서 생의 대부분을 살아가기 때문입니다.[2] 그러

2 이렇게 살아가는 식물을 기생식물이라고 합니다. 속씨식물의 약 1%가 기생식물이라고 알려져 있으며, 이들은 '흡기'라는 기생뿌리를 발달시켜 숙

다가 꽃을 피울 시기가 되면 포도나무의 줄기나 뿌리의 껍질을 뚫고 검붉은 양배추처럼 생긴 꽃봉오리를 만들어 세상에 모습을 드러냅니다.

오랜 기다림과 준비 끝에 피워내는 꽃은 적갈색 바탕에 흰 점무늬가 있는 꽃잎 다섯 장으로 둘러싸인 거대한 항아리처럼 생겼습니다. 이 항아리 안에는 장차 씨가 될 밑씨가 들어 있는 암술이 있거나 꽃가루를 가진 수술이 들어 있습니다. 하지만 꽃봉오리가 피어나는 데에 걸리는 시간에 비해, 꽃을 완전히 피우고 나면 며칠 뒤에 허무하리만치 금방 사그라지고 맙니다. 포도나무에 달라붙어 기생하는 입장이라 그 거대한 꽃을 계속 달고 있을 수는 없는 거겠죠. 잎도 뿌리도 포기하고 모든 에너지를 쏟아부어 피워낸 찬란한 꽃은 이렇게 단 며칠 동안의 짧은 신화로 막을 내립니다. 어쩌면 자이언트 라플레시아는 꽃 말고는 아무것도 가진 게 없기 때문에 세계에서 가장 큰 꽃을 피우는지도 모릅니다.

하지만 큰 꽃을 피웠다고 안심할 순 없습니다. 숲의 가장 낮은 자리인 땅바닥이 이들의 위치이기 때문이죠. 숲은 키가 큰 나무뿐 아니라 넓은 잎을 가진 갖가지 식물로 넘쳐납니다. 다시 말해

주로 삼은 식물의 물과 양분을 빼앗아 살아갑니다. 속씨식물 내에서 기생식물로의 진화는 독립적으로 12~13번이나 일어났습니다. 이것은 공통된 하나의 조상에서 내려온 것이 아니라, 척박한 정도가 비슷한 환경 조건에서 흡기를 발달시켜 기생성을 가진 덕분에 생존할 수 있었던 여러 식물 무리가 기생식물로 진화했음을 의미합니다.

자이언트 라플레시아가 존재감을 드러내기 위해서는 좀더 강력한 방법이 필요합니다. 그래서 선택한 것이 바로 향기입니다. 아니, 여기서는 냄새라고 하는 것이 더 적당한 표현이겠습니다. 이 꽃에서 뿜어져 나오는 냄새가 얼마나 지독한지 아널드의 표현대로 썩은 고기 냄새가 납니다.

죽은 동물이 썩었을 때 나오는 냄새가 난다고 알려진 타이탄 아룸, 일명 시체꽃과 마찬가지로 라플레시아 꽃의 냄새도 지독하기로 유명합니다. 하지만 동물의 사체가 썩는 냄새는 우리 인간에게는 지독한 냄새일지 몰라도 숲속에 있는 파리와 딱정벌레에게는 매력적인 냄새입니다. 자이언트 라플레시아는 썩은 사체에 알을 낳는 파리와 딱정벌레를 자신의 꽃가루를 옮겨줄 짝으로 선택한 것입니다.

이들이 냄새에 이끌려 자이언트 라플레시아에 방문하는 동안에도 자이언트 라플레시아의 꽃가루 옮기기 전략은 끝나지 않습니다. 꽃가루를 묻힌 파리와 딱정벌레가 다른 곳으로 날아가는 동안 꽃가루가 몸에서 떨어질 수 있으니 끈적끈적한 물질을 꽃가루에 섞어두었죠. 자신을 찾아온 이 곤충 운반자들을 완벽하게 이용해서 목표를 완수해야 하니까요.

비밀에 싸인 진화 과정

자이언트 라플레시아의 존재가 알려진 후 많은 식물학자가 이 식물이 어디에서 진화한 것인지 그 정체를 밝히기 위해 애썼지만, 이는 참으로 어려운 일이었습니다. 식물의 조상을 알아볼 때는 보통 꽃뿐만 아니라 잎, 줄기, 뿌리 등 다른 기관의 생김새를 관찰해 비슷한 식물을 찾아가야 하는데, 자이언트 라플레시아는 오로지 꽃만 존재하는 매우 독특한 식물이다 보니 조상을 찾기가 쉬운 일이 아니었죠.

그 후 다행히 식물의 DNA를 통해 식물 간의 조상과 진화의 관계를 밝히는 분자생물학적인 방법이 발달해 자이언트 라플레시아의 조상도 찾을 수 있게 되었습니다. 그 결과 놀랍게도 자이언트 라플레시아의 조상은 꽃이 매우 작은 대극과 식물이었습니다. 대극과 식물의 꽃의 크기는 커봤자 2cm 정도밖에 되지 않으며 대부분은 몇 밀리미터에 불과할 정도로 작습니다. 반려식물로 많이 키우는 꽃기린*Euphorbia milii*, 크리스마스 식물로 유명한 포인세티아*Euphorbia pulcherrima*가 대극과에 속하는 식물입니다. 참고로 이들의 꽃에는 작은 꽃을 대신해서 벌과 나비를 유혹하는 커다랗고 화려한 꽃싸개(포)가 있습니다. 자이언트 라플레시아 꽃이 어떻게 그리 작은 크기의 조상으로부터 현재 세계에서 가장 큰 꽃으로 진화했는지 그 과정은 아직까지 알려지지 않았습니다. 시간이 흐르면서 점진적으로 크기를 키웠을 수도 있고, 뺑튀기하듯 몇 차례에 걸쳐 빵 하고 커지는 과정을 겪었을 수도 있죠.

한 가지 분명한 건 자이언트 라플레시아는 짧은 진화적 시간 안에 꽃의 크기를 엄청나게 키워냈다는 사실입니다. 또 한 가지 재미있는 건 라플레시아의 꽃가루를 옮겨준다고 알려진 검정파리과의 파리들은 아무 사체가 아닌 가장 큰 사체를 찾아다닌다는 것입니다. 이는 라플레시아가 이들과 함께 진화해왔다는 의미로 해석됩니다. 큰 사체를 찾는 검정파리들에 맞춰 아마도 크고 악취를 풍기는 꽃이 된 게 아닐까 하는 것이죠.

의사인 동시에 박물학자로서 세계 여러 곳을 탐험했던 아널드는 자이언트 라플레시아 앞에서 흥분을 감추지 못했습니다. 그리고 이 꽃을 채집하고 기록하며 그 모습을 그림으로 완성하려고 노력했습니다. 브라운은 이런 그의 헌신을 기려 자이언트 라플레시아의 종소명에 그의 이름 아널드를 새겨 넣었습니다. 어떤 이는 속명에 총독인 래플스가 아닌 아널드의 이름이 들어가야 한다고 주장하기도 했습니다. 하지만 래플스 또한 자이언트 라플레시아가 발견될 수 있도록 아널드를 지원해주었으며, 아널드가 남긴 자료와 그림을 영국으로 가져가 세상에 발표될 수 있도록 했기 때문에 속명은 그의 이름으로 채워지게 되었죠.[3] 그렇다면 아널드는 왜 직접 자이언트 라플레시아를 발표하지 않았던 것일까요?

안타깝게도 그는 이 꽃을 발견하고 두 달 후 수마트라섬에서 그림을 완성하던 중 풍토병에 걸려 고열에 시달리다 사망했습니다. 그 후 래플스는 아널드의 열정을 기리며 그의 발견이 빛을 볼 수 있도록 표본과 그림을 영국으로 가져갔고, 그것이 공식적

3 남성이면서 자음으로 끝나는 이름을 가진 래플스와 아널드의 이름을 학명의 속명과 종소명에 넣기 위해서는 각각 -ia와 -i 또는 -ii를 붙이기 때문에 라플레시아의 학명은 *Rafflesia anrnoldii*가 되었습니다.

으로 발표될 수 있도록 도운 것입니다. 비록 아널드는 그의 이름이 들어간 학명으로 자이언트 라플레시아가 전 세계에 알려지는 모습을 보지 못하고 37세의 나이로 사망했지만 그의 열정은 이 꽃과 함께 영원할 겁니다.

비운의 탐험가 데샹

아널드는 1818년 자이언트 라플레시아를 처음으로 찾아냈지만 그보다 라플레시아를 더 먼저 발견해서 기록한 이가 있었으니, 그는 프랑스의 외과의사이자 탐험가였던 루이스 데샹이었습니다. 데샹은 아시아와 태평양을 탐험하는 프랑스 과학탐험대의 대원이었으며, 아널드보다 21년 앞선 1797년에 인도네시아 자바섬에서 처음으로 라플레시아의 존재를 기록했습니다.

데샹은 인도네시아를 탐사하던 중 당시 프랑스군과 전쟁 중이던 독일군에 붙잡혀 자바섬에 3년 동안 갇히게 되었습니다. 섬에 갇혀 있는 동안 그는 그곳의 여러 식물을 조사했고 이를 기록해두었습니다. 그리고 그곳에서 현재 라플레시아 파트마*Rafflesia patma*로 알려진 종의 표본을 수집했습니다. 그 당시는 라플레시아 식물이 발표되기 전이라 그가 이를 발견해 기록하고 그림으로 남긴 최초의 사람이었죠.

이 기록물을 가지고 이듬해 그는 고국으로 돌아가는 배에 올랐으나 이번에는 영국군에 배가 점령되면서 또다시 고초를 겪게 됩니다. 그의 모든 노트와 연구물은 압수당했고, 오랜 반환 요청에도 불구하고 결국 돌려받지 못했죠. 그때의 압수물들은 사라졌다가 1860년에 영국 런던의 자연사박물관으로 가게 되었고, 그로부터 90년이 넘게 지난 1954년이 되어서야 세상의 빛을 보게 되었습니다.

데샹의 노트와 연구물은 놀라움 그 자체였습니다. 라플레시아 꽃이 그림으로 남겨져 있었기 때문이죠. 그의 노트에는 아널드보다 20여 년 먼저 라플레시아를 발견해 연구한 기록이 적혀 있었습니다. 또한 그는 라플레시아를 비롯한 자바섬의 식물 270여 종도 함께 기록해두었는데, 그 기록에는 당시에 전혀 알려지지 않았던 식물도 많았다고 합니다. 이를 본 사람들은 아마도 영국인들이 프랑스인이었던 데샹의 업적이 세상에 알려지는 것이 싫어서 일부러 노트를 숨겨놓고 세상에 내놓지 않았을 거라 추측하기도 했습니다. 새롭고 진귀한 식물을 발견한 영광을 영국이 독차지하고 싶었다고 말이죠.

하지만 데샹의 업적은 감춘다고 감춰지지 않았습니다. 훗날 식물학자들이 새로운 식물을 발견할 때 데샹의 업적을 기려 그의 이름을 넣어 학명을 짓곤 했으니까요. 그렇게 데샹의 업적은 벼과 식물인 좀새풀*Deschampsia*을 비롯해 여러 식물의 학명에 고스란히 남아 있습니다.

가장 큰 키 +× 레드우드

Sequoia sempervirens

+ 세계에서 가장 키가 큰 식물, 레드우드.
가장 큰 것의 키가 자그마치 116m에 달한다.
정확한 위치는 보호를 위해 비공개다.

거신족의 숲

세계에서 가장 키가 큰 나무는 어디에 어떤 모습으로 존재할까요? 그 나무를 만나기 위해서는 미국의 레드우드 국립공원에 가야 합니다. 레드우드 국립공원은 캘리포니아주 북부 태평양 연안을 따라 위치한 아주 울창한 숲입니다. 이곳은 일명 미국삼나무라고도 하는 레드우드red wood가 빼곡하게 자라고 있어서 레드우드 국립공원이란 이름이 붙었죠. 그리고 이 숲에 '세계에서 가장 키가 큰 식물'로 알려진 레드우드가 살고 있습니다.

레드우드의 키는 보통 60m 이상 자라며 90m 이상 자라는 경우도 흔하다고 합니다. 그중에서도 하이페리온Hyperion이라는 이름을 가진 레드우드는 키가 자그마치 116.07m에 이르며, 세계에서 가장 키가 큰 나무로 기록되어 있습니다. 이 나무의 키는 미국에 있는 자유의 여신상(93.1m)보다도 약 20m가 크고, 아파트 한 층의 높이를 약 3m라고 했을 때 무려 39층과 맞먹는 수준입니다. 또한 현재 살아 있는 동물 중 가장 크다고 알려진 대왕고래의 길이가 약 30m인 걸 감안하면, 식물로서 하이페리온은 그보다 거의 4배나 큽니다. 물론 이건 땅속에 있는 뿌리 길이는 계산하지 않은 것입니다.

사람들은 2006년에 이 나무를 처음 발견했을 당시 그 높이에 압도되어 그리스 신화에 나오는 막강한 거신족인 티탄(타이탄)을 떠올렸습니다. 그리고 그들 중에서도 태양신의 이름을 따 이 나무를 하이페리온(히페리온)이라고 불렀습니다. 하이페리온은 티탄의 12명의 신 가운데 한 명입니다. '높은 곳에 있는 자'라는 뜻이고 최초의 태양신이죠.

처음에는 레이저 장비로 하이페리온의 높이를 과학적으로 측정하려 했지만 도리어 이 방법이 그리 정확하질 못해서, 결국에는 사람이 직접 나무 꼭대기까지 올라간 뒤 줄자를 내려뜨려 키를 쟀습니다. 그렇게 측정한 결과 하이페리온의 키는 115.55m였으며, 약 15년이 지난 최근까지 52cm 정도 더 자라 현재는 116.07m가 되었습니다. 이 수치는 하이페리온이 1년 동안 보통 3cm 넘게 자란다는 것을 의미합니다. 그리고 지금 이 기록은 앞으로 계속 갱신될 겁니다. 레드우드는 길게는 2,000년 이상 산다고 하는데 하이페리온의 나이는 적게는 600살에서 많게는 900살까지 추정된다고 하니까요. 아직 한창인 젊은 축에 속하는 겁니다.

사실 하이페리온 말고도 나이가 더 많은 레드우드는 많이 있었습니다. 하지만 1970년대에 행해졌던 대규모 벌목 현장에서 그들은 무자비한 인간의 손에 천년도 더 살았던 생을 마감해야만 했습니다. 그러던 중 1978년에 레드우드 국립공원의 범위가 확장되면서 지금 하이페리온이 있는 지역이 공원에 속하게 되었고, 하이페리온은 잘려나가기 직전에 가까스로 살아남을 수 있었습니다. 이로써 하이페리온은 오늘날 세계에서 가장 큰 나무로 남아 있는 것입니다.

그렇다면 하이페리온의 뒤를 이어 세계에서 가장 키가 큰 나무 2위와 3위는 누구일까요? 이들 역시 같은 레드우드 국립공원에 사는 헬리오스Helios(그리스 신화에 나오는 태양신)와 이카로스Icaros(그리스 신화에서 태양을 향해 날아오르다 추락한 인물)라는 이름의 레드우드입니다. 이들의 키는 각각 114.5m와 113.14m로 하이페리온보다 고작 1~3m 정도 작습니다. 이쯤 되면 레드우드들이 세계에서 가장 키가 큰 식물종이라는 것을 인정할 수밖에 없겠죠. 사실 그다음 순위에 있는 키 큰 나무들도 거의 100m가 넘는 거대한 레드우드가 차지하고 있습니다. 이 레드우드들을 실제로 보면 어떤 느낌이 들까요? 아마도 거인의 나라에 온 걸리버가 된 기분이 들지 않을까요?

하지만 레드우드 국립공원에 가서 하이페리온을 직접 보는 건 쉽지 않습니다. 국립공원에서 하이페리온의 정확한 위치를 비공개로 하고 있기 때문입니다. "세계에서 가장 키가 큰 나무가 바로 여기에 있다!"라고 하는 순간 그것을 보려고 몰려든 사람들에게 시달려 자칫 나무가 병에 걸리거나 망가질 수 있으니까 위치 공개를 안 하는 것입니다.

키가 제일 크니까 안 알려줘도 찾을 수 있을 것 같나요? 그런데 그게 쉽지가 않습니다. 앞에서 이야기했듯이 하이페리온과 헬리오스, 이카로스는 서로 키가 1~3m밖에 차이가 나지 않기 때문에 땅에서 올려다봐서는 어느 나무가 과연 하이페리온인지 찾을 수 없습니다. 사실 어느 정도 키가 큰 레드우드는 우리에게 모두 거대한 하이페리온처럼 느껴질 겁니다.

햇빛 경쟁에서의 승자

레드우드들은 어떻게 그런 큰 키를 가질 수 있었을까요? 이렇게 키가 큰 것이 과연 생존에 유리한 진화의 결과일까요? 물론 숲속의 수많은 초록의 경쟁자 틈에서 누구보다 빠르게, 그리고 높게 자라는 것은 광합성을 하는 식물에게 매우 중요합니다. 태양에 가까이 다가갈수록 그만큼 충분한 햇빛을 확보할 수 있으니까요. 그래서 레드우드는 햇빛을 더 많이 받고자 위로 계속 성장했고 결국 그 경쟁의 승자가 된 것입니다.

하지만 햇빛 경쟁에서 승리하는 것만이 식물의 생존에 가장 유리하다고 할 수 있을까요? 이 문제에 대해서는 조금 더 고민을 해봐야 합니다. 높이 올라 햇빛을 많이 받는 것까지는 좋겠지만, 뿌리에서 흡수한 물을 나무 꼭대기까지 올려보내려면 엄청난 에너지가 필요하기 때문입니다. 실제로 가장 높은 곳에 있는 줄기와 잎 하나하나에까지 물을 보낸다는 건 거의 불가능합니다. 결국 나무 꼭대기에 달린 잎은 햇빛 말고는 아무것도 없는, 그야말로 극한 환경에 놓이게 되는 것입니다.

이 문제를 해결하고자 레드우드는 공기 중에 있는 수분을 이용하기로 했습니다. 바로 비와 안개에 있는 수분이죠. 레드우드는 뿌리가 아닌 나무껍질과 잎을 통해서도 수분을 흡수할 수 있도록 진화한 식물종입니다. 이것이 레드우드가 태평양에서 불어오는 바람으로 강수량이 많은 데다 안개가 항상 많이 끼는 해변을 따라 길게 이어진 산지에 살고 있는 이유입니다. 사람들이 레드우드를 해변 레드우드coast redwood라는 이름으로 부르는 것도 그래서입니다.

그렇다면 레드우드의 뿌리는 어떻게 생겼을까요? 그 키만큼이나 땅속으로도 깊게 뿌리를 내리고 있을까요? 흔히 큰 나무들은 깊고 튼튼한 뿌리를 갖고 있다고 생각하기 쉽지만 이들 나무는 대개 얕고 넓게 퍼지는 뿌리를 내리곤 합니다. 레드우드도 그런 뿌리를 가지고 있습니다. 이것 또한 큰 키 때문에 비가 많이 내리는 지역에 살게 되면서 갖게 된 진화의 결과입니다.

비가 많이 오면 홍수로 이어지는데, 아래로 곧게 내린 뿌리와 위로 우뚝 솟은 줄기는 물이 가득 들어찬 땅에서 이리저리 흔들릴 수밖에 없습니다. 그에 비해 얕고 넓게 내린 뿌리는 땅을 꽉 붙들 수 있는 힘을 얻을 수 있습니다. 이런 뿌리는 대홍수가 나서 흙이 전부 쓸려 내려가지 않는 한 하나로 곧게 내린 뿌리보다 식물의 생존에 더 적합한 형태입니다. 또한 레드우드의 뿌리는 옆에 있는 다른 나무들의 뿌리와 얽히며 서로서로 더 견고하게 지탱하는 역할을 합니다. 그래서 레드우드는 혼자 살지 않습니다. 그 키에 맞지 않게 서로 빽빽하게 모여 살면서 땅속으로는 거대한 뿌리 시스템을 이루는 것이죠.

이렇듯 레드우드는 햇빛 경쟁의 승자에 안주하지 않고 물을 흡수하는 방법과 뿌리를 내리는 방식을 고안해내며 끊임없이 달려온 결과 세계에서 가장 큰 키를 가진 나무가 되었습니다.

가장 덩치가 큰 나무

거삼나무 *Sequoiadendron giganteum*

레드우드는 키가 크기는 하지만 줄기가 위로 쭉 뻗어 있기 때문에 덩치는 그리 커 보이지 않습니다. 그에 비해 자이언트 세쿼이아Giant Sequoia라는 영어 이름을 가진 거삼나무는 레드우드보다 키는 작지만 세계에서 가장 큰 덩치를 자랑하는 나무입니다. 그중에서도 미국 남북전쟁에서 활약했던 제너럴 셔먼 장군의 이름을 딴 거삼나무는 현재 살아 있는 '가장 큰 나무'이자 '가장 큰 식물', '가장 큰 생물'로 알려져 있습니다.

미국 캘리포니아 세쿼이아 국립공원에 있는 셔먼 장군은 84m의 키에 둘레는 31m, 무게는 1,121톤에 달한다고 합니다. 즉 이 나무는 28층 건물 높이이면서, 어른 18명이 손에 손을 잡고 끌어안아야 하는 둘레이자, 가장 무거운 코끼리(약 6톤) 187마리와 맞먹는 무게입니다. 2006년 1월 폭풍우로 이 나무의 가지 하나가 부러지는 일이 있었는데, 땅에 떨어진 가지가 지름 2m에 길이는 30m로 마치 커다란 나무 한 그루처럼 보였다고 합니다.

또 셔먼 장군의 나이는 2,300살에서 2,700살로 추정되는데, 이는 기원전부터 이 나무가 살아왔다는 것을 의미합니다. 그리고 아직도 이 나무는 자라고 있기 때문에 셔먼 장군의 기록은 언제든 갱신될 것입니다.

우리나라에서 가장 키가 큰 나무

은행나무 *Ginkgo biloba*

우리나라에서 가장 키가 큰 나무도 알아볼까요? 이 나무를 보고 싶다면 경기도 양평의 용문사에 가면 됩니다. 특히나 가을에 단풍이 들 무렵 방문하면 황금빛을 뽐내며 시선을 압도하고 있는 이 거대한 나무를 만날 수 있습니다. 이 나무는 크기만큼이나 여러 전설을 담고 있는 신비로운 나무로 전해지기도 합니다. 신라의 마지막 비운의 태자였던 마의태자가 세상을 등지고 금강산에 들어가기 전에 심었다는 전설, 원효와 함께 신라 불교계의 양대산맥이었던 의상대사가 짚고 다녔던 지팡이를 꽂아둔 것이 자라서 나무가 되었다는 전설 등 이 나무 주변에는 여러 신비한 이야기가 전해지고 있죠.

이 나무는 바로 은행나무입니다. 용문사 은행나무의 키는 42m로 우리나라에서 가장 키가 큰 식물로 알려져 있으며, 나이는 1,100년이 넘은 것으로 추정됩니다. 이 정도 나이라면 삼국시대에 싹의 틔워 오늘날까지 살아 있는 것이 됩니다. 고려시대와 조선시대를 지나 지금에 이르기까지 오랜 역사의 순간을 겪으며 살아오고 있는 것이죠. 그래서 일찌감치 1962년에 우리나라 천연기념물 제30호로 지정되어 지금까지 보호되고 있습니다.

하이페리온의 절반도 안 되는 키라서 작게 느껴질 수도 있지만, 42m라는 키는 건물에 비하면 10층이 넘는 높이입니다. 우리가 가로수로 흔히 보는 은행나무의 높이가 10m에서 15m 정도이므로 그 서너 배에 달하는 키죠. 또 벌어진 가지의 너비는 28m가 넘는다고 하니 실제로 앞에 서면 그 웅장함에 한참을 쳐다보게 됩니다.

은행나무는 암꽃과 수꽃이 다른 나무에 피는 암수딴그루 식물[1]로 우리가 먹는 은행은 암나무에 열리는 씨앗입니다. 용문사 은행나무도 암나무로, 용문사에선 가을에 주렁주렁 달리는 이 나무의 은행을 사람들에게 나눠 준다고 합니다. 은행과 함께 오랜 세월을 이기며 살아온 강인한 생명력도 사람들에게 함께 전파가 되지 않을까요?

1 암꽃과 수꽃이 서로 다른 그루에 각각 달리는 것을 말합니다. 암꽃이 달리는 나무를 암나무(암그루), 수꽃이 달리는 나무를 수나무(수그루)라고 합니다. 반대는 암꽃과 수꽃이 한 나무에 달리는 '암수한그루 식물'입니다. 가로수로 흔히 보는 은행나무와 버드나무가 암수딴그루 식물이고, 배나무와 사과나무가 암수한그루 식물입니다.

가장 작은 키 +× 난쟁이버들

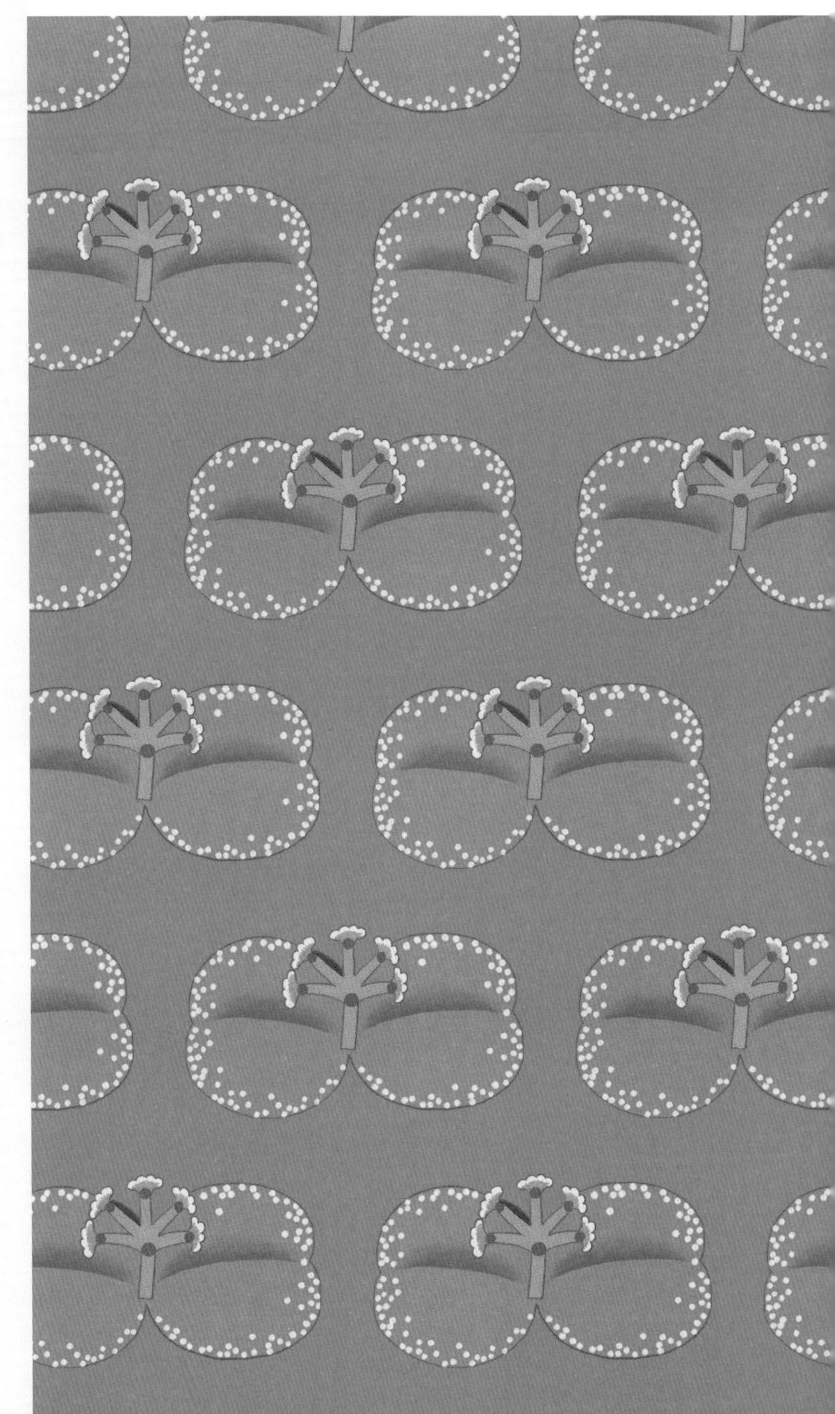

Salix herbacea

+ 세계에서 가장 키가 작은 나무, 난쟁이버들.
키는 1~6cm에 지나지 않으며, 땅에 바짝 엎드려 살아간다.

자신을 낮추어 이기는

북극 지역이나 북대서양 주변의 높은 산에 가면 매서운 바람과 추운 기후에 맞서 땅에 납작 엎드린 채 살아가는 버드나무를 만날 수 있습니다. 키가 1~6cm에 지나지 않은 이 나무는 모습에 걸맞게 난쟁이버들이라는 이름을 가지고, '세계에서 가장 키가 작은 나무'라는 타이틀을 달고 살아갑니다. 살아가기에 더없이 혹독한 환경은 나무의 키를 더 작고 작게 이끌었으며, 결국 땅 위로 허리를 쭉 펼 수 없는 지경으로 만들었죠.

여름에도 기온이 10℃를 넘지 않는 곳, 키가 2m 넘는 나무는 살지 못한다는 수목한계선[1] 위쪽의 환경이, 바람과 추위를 온몸으로 견뎌내야 하는 일상이 얼마나 힘겨울지 상상이 되지 않습니다. 난쟁이버들은 왜 하필 이렇게 혹독한 환경에서 살아가고 있는 걸까요? 키를 낮추기만 하면 다른 식물들도 거기서 살아갈 수 있을까요?

인간의 입장에서 보면 아무리 땅에 바짝 엎드려 살아간다고 해도 북극 지역에서 살아가는 것은 힘겨운 일입니다. 추위와 바람을 막아주는 집이나 두꺼운 옷이 없다면 불가능하다고 할 수

1 기후가 어느 정도 이상 건조해지거나 추워져서 '특정' 수목이 정상적으로 살아갈 수 없는 한계선을 말합니다. 지구온난화의 영향으로 수목한계선은 점점 북상하고 있습니다. 예를 들어 구상나무는 해발 1,500m 이상의 고지대에 서식하는 한반도의 대표적인 고유종으로 한라산에서 속리산, 설악산까지 분포합니다. 그러나 기후변화로 평균 기온이 상승하면서 한라산의 구상나무는 말라죽거나 개화를 하지 않는 등 위기를 겪고 있습니다.

있죠. 하지만 이런 환경이기에 그곳의 생물들에게는 경쟁할 상대가 없는 것 또한 사실입니다. 거기서 사는 것에 적응만 한다면 드넓은 평야가 다 내 것이기 때문에 이보다 더 좋은 곳도 없습니다. 물론 난쟁이버들이 그 이름을 갖기까지 수많은 형제가 살아남지 못하고 사라졌을 것입니다. 결국 이들이 처한 환경에 맞서서 살아남은 개체들만이 난쟁이버들이라는 이름을 달 수 있었습니다. 그들은 다른 경쟁 상대와의 싸움이 아닌 자신과의 싸움을 해오고 있는 것이죠.

난쟁이버들은 줄기와 가지를 옆으로만 뻗어 살아가는데, 이는 바람을 피하기 좋을 뿐만 아니라 상대적으로 따뜻한 땅의 열을 전달받기도 좋은 형태입니다. 또 서로 겹치지 않게 펼쳐진 둥근 잎은 햇빛을 받기에 안성맞춤입니다. 하지만 햇빛을 더 많이 받겠다고 잎을 더 키웠다가는 세차게 몰아치는 바람에 잎이 찢길 수도 있고, 잎을 더 얇게 만들면 매서운 추위에 바로 얼어버릴 수도 있습니다. 그렇기 때문에 난쟁이버들은 최적의 크기와 두께를 찾아 잎을 피워냅니다.

돌연변이 자손을 위해

난쟁이버들은 땅속으로 줄기를 뻗어 번식하기도 하지만 6월 말부터 8월 중순까지 꽃을 피우고 열매를 맺어 씨앗으로 번식하기도 합니다. 난쟁이버들의 꽃은 열매가 달리는 암꽃과 꽃가루를 가진 수꽃이 각각 다른 나무에 피는데, 수꽃의 꽃가루가 바람을 타고 암꽃을 만나야만 열매가 생깁니다. 땅속에 있는 줄기를 뻗어서 번식하는 방법은 씨앗으로 번식하는 방법보다 간단하지만, 그 방법만 쓰면 자신과 똑같은 개체들만 생겨나게 됩니다. 그러면 살아도 함께 살고 죽어도 함께 죽기 십상이죠. 즉, 환경이 열악할수록 많은 돌연변이가 생겨나야 그 집단이 살아남을 확률이 높아지기 때문에 유전자가 섞이는 씨앗 번식이 생존에 유리할 수 있습니다. 어느 하나에만 몰두하기엔 환경이 호락호락하지 않기에 난쟁이버들은 줄기 번식과 씨앗 번식, 두 가지를 다 하는 것입니다.

이윽고 열매가 익어서 벌어지면 안에서 흰 털이 달린 씨앗이 나와 바람을 타고 훨훨 날아갑니다. 씨앗에 털을 달아 바람을 타고 날아갈 수 있게 한 것은 씨앗을 퍼트려 줄 동물이나 물이 별로 없는 환경에서 자손을 퍼뜨릴 수 있는 효율적인 방법이죠. 그러니 이때는 힘차게 몰아치는 바람이 고맙기도 합니다. 영원한 단점도 영원한 장점도 없는 것이 자연입니다. 단지 난쟁이버들처럼 단점을 장점으로 바꾸려는 끊임없는 노력만이 자연에서 살아남는 법이죠.

우리나라에서 가장 키가 작은 나무

암매 *Diapensia lapponica* var. *obovata*

우리나라에서 볼 수 있는 키가 가장 작은 나무는 어디에 있을까요? 우리나라에도 북극의 혹독한 환경과 같은 곳이 있을까요? 있습니다! 그것도 우리나라에서 가장 따뜻한 곳이라고 할 수 있는 제주도에 말이죠. 제주도는 우리나라의 다른 지역에 비해 평균 기온이 1~10℃ 정도 높습니다. 하지만 이런 제주도에 다른 어느 지역보다 더 추운 곳이 있으니 그곳은 바로 우리나라에서 가장 높은 산인 한라산 꼭대기입니다. 땅에서부터 100m씩 위로 올라갈수록 기온은 0.6℃씩 떨어지기 때문에 한라산의 높이가 1,950m인 것을 고려해보면 정상인 백록담의 기온은 한라산 아래보다 약 11℃가 낮은 셈입니다. 바로 그곳, 백록담의 바위틈에 암매가 붙어서 살고 있습니다.

'돌에 피는 매화'라는 뜻의 암매는 난쟁이버들과 막상막하를 이루며 세계에서 가장 키가 작은 나무에 속합니다. 다 자라도 10cm가 넘지 않는 키에 서로 옹기종기 붙어사는 모습이 난쟁이버들과 비슷합니다. 또 암매는 줄기가 옆으로 기며 자라기 때문에 위로 솟은 키는 난쟁이버들과 비슷합니다. 그래서 '세상에서 가장 키가 작은 나무'를 암매로 보기도 합니다.

추위와 매서운 바람을 피할 곳이 없는 백록담의 바위 위에 살기 위해서 암매는 빈틈이 보이지 않을 정도로 줄기를 빽빽하게 얽히게 해 전체 모습을 방석처럼 만들었습니다. 이렇게 서로 꽉 껴안고 있어야 추위와 바람을 이겨낼 수 있기 때문입니다. 또 암매의 잎은 난쟁이버들의 잎에 비해 크기는 작지만 가죽처럼 반들반들하고 도톰합니다. 덕분에 겨울에도 오래 푸른 잎을 달고 있는 상록수로 살고 있습니다. 특히 암매의 이 튼튼한 잎은 수명이 길기도 하지만 수명이 다해 죽더라도 줄기에 남아 태양열을 흡수하는 역할을 합니다. 그래서 암매는 영하 58℃에서도 죽지 않고 살아남을 수 있다고 합니다.

6~7월이 되면 암매는 덩치에 비해 큰 꽃을 피우는데, 꽃자루 길이가 1~2cm로 전체적으로 보면 자기의 키만큼 높이 꽃을 피웁니다. 난쟁이버들이 주로 바람을 이용해서 꽃가루를 날리는 것과는 다르게 암매는 곤충에게 꽃가루를 운반시키는데(이를 충매화라고 하죠), 곤충의 눈에 잘 띄기 위해 꽃을 높이 피우는 것입니다. 암매는 5일 정도밖에 꽃을 피우지 않기 때문에 개미를 비롯한 곤충의 도움을 받아 재빨리 열매를 맺어야 합니다. 산꼭대기의 환경은 시시각각 변하기 일쑤여서 지체할 시간이 없는 것이죠.

그렇다면 암매는 어쩌다가 한라산 꼭대기에 살고 있는 것일까요? 여기에는 안타까운 사연이 있습니다. 원래 암매는 추운 북쪽의 극지방에 살고 있었습니다. 하지만 신생대 4기 플라이스토세에 있었던 빙하기 때 점점 강해지는 추위를 더는 견딜 수가 없었습니다. 그래서 그 추위를 피해 남쪽으로 내려오게 되었습니다. 그때는 한반도와 제주도가 육지로 연결되어 있었기 때문에 암매가 제주도까지 내려올 수 있었던 겁니다. 그러다가 1만 2,000년 전 빙하기가 끝나면서부터 기온이 올라갔고, 한반도와 제주도는 바다를 사이에 두고 육지와 섬으로 분리되었으며, 암매는 고립된 제주도에서 더워지는 기후를 피해 땅에서 멀리 해발고도가 높은 곳으로 올라가다가 결국 한라산 꼭대기까지 간 것입니다.

기후변화로 인한 온난화 때문에 기온이 더 오르면 암매는 그

꼭대기에서 더 이상 올라갈 수도, 버틸 수도 없습니다. 빙하기를 거치며 오랜 세월 동안 우리 땅에 살던 암매는 더워지는 기후 때문에 사라질 위험에 처했습니다. 그래서 현재 환경부는 암매를 우리나라 멸종위기 1급 식물로 지정해 보호하고 있습니다.

가장 큰 열매 ⊹× 잭프루트

Artocarpus heterophyllus

⊹ 세계에서 가장 큰 나무 열매, 잭프루트.
무게가 42kg까지도 나간다. 여러 개의 꽃이 뭉쳐 큰 열매를 만든다.

뭉쳐야 크다

열매는 속씨식물의 꽃이 지고 난 후 장차 씨앗이 될 밑씨가 들어 있는 씨방이나 그 주위에 있는 꽃턱(꽃받기), 꽃잎, 꽃받침 등이 함께 자라서 만들어집니다. 꽃과 씨방은 속씨식물만이 가지고 있는 기관이라서 열매도 속씨식물에만 달리는 것이죠. 씨방은 병원균이나 수분 손실 등의 여러 스트레스가 있는 험난한 환경으로부터 여린 밑씨를 보호하는 역할도 하지만, 열매로 자라고 나서는 성숙한 씨앗을 멀리 퍼뜨리는 데 중요한 역할을 합니다.

열매가 그 속에 들어 있는 씨앗을 멀리 퍼뜨리는 방법에는 여러 가지가 있습니다. 열매껍질을 팡 하고 터뜨려서 씨앗을 튕겨 보내는 방법도 있고, 열매에 갈고리를 달아서 동물의 몸에 붙여

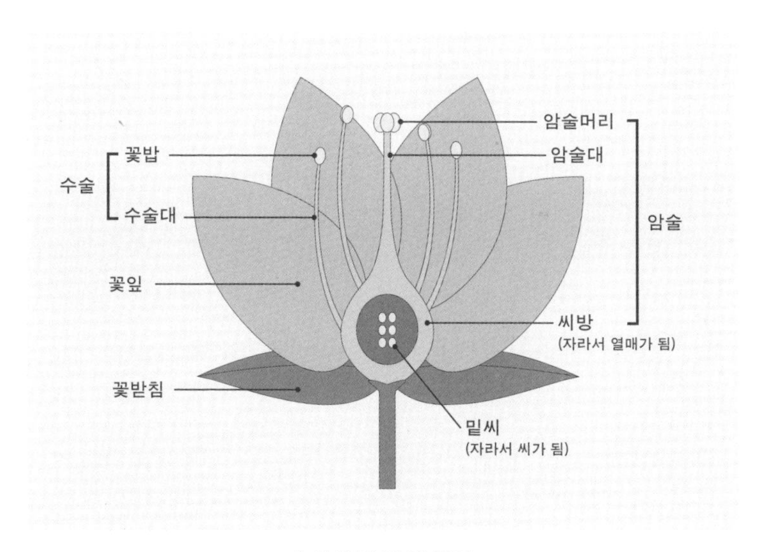

속씨식물 꽃의 구조

퍼뜨리는 방법도 있습니다. 또 열매를 물에 띄워 흘려보내는 방법도 있고, 열매에 날개를 달아 바람에 날려 보내는 방법도 있죠.

하지만 우리가 가장 사랑하는 열매들이 쓰는 방법은 바로 맛있는 과육을 만들어 동물이 먹게 함으로써 그 안에 있는 씨앗을 멀리멀리 퍼뜨리는 것입니다. 동물들은 열매를 들고 이동한 뒤 맛있는 과육만 먹고 먹기 불편한 씨앗은 땅에 뱉기도 하고 또 과육과 함께 씨앗을 먹기도 하는데, 씨앗은 소화되지 않고 배설물로 다시 나오므로 결국 어떤 방법으로든 원래 식물이 있던 곳에서 멀어지게 되죠. 더구나 동물의 배설물은 양분이 많아 씨앗이 싹 트는 데 거름 역할을 합니다. 그래서 이 방법을 쓰는 식물들은 열매가 동물들의 눈에 잘 띄도록, 그들의 선택을 받기 위해 더 크고 먹음직스럽게 보이도록 진화했습니다. 하나의 열매가 작다면 여러 개의 열매를 뭉쳐서라도 그렇게 보이려고 하죠. 바로 잭프루트처럼 말입니다.

잭프루트는 인도와 말레이시아가 원산지인 상록수로 오늘날 열대지방의 여러 나라에서 심어 기르고 있습니다. 나무의 키는 20m까지 자랍니다. 열매는 '세계에서 가장 큰 나무 열매'로 알려져 있는데, 길이가 90cm에 지름은 50cm에 달하며 가장 무거운 기록을 가진 열매는 42kg이라고 합니다. 초등학교 5~6학년 학생의 평균 몸무게가 42kg이라고 하니 실로 대단한 크기죠. 나뭇가지에 다 큰 아이들이 주렁주렁 매달려 있는 걸 상상해보세요.

그런데 잭프루트의 이 거대한 열매는 하나의 꽃에서 자란 것이 아닙니다. 수백 개에서 수천 개의 꽃이 모여 자라난 것이죠. 잭프루트의 열매가 되는 암꽃과 꽃가루를 내어주는 수꽃은 한 나무에서 따로 피어납니다. 이때 암꽃과 수꽃은 각각 여러 개가 모여서 타원 모양의 꽃차례를 이루고 있는데, 수많은 암꽃으로 이루어진 꽃차례에 곤충이나 바람을 타고 수꽃에 있던 꽃가루가 묻으면 이것이 점점 자라나 커다란 열매 하나가 됩니다.

세계에서 가장 큰 나무 열매라는 타이틀이 무색하게도 잭프루트의 암꽃 1개는 너무 작아서 맨눈으로는 잘 보이지 않습니다. 피어날 때의 길이와 너비가 고작 몇 밀리미터에 지나지 않으니까요. 하지만 이런 암꽃이 5,000~1만 개가 모이면 세계에서 가장 큰 열매가 됩니다. 각 암꽃은 꽃잎이 기다란 통 모양을 하고 있으며, 그 끝이 두 갈래로 갈라져 있습니다. 이런 통꽃 수천 개가 길쭉하고 두툼한 꽃대에 옹기종기 붙어 달려 하나의 꽃차례를 이룹니다. 각 암꽃에 있는 씨방은 통꽃 안에 들어가 있고, 씨방에서 이어진 암술머리만 꽃가루를 받기 위해 통꽃 밖으로 살짝 나와 있습니다. 잭프루트의 암꽃 뭉치 바깥쪽에 뾰족뾰족하게 솟아 있는 돌기 하나하나가 바로 각각의 암꽃입니다.

씨방 안에 있던 밑씨가 씨앗으로 자라는 것과 동시에 암꽃 수천 개에 있던 꽃잎들은 씨앗이 있는 아랫부분을 남겨둔 채 윗부분이 서로 융합합니다. 이로써 거대한 하나의 열매가 되죠. 잭프루트의 수많은 꽃이 하나의 열매로 성숙하게 되면 연두색이던 색깔이 노랗게 변하면서 바나나와 파인애플, 그리고 망고를 섞어놓은 것 같은 달콤한 향기가 강하게 납니다. 그리고 뾰족뾰족하고 단단한 껍질을 벗기면 그 안에는 수십 개에서 많게는 수백 개까지 씨앗이 들어 있습니다.

융합의 성과

열대지방 나라의 마트에 가면 잭프루트 열매를 먹기 좋게 주먹보다 약간 작은 덩어리 크기로 손질해 판매하는 걸 볼 수 있습니다. 얼핏 노란 파프리카처럼 보이기도 하는 이 덩어리는 겉은 매끈하며 씹었을 때 질감은 약간 쫄깃쫄깃합니다. 그래서 흔히 고기 같은 맛이 난다고 표현합니다. 그렇다면 우리가 맛있게 먹는 이 부분은 꽃의 어느 부위가 자란 것일까요? 그것은 놀랍게도 잭프루트의 꽃잎입니다. 꽃 여러 개가 융합해 커다란 열매 하나를 이룰 때, 융합하지 않고 남아 있던 꽃잎의 아랫부분이 맛있는 과육이 되는 것이죠.

암꽃 수천 개 중에서 씨앗을 맺는 암꽃은 최대 500개 정도라고 합니다. 그 암꽃들의 꽃잎이 우리가 먹는 과육이 되고, 씨앗을 맺지 못한 나머지 암꽃들의 꽃잎은 희고 얇은 끈 모양으로 열매 안에 남습니다. 그리고 두껍고 영양가 있는 과육으로 변한 꽃잎 안쪽에는 각 암꽃의 씨방이 자란 '열매'가 들어 있죠. 우리가 씨앗이라고 부르는 것은 사실 각 암꽃의 씨방이 성숙한 열매입니다.

이렇게 잭프루트의 거대한 열매는 수많은 암꽃에 있는 꽃잎들이 융합해 이뤄낸 성과입니다. 그리고 그 안쪽에 꽃잎 일부분을 맛있는 과육으로 만들고는 자신의 씨앗이 들어 있는 진짜 열매를 그 안에 넣어두었죠. 이렇게 꽃잎이 융합하거나 씨방이 융합하는 방식으로 여러 꽃이 모여 하나가 되는 열매를 '많은 꽃으로 된 열매'라는 뜻으로 다화과multiple fruit라고 합니다. 달콤하고 맛있는 파인애플과 뽕나무의 열매인 오디도 이런 다화과입니다. 다화과는 비록 각각의 꽃은 작지만 이것들이 합쳐지는 과정을 통해 크기가 큰 열매로 자라납니다. 이를 통해 동물의 눈에 쉽게 띌 수 있고 더 강한 냄새를 풍길 수도 있습니다. 그리고 과육이 많은 만큼 동물들이 선호하는 열매가 되죠.

속씨식물의 다양성이 신생대에 폭발적으로 증가할 수 있었던 데에는 이전에는 없던 씨방과 그 씨방이 자란 열매가 씨앗을 효과적으로 퍼뜨릴 수 있었던 것이 크게 작용했다고 합니다. 그리고 열매로 직접 씨앗을 퍼뜨리는 방법보다 동물에게 과육이라

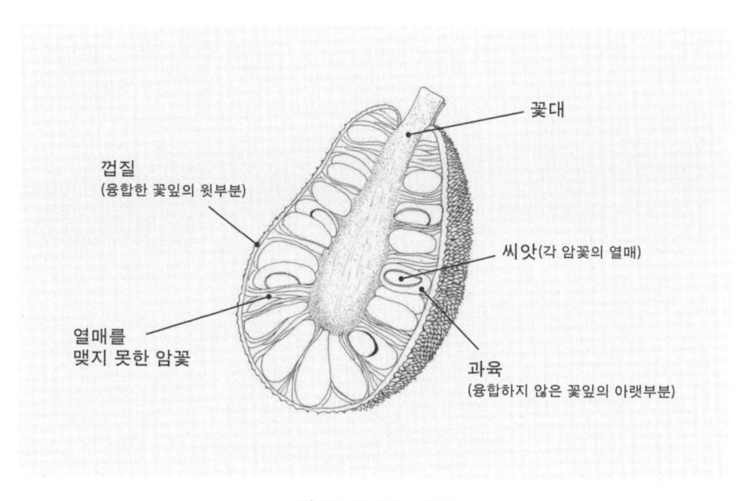

잭프루트의 단면

는 보상을 주고 씨앗을 이동시키게 하는 방법이 더 나중에 나온 것이라고 합니다. 지구에 같이 살고 있는 다양한 동물을 이용해서 씨앗을 퍼뜨리는 방법이 식물 스스로 퍼뜨리는 것보다 더 효과적이었던 것이죠. 동물도 의도하지는 않았지만 달콤하고 영양가 높은 먹이를 제공해주는 식물의 열매를 기꺼이 먹고 씨앗을 옮겨주었습니다.

이것은 우리 인간에게도 해당하는 말입니다. 방글라데시에서 잭프루트의 열매는 주렁주렁 많이 달리고 값도 싸다고 해 '가난한 자의 음식'으로 불리며 국가 과일로 지정되어 있습니다. 이 가장 큰 나무 열매는 야생의 동물뿐만 아니라 인간에게도 중요한 음식인 것이죠. 자신이 만들어둔 과육을 먹고 씨앗을 멀리 퍼뜨려 주길 바라는 잭프루트와 그런 잭프루트를 널리 심어 기르며 그 바람을 이뤄주는 사람은 서로를 도우며 살아가고 있다고 할 수 있습니다.

가장 큰 열매 기네스

서양호박 *Cucurbita maxima*

사실 기록상 '세계에서 가장 큰 열매' 타이틀을 가지고 있는 식물은 호박입니다. 호박 중에서도 크기가 너무 커서 자이언트호박이라 부르는 서양호박이 그 기록의 주인공이죠. 서양호박의 무게는 적게는 60kg에서 많게는 900kg 이상 나간다고 합니다.

이 호박은 주로 서양에서 재배하는 품종으로 남아메리카 야생에 있던 걸 가져온 것입니다. 야생에서의 호박 열매는 야구공보다 약간 큰 크기였다고 하는데, 사람들이 밭으로 가져와 기르기 시작하면서 더 큰 열매를 맺는 개체를 선택적으로 재배해온 결과 오늘날 세계에서 가장 큰 열매라는 타이틀을 얻게 되었습니다. 서양호박이 점점 커질 때마다 농부들은 그 누구보다 더 큰 호박을 키우고 싶다는 열망에 빠졌습니다. 그리고 한 해 동안 온갖 정성을 다해 호박을 키워냈죠. 이런 농부들이 한자리에 모여 누가 기른 호박이 더 큰지를 겨루는 대회를 열기 시작했습니다. 이 대회에서는 가장 무게가 많이 나가는 호박과 그 호박을 재배한 사람에게 상금을 주는데, 여기에서 몇 년에 한 번씩 기네스 기록을 넘어서는 거대한 호박이 등장하기도 합니다. 2016년 마티아스 빌레민스이라는 벨기에 사람이 무려 1,190.5kg에 달하는 호박을 가져와 2014년 베니 마이어가 세운 1,054kg이라는 기록을 깨고 '가장 무거운 호박' 및 '가장 큰 열매' 부문의 기네스북에 올랐습니다. 이 호박은 1톤 트럭에도 실지 못하는 무게입니다.

그저 흥미로운 겨루기 정도라 생각할 수도 있지만, 이 경쟁은 1900년부터 시작되어 120년이 넘는 역사를 자랑합니다. 캐나다의 윌리엄 워녹은 자신이 기른 181kg짜리 호박을 1900년에 열린 유럽 최대 규모를 자랑하는 파리국제박람회에 전시해서 동메달을 따냈습니다. 그로부터 약 70년 후 미국의 밥 포드는

200kg이 넘는 호박을 세상에 선보였고, 이후로 기록을 경신하는 거대한 호박들이 등장했습니다. 그리고 어느새 500kg, 600kg, 900kg을 넘어 사실상 거의 불가능하다고 여겼던 1,000kg이 넘는 호박이 등장하기에 이른 것입니다. 이는 북극에 사는 북극곰이나 아프리카 초원을 거니는 기린보다 무거운 호박이 등장했다는 것을 뜻합니다. 그런데 이게 끝이 아닙니다. 앞으로도 더 큰 호박이 등장할 가능성이 상당히 크기 때문이죠. 이러다가 어쩌면 코끼리보다 더 무거운 호박이 등장할지도 모르겠습니다.

더 크고 무거운 열매를 향한 관심은 그동안 농부들의 것이었지 과학자들에게 큰 관심사는 아니었습니다. 그러다 점점 더 커지는 열매를 보며 과학자들에게도 식물의 열매라는 것이 대체 어디까지 커질 수 있는가에 대한 의문이 생겼습니다. 작은 열매의 경우에는 열매의 크기를 제한하는 유전자가 있다고 합니다. 이 유전자의 역할은 열매가 어느 정도 자라고 나면 더 이상 커지지 않도록 성장을 멈추게 하는 것입니다. 그런데 이 유전자에 돌연변이가 생기면 열매는 멈추지 않고 계속 성장하게 됩니다. 그래서 호박의 경우 하루에 20kg까지 무거워질 정도로 커질 수 있다고 합니다. 하지만 이런 돌연변이 호박이 계속해서 커질 수 없는 이유는 거대한 자신의 덩치를 이겨내지 못하고 무너지거나 열매 곳곳으로 양분 공급이 원활하게 이루어지기 어렵기 때문입니다. 또 병원균의 침입과 같은 외부 원인에 의해서도 계속 자라날 수 없게 됩니다. 그런데 이 말은 완벽한 조건만 갖추어진다면 호박이 무한정 커질 수도 있다는 것을 의미합니다. 그래서 호박 농부들은 더 큰 호박을 키워내기 위해 오늘도 고민하고 있습니다. 그리고 이것이 앞으로도 기록을 경신할 호박들이 등장할 수밖에 없는 이유입니다.

가장 긴 솔방울

슈가 파인 *Pinus lambertiana*

솔방울은 소나무의 씨앗과 이를 덮고 있는 비늘 조각이 자라서 방울 모양이 된 것을 말합니다. 꼭 소나무뿐만 아니라 겉씨식물 중 바늘 모양의 잎을 가진 침엽수들이 맺는 방울을 모두 솔방울이라고 부르기도 합니다. 하지만 솔방울을 소나무의 열매라고 하는 것은 틀린 말입니다. 열매란 꽃이 지고 난 후 씨방이 자라서 만들어지기 때문입니다. 꽃과 씨방은 속씨식물만 가지고 있는 기관이라서 결국 이런 기관이 애초에 없는 겉씨식물에게는 열매도 있을 수 없습니다.

그렇다면 우리가 알고 있던 소나무의 꽃과 열매를 무어라고 불러야 할까요? 겉씨식물에서는 속씨식물의 암술이 있는 암꽃과 꽃가루가 있는 수꽃에 해당하는 기관을 각각 암구화수암毬花穗와 수구화수수毬花穗라고 합니다. 또 속씨식물의 열매에 해당하는 말을 겉씨식물에서는 구과毬果라고 합니다. 이 세 가지 명칭에는 공통적으로 구(毬:공) 자가 들어가는데 이것들이 모두 둥글게 생겼기 때문입니다. 하지만 사실 이 명칭들도 모두 정확한 표현은 아닙니다. 속씨식물에만 있는 꽃(花:화)과 열매(果:과)를 뜻하는 한자들이 들어 있으니까요.

이 단어들은 겉씨식물과 속씨식물의 여러 기관을 어떻게 지칭할지 아직 그 용어가 우리나라에서 확실히 정해지지 않았을 때, 외국의 용어들을 해석하면서 생긴 오류에 더해 한자와 우리말이 섞이면서 혼란스러워진 상황을 보여주고 있습니다. 지금이라도 적절한 단어를 선택해서 바로잡으면 좋겠지만 이미 여러 단어와 표현이 널리 쓰이고 있어서 그것들을 모두 틀리다고 할 수가 없습니다. 그래서 어떤 책에서는 아직도 소나무의 암꽃과 수꽃, 그리고 열매라는 용어를 그대로 사용하고 있습니다. 이 문제에 대해서 식물학자들은 오늘도 토론하고 있죠. 확실한 건 겉씨식물은 씨방과 꽃이 '없는' 민꽃식물이고, 속씨식물은 씨방과 꽃이 '있는' 꽃식물이라는 것입니다.

그렇다면 '겉씨식물 중에서 가장 긴 솔방울', 즉 구과를 맺는 나무는 누구일까요? 그 나무는 북아메리카에 살며 키가 70m까지 자라나 거인 소나무로도 부르는 슈가 파인입니다. 슈가 파인을 우리말로 옮기면 설탕 소나무라는 뜻인데, 줄기에 상처가 났을 때 나오는 송진이 달콤해서 붙은 이름입니다. 이 슈가 파인의 솔방울은 길이가 최대 61cm에 달해 겉씨식물의 구과 중 가장 길다고 알려져 있습니다. 그래서 이 나무 아래를 걸을 때는 떨어지는 솔방울에 머리를 다치지 않게 조심해야 한다고 합니다.

이 솔방울에서 나오는 씨앗은 잣처럼 생겼습니다. 사실 슈가 파인은 소나무보다는 잣나무라고 불러야 합니다. 소나무의 잎

은 2~3개씩 뭉쳐 달리고 잣나무의 잎은 5개씩 뭉쳐 달리는데, 슈가 파인은 잎이 5개씩 뭉쳐 달리며 씨앗도 잣처럼 생겼기 때문입니다. 이 씨앗은 크기도 크고 영양가도 높아서 다람쥐와 어치, 곰과 같이 산에 사는 동물들에게 인기가 많습니다. 이 동물들이 가져가서 먹다가 남은 씨앗들은 숲의 이곳저곳에 퍼져 싹을 틔우고 새로운 삶을 살아가죠. 겉씨식물이 맺는 솔방울을 열매라고 해야 할지, 구과라고 해야 할지 헷갈릴 수 있지만 한 가지는 확실합니다. 그 안에 새로운 식물로 자라날 씨앗들이 들어 있다는 것이죠.

가장 작은 크기 +× 남개구리밥

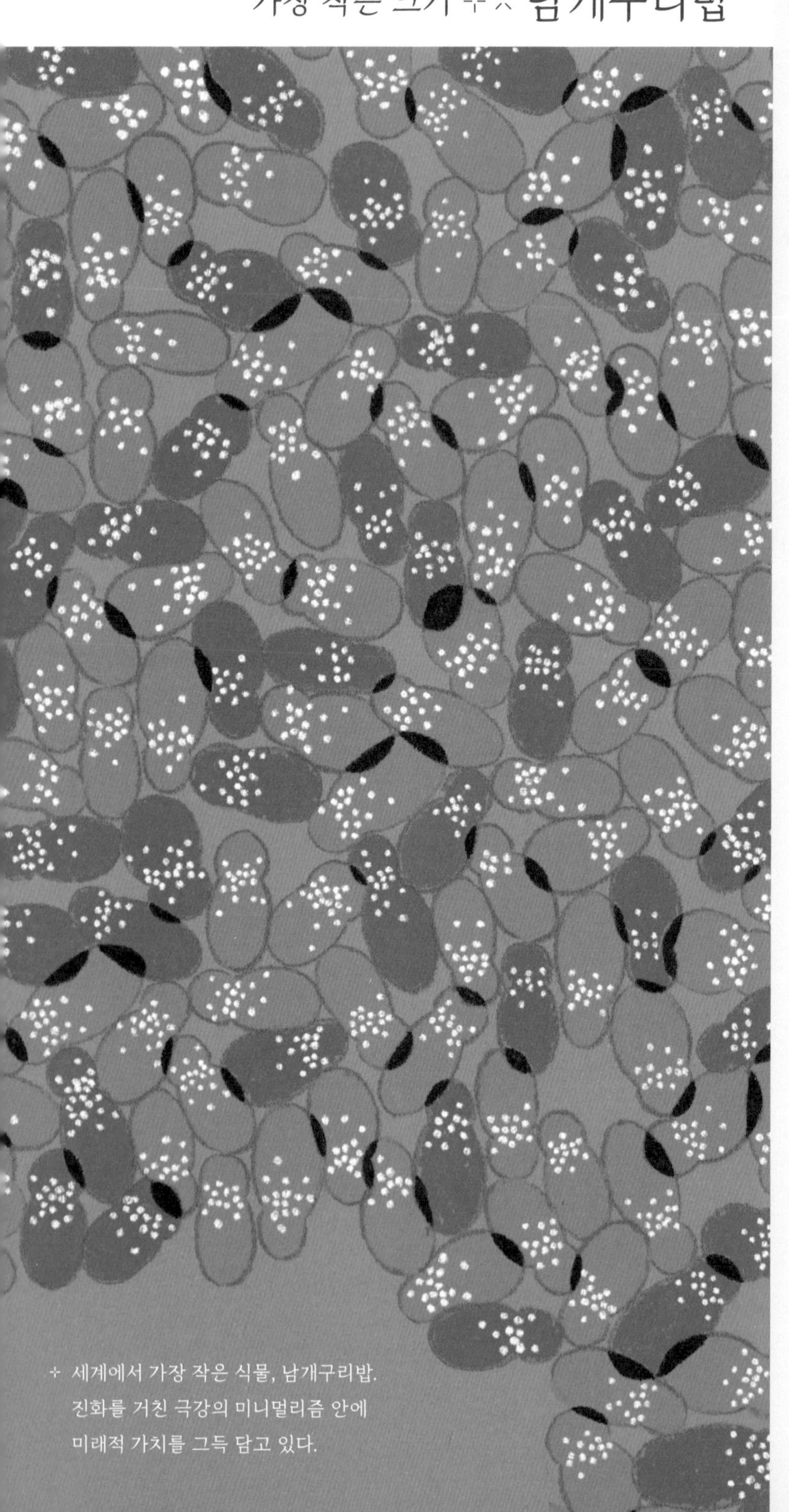

+ 세계에서 가장 작은 식물, 남개구리밥.
진화를 거친 극강의 미니멀리즘 안에
미래적 가치를 그득 담고 있다.

진화된 미니멀리즘

우리나라에서 꽃을 피우는 식물 중 개구리(올챙이)가 먹는 밥이라고 해서 '개구리밥'이라는 이름이 붙은 식물은 모두 6종이 있습니다. 우선 가장 흔히 볼 수 있는 건 연못이나 논 위에 초록빛으로 둥둥 떠 있는 개구리밥*Spirodela polyrhiza*입니다. 그리고 그보다 더 작다는 이름을 가진 좀개구리밥*Lemna perpusilla*, 그리고 그보다 더 작아서 가루처럼 보인다는 이름을 가진 분개구리밥*Wolffia arrhiza*, 좀개구리밥을 닮은 나도좀개구리밥*Lemma minor*, 잎 표면에 점무늬가 있는 점개구리밥*Spirodela punctata*이 있습니다. 그리고 마지막으로 '세계에서 가장 작은 식물'로 알려진 남개구리밥이 있습니다. 남개구리밥이라는 이름은 주로 우리나라의 남부 지방에 살고 있어서 붙은 이름이며, 이 식물은 전 세계적으로는 중국과 일본을 비롯해 필리핀, 인도네시아, 태국 등 동남아시아에 많이 살고 있습니다.

남개구리밥은 길이 0.4~0.9mm에 너비는 0.3~0.6mm, 두께는 0.2~0.8mm인 식물입니다. 길이, 너비, 두께 모두 1mm가 채 안 되는 형태이죠. 얼마나 작은지 상상이 되나요? 상상이 되지 않는다면 연필로 종이에 점을 찍어놓고 그 점이 남개구리밥의 크기와 같다고 생각하면 됩니다.

이렇게 작은 식물이기에 남개구리밥의 꽃과 열매 또한 세계에서 가장 작습니다. 꽃과 열매의 지름이 모두 0.1mm 정도죠. 너무 작아서 눈에 보이지도 않지만 사실 남개구리밥은 거의 꽃을 피우지 않습니다. 그래서 우리가 남개구리밥의 꽃과 열매를 볼 수 있는 경우는 많지 않습니다. 그렇다면 남개구리밥은 어떻게 번식할까요?

남개구리밥을 비롯한 개구리밥들은 '몸 전체가 잎처럼 생겼다'는 뜻인 엽상체[1]로 이루어져 있습니다. 이 엽상체를 자세히 살펴보면 하나의 엽상체에서 또 다른 엽상체가 자라나고 있는 것이 보입니다. 남개구리밥의 경우에는 이것이 눈사람처럼 보이죠. 큰 엽상체 옆에서 자라나던 어린 엽상체는 어느 정도 자라다가 떨어져 나와서 또 다른 엽상체를 만들어냅니다. 이렇게 싹이 돋아나는 것과 같이 식물체의 일부가 떨어져 나와 새로운 개체가 되는 번식 방법을 출아법이라고 합니다. 남개구리밥은 이런 출아법으로 번식을 합니다.

출아법은 식물이 꽃과 열매를 만드느라 들이는 에너지를 줄일 수 있는 좋은 방법입니다. 그저 몸의 일부를 키워내서 떨구기만 하면 되기 때문이죠. 하지만 겨울이 와서 남개구리밥이 살던 물이 얼어버리면 엽상체도 얼기 때문에 더 이상의 번식은 말할 것도 없고 남개구리밥은 모두 죽게 됩니다. 그런데 신기하게도 이듬해 봄이 오면 남개구리밥은 다시금 싹을 틔우고 풍성하게 자라납니다. 어떻게 된 걸까요? 그것은 겨울이 오기 전에 남개구리밥이 만들어낸 겨울눈 덕분입니다. 동아, 식아, 또는 휴면아라고 부르는 이 겨울눈은 영양분인 녹말을 가득 담고 있는 작

1 대표적인 이끼식물인 우산이끼의 몸도 엽상체로 이루어져 있습니다. 엽상체는 관다발 없이 몸 전체로 물을 흡수할 수 있는 효율적인 구조입니다.

은 조각으로, 남개구리밥은 겨울눈을 만들어 물속에 가라앉아 잠자고 있다가 봄이 오면 물 위로 떠올라 엽상체로 자라나죠.

남개구리밥의 엽상체는 물과 양분이 이동하는 관다발이 없는 단순한 구조입니다. 그렇습니다, 놀랍게도 관다발이 없는 식물들이 있습니다. 식물의 진화 과정에서 식물이 탄생할 때의 가장 처음 모습이었던 이끼식물이 바로 관다발이 없는 식물이었죠. 그럼 남개구리밥은 이끼식물일까요? 아닙니다. 남개구리밥은 작긴 하지만 엄연히 꽃을 피우는 속씨식물입니다. 그리고 속씨식물은 관다발을 가지고 있습니다. 그렇다면 남개구리밥은 대체 왜 관다발이 없는 걸까요?

남개구리밥에게는 관다발이 필요하지 않기 때문입니다. 크기가 워낙 작아서 흡수한 물이나 양분이 이동할 필요가 없습니다. 그리고 뿌리 또한 필요하지 않습니다. 물에 둥둥 떠서 살며 작은 몸 전체로 물을 흡수하기 때문에 굳이 뿌리가 있어야 할 까닭이 없습니다. 얼핏 뿌리가 있는 개구리밥이나 좀개구리밥보다는 남개구리밥이 원시적인 형태로 보일 수 있는데, 사실 남개구리밥은 그들보다 최근에 진화한 식물입니다. 원래 조상들은 뿌리가 있었지만 더는 필요하지 않으니 그것이 없어진 후손인 것입니다. 주어진 환경에서 가장 잘 살아갈 수 있도록 남개구리밥은 필요 없는 것들을 버리고 미니멀리즘을 추구하고 있는 것이죠.

극강의 미래 식물

이렇게 생존에 딱 필요한 것들만 갖춘 남개구리밥은 놀라운 성장 속도를 자랑합니다. 2~3일이면 자신의 몸에서 싹을 틔워 새로운 개체를 만들어내죠. 이런 식으로 계산해보면 남개구리밥 1개가 지구 전체를 뒤덮는 데 2개월 정도밖에 걸리지 않으며, 지구 부피만큼 자라는 데도 약 75일밖에 걸리지 않습니다. 물론 아주 이상적인 조건의 환경이 주어진다면 말입니다.

남개구리밥의 놀라운 점은 작은 크기와 엄청난 번식 속도뿐만이 아닙니다. 영어권에서는 남개구리밥을 오리가 즐겨 먹는다고 해서 오리풀duckweed이라고 부르기도 하지만 '물밥' 즉 워터밀watermeal로 부르기도 합니다. 올챙이도 오리도 아닌 사람이 먹는 '밥'을 뜻하죠. 놀랍게도 남개구리밥 엽상체에는 무려 30%에 이르는 단백질과 20%의 탄수화물, 25%의 섬유질 등 여러 영양분이 들어 있습니다. 이는 '밭에서 나는 소고기'로 일컫는 콩과 비교해도 높은 영양가라고 합니다. 오히려 남개구리밥의 성장 속도를 고려하면 같은 면적의 공간에서 콩보다 60배 더 많은 단백질을 생산하는 셈이라고 합니다.

그 외에도 남개구리밥에는 우리 몸에 좋은 오메가-3와 칼슘, 셀레늄, 비타민 등의 성분이 많이 있습니다. 그래서 태국에서는 옛날부터 남개구리밥을 '카이남(물달걀)'이라고 부르며 즐겨 먹습니다. 마트의 채소코너에 가면 소쿠리에 가득 담아 팔죠. 지금은 이 슈퍼푸드의 장점이 알려지면서 남개구리밥을 먹지 않던 나라에서도 여러 가지 먹는 방법을 개발하고 있습니다.

또 남개구리밥은 화석 연료를 대체할 미래의 바이오 연료로 주목받고 있으며, 바이오 플라스틱의 원료로도 연구되고 있습니다. 낮은 비용으로도 풍부한 양을 만들어낼 수 있을 뿐만 아니라, 환경친화적인 에너지와 화학 물질을 생산하는 데 아주 이상적인 소재라고 합니다. 미래 식량으로나 에너지원으로나 가장 작지만 지구를 살릴 위대한 가치를 품고 있는 식물이 바로 남개구리밥입니다.

세상에서 가장 큰 6퍼센트의 노력

개구리밥들은 주로 출아법으로 번식하지만 꽃을 피워 열매를 맺기도 합니다. 꽃은 대부분 엽상체 가장자리에 피어나는데 수술이 옆으로 뻗어 나와 옆에 있는 다른 개구리밥에게 꽃가루를 묻히는 방식으로 꽃가루받이를 합니다. 파리나 진딧물 또는 작은 거미가 꽃가루를 옮겨주기도 하고요. 그런데 이와 달리 남개구리밥은 잎의 중앙에 꽃을 피웁니다. 엽상체의 윗면 가운데에 오목하게 구멍을 만들어 꽃 하나를 피우죠. 그리고 그 안에 장차 씨가 될 밑씨(배주)가 들어 있는 암술 하나와 꽃가루가 들어 있는 수술 하나가 있습니다.

먼저 암술이 고개를 내밀고 피어납니다. 그리고 물을 통해 흘러오는 다른 꽃의 꽃가루를 받습니다. 그러면 암술은 동그란 열매로 자라게 되고 동시에 이번에는 옆에 있던 수술이 길게 자라서 꽃가루를 내보냅니다. 이 꽃가루는 물을 따라 흘러가서 다른 꽃에 있는 암술과 만나죠. 남개구리밥은 다른 개구리밥들처럼 자기 옆에 있는 개체의 꽃가루를 받는 것이 아니라 되도록 벌리 있는 꽃의 꽃가루를 받으려고 잎의 가운데에 꽃을 피우는 것입니다. 그래야 유전적으로 다양한 자손을 만들 수 있으니까요. 어차피 자신의 주위에는 빠른 속도의 출아법으로 만들어낸 자신의 '분신'들만 넘쳐나기 때문에 다른 개구리밥들처럼 잎의 가장자리에 꽃을 피우는 것은 별 의미가 없는 것입니다.

물론 이렇게 꽃을 피우는 남개구리밥은 전체의 6% 정도밖에 되지 않습니다. 나머지 남개구리밥은 꽃을 피우지 않고 출아법으로 번식하죠. 하지만 환경은 수시로 변하기 때문에 유전적으로 다양한 자손을 만들어 미래를 대비하려는 6%의 이 작은 노력은 그 이상의 가치가 있습니다. '작은 점보다도 작은', 세상에서 가장 작은 식물도 해오고 있는 노력이죠.

가장 거대한 잎 +× 라피아 레갈리스

+ 세계에서 가장 거대한 잎을 피우는 라피아 레갈리스.
길이 25m에 너비 3m의 잎은 결국 자손을 많이 남기기 위한 것이다.

환상 속 새의 깃털 같은

잎이 크다면 얼마큼까지 클 수 있을까요? 비 오는 날 우산 대신 쓸 수 있는 잎 정도면 크다고 할 수 있을까요? 하지만 그런 잎도 세계에서 가장 거대한 잎 앞에서는 새싹처럼 보일 것입니다. 길이 25m에 너비 3m에 이르는 라피아 레갈리스 잎 앞에서는 말이죠. 라피아 레갈리스는 야자나무의 일종으로 아프리카의 나이지리아와 카메룬, 가봉, 콩고 등에 사는 늘푸른나무(상록수)입니다. 이 나무는 1m 정도의 짧은 줄기를 가지고 있지만, 이 줄기에서 나오는 잎은 다른 어떤 식물의 잎보다 큽니다.

이 잎은 하나의 커다란 잎이 아닌 180개가 넘는 작은 잎들로 갈라져 있어 새의 깃털처럼 생겼습니다. 이렇게 여러 개의 작은 잎(소엽)으로 이루어진 잎을 겹잎[1]이라고 합니다. 우리가 흔히 볼 수 있는 아까시나무[2]의 잎도 이런 겹잎입니다. 또 작은 잎 3개로 이루어진 토끼풀의 잎도 겹잎이죠. 그중에서도 라피아 레갈리스의 겹잎은 웬만한 나무보다 큰 덩치를 자랑하며 '세계에서 가장 큰 잎'으로 알려져 있습니다.

잎이 크다는 것은 중요한 이점을 가지고 있습니다. 잎이 크면 햇빛을 받는 표면적이 넓기 때문에 잎이 작은 경우보다 광합성

1 다른 말로 복엽이라고 합니다. 반대로 잎자루에 하나의 잎만 달려 있는 경우는 홑잎 또는 단엽이라고 합니다.

2 흔히 아카시아나무라고 부르는데 이는 잘못된 것입니다. 진짜 아카시아나무는 아프리카, 오스트레일리아의 드넓은 초원에 사는 열대성 상록수입니다. 꽃도 노랗죠.

을 많이 해서 그만큼 많은 양분을 만들어낼 수 있습니다. 더 큰 태양광 패널이 더 많은 전기를 만들어내는 것처럼 말이죠. 또 큰 잎의 뒷면에는 작은 잎보다 더 많은 기공이 있습니다. 기공은 식물의 숨구멍으로 이 기공을 통해서 광합성에 필요한 이산화탄소가 공기 중에서 잎으로 들어가고, 잎에서 광합성으로 생긴 산소가 공기 중으로 나갑니다. 그래서 기공이 많은 잎이 더 많은 광합성을 할 수 있죠. 결국 큰 잎을 가진 식물은 그렇지 못한 식물보다 광합성에 유리해 더 빨리 자랄 수 있고, 더 좋은 위치를 차지할 수 있습니다.

하지만 잎이 큰 게 좋은 것만은 아닙니다. 커다란 잎을 키워내고 유지하기 위해서는 에너지가 많이 드니까요. 또 커다란 잎은 수분 손실도 많습니다. 기공이 많으면 이를 통해 수분이 많이 빠져나가기 때문입니다. 또한 큰 잎은 자신보다 키가 작은 주변 식물에 햇빛이 닿지 못하게 가릴 뿐만 아니라 새로 나는 자신의 잎마저 햇빛으로부터 가려버립니다. 그래서 몬스테라처럼 새로 나는 어린잎도 햇빛을 받을 수 있도록 먼저 나온 잎에 구멍을 만들어 햇빛이 밑으로 통과하게 하는 식물도 있습니다. 무엇보다도 커다란 잎의 가장 치명적인 단점은 거센 비바람에 찢어지기 쉽다는 겁니다.

마지막 영광을 위하여

식물들은 저마다 자신의 환경에 맞는 최적의 크기를 찾아 잎을 피워냅니다. 그러기에 잎의 크기는 식물의 종류만큼이나 다양하죠. 그렇다면 라피아 레갈리스의 거대한 잎은 어떻게 탄생한 걸까요? 그 해답은 바로 앞에서 언급했던 '겹잎'이라는 구조에 들어 있습니다. 라피아 레갈리스의 잎은 여러 개의 작은 잎으로 이루어진 겹잎이기 때문에 세계에서 가장 큰 잎이 될 수 있었습니다.

가로와 세로의 길이가 같은 겹잎과 홑잎을 한번 비교해볼까요? 겹잎은 홑잎에 비해 상대적으로 표면적이 적기 때문에 잎을 만드는 에너지가 적게 듭니다. 또 그만큼 기공의 개수도 적어서 기공으로 빠져나가는 수분을 아낄 수 있죠. 더구나 여러 개의 작은 잎은 커다란 홑잎에 비해 바람에 찢길 위험도 적습니다. 작은 잎들 사이사이로 바람이 지나가 버리기 때문입니다. 또 겹잎의 작은 잎 몇 개가 바람에 떨어져 나간다고 해도 나머지는 괜찮은 경우가 많습니다. 하지만 같은 면적을 가진 커다란 홑잎의 경우에는 한 군데에 입은 상처로 잎 전체에 피해가 갈 확률이 높습니다.

라피아 레갈리스는 180개가 넘는 작은 잎으로 이루어진 깃털처럼 생긴 겹잎을 가졌기 때문에 앞서 이야기한 이점을 고스란히 챙길 수 있었습니다. 하지만 잎이 워낙 크기 때문에 그것만으로는 부족했습니다. 특히나 거센 바람이 몰아칠 때는 길이가 25m나 되는 잎이 바람을 견뎌내기가 힘들었죠. 그래서 라피아 레갈리스는 작은 잎들을 모조리 접어버렸습니다. 라피아 레갈리스의 겹잎에 달린 작은 잎을 하나 잘라서 단면을 보면 V 자로 접혀 있습니다. 이렇게 접힌 잎은 바람이 불 때 V 자의 뾰족한 부분이 바람이 부는 방향으로 향하게 되면서 바람에 대한 저항을 줄여줍니다. 아주 거센 바람 앞에서는 잎이 아예 납작하게 접혀버리죠. 그렇게 되면 잎이 바람에 찢길 위험이 크게 줄어듭니다. 마치 우리가 거센 바람 앞에서는 양팔을 활짝 벌리며 마주서지 않고 몸을 최대한 숙인 채 팔을 감싸는 것과 같은 이치입니다. 라피아 레갈리스는 이런 비결을 더해 결국 세계에서 가장 큰 잎을 가질 수 있었습니다.

잎이 거대한 만큼 라피아 레갈리스는 광합성으로 많은 양분을 만들어내며 큰 꽃을 피웁니다. 길게는 20년 넘게 잎만 키워내며 덩치를 불린 이 식물은 폭발적인 성장을 하며 꽃대를 올리죠. 3m 길이에 달하는 꽃대에는 무수히 많은 꽃이 달립니다. 그리고 꽃이 진 후 맺히는 길이 10cm 정도의 달걀 모양 열매에는 씨앗이 하나씩 들어 있습니다. 꽃의 개수가 많은 만큼 씨앗의 개수도 엄청납니다.

이렇게 많은 꽃을 피우고 씨앗을 남긴 라피아 레갈리스는 말라 죽습니다. 마치 할 일을 다 마친 듯 말이죠. 결국 라피아 레갈리스가 키워냈던 거대한 잎은 수많은 자손을 남기기 위한 과정이었던 셈입니다.

기장 큰 홑잎

아마존빅토리아수련 *Victoria amazonica*

라피아 레갈리스의 잎이 세상에서 가장 큰 겹잎이라면 '세상에서 가장 큰 홑잎'은 어떤 식물의 것일까요? 잎자루가 8m에 이르고 지름이 3m에 달하는 둥근 잎을 가진 아마존빅토리아수련입니다. 이 식물은 이름에서 알 수 있듯 아마존이 원산지이고, 물 위에 잎을 펼쳐놓고 사는 수생식물입니다. 이 식물의 잎은 크기만큼이나 견고해서 몸무게가 45kg인 사람이 그 위에 올라가도 가라앉지 않는다고 합니다. 이런 거대한 잎을 물 위에 띄우기 위해서는 독특한 구조가 필요합니다.

비밀은 잎의 뒷면에 있습니다. 잎 뒷면을 보면 거미줄처럼 사방으로 뻗어 있는 두꺼운 잎맥을 볼 수 있습니다. 이 잎맥 사이사이로 공기층이 형성되면서 잎이 물에 뜰 수 있는 부력이 만들어지는 것입니다. 또 잎맥 자체도 스펀지처럼 생겨서 공기를 가득 머금을 수 있습니다. 왁스를 칠해 방수 처리를 한 것 같은 잎의 윗면도 잎이 물에 가라앉지 않게 도와줍니다.

돌돌 말려 있다가 꽃잎처럼 사방으로 펴지며 자라는 잎은 물에 사는 다른 동물들에게 맛있는 큰 먹이가 될 수 있을 것 같지만 그런 일은 일어나지 않습니다. 줄기와 잎 뒷면에 날카로운 가시가 많기 때문입니다. 험난한 아마존강에서 살아가려면 이 정도 가시쯤은 가지고 있어야 하는가 봅니다.

아마존빅토리아수련은 1837년 영국의 식물학자 존 린들리가 발견해 처음 세상에 알리면서 빅토리아여왕에게 헌정한 식물입니다. 그래서 속명을 빅토리아*Victoria*라고 지었죠. 그 후로 많은 사람의 사랑을 받으며 세계 곳곳의 식물원에도 심겨 길러지고 있습니다.

우리나라에서 가장 큰 잎

가시연꽃 *Euryale ferox*

우리나라에도 아마존빅토리아수련에 버금가는 큰 홑잎을 가진 식물이 살고 있습니다. 남부지방의 늪이나 연못에 사는 가시연꽃입니다. 가시연꽃의 잎은 지름이 1.2m에 달하는 둥근 잎입니다. 잎의 양면에 날카로운 가시를 달고 있어 가시연꽃이라고 부릅니다. 가시연꽃은 연못 전부가 뒤덮일 정도로 잎을 키워내는데, 그래서 가끔 잎을 뚫고 꽃이 고개를 내밀며 솟아오르는 신비로운 모습을 보여주기도 합니다. 하지만 안타깝게도 이 광경은 점점 사라지고 있습니다. 늪과 연못이 땅으로 개발되면서 가시연꽃의 서식처가 줄어들고 있기 때문이죠. 현재 가시연꽃은 환경부 멸종위기식물로 지정되어 있습니다.

가장 긴 뿌리 +× 호밀

+ 호밀이 뻗는 뿌리는 길이가 623km에 달하며,
뿌리털의 길이는 1만km가 넘는다.

Secale cereale

대지의 여신 케레스의 선물

뿌리란 '사물이나 현상의 근본'을 의미하는 그 말의 의미처럼 식물이 살아가는 데에 가장 기초가 되는 부분이라고 해도 지나치지 않습니다. 씨앗에서 어린싹이 나올 때 가장 먼저 밖으로 뻗는 것 또한 뿌리니까요. 어린싹이 뿌리를 내려서 땅속의 물과 미네랄을 흡수해야만 식물은 성장을 시작할 수 있습니다. 이처럼 식물의 근본이 되는 뿌리는 일반적으로 땅 위에 있는 식물체의 부피보다 더 많은 부피를 이룬다고 합니다. 다만 그 비율은 식물의 성장 단계와 상태, 그리고 주위 환경에 따라 얼마든지 달라질 수 있습니다.

또 키가 큰 식물이라고 해서 반드시 더 굵고 깊은 뿌리로 자신을 지탱하고 있는 것은 아닙니다. 반대로 키가 작다고 해서 반드시 작은 뿌리로 살아가는 것도 아닙니다. 그렇다면 식물 중에서 '가장 긴 뿌리를 가진 식물'은 누구일까요? 현재까지 알려진 식물 중 가장 긴 뿌리를 가지고 있다고 연구된 것은 호밀입니다. 호밀은 약 1.5m의 키로 자라며 열매는 오래전부터 인류의 식량으로 이용되어왔습니다.

호밀의 열매는 빵이나 과자, 시리얼을 만들기도 하고 동물의 사료로 쓰이기도 합니다. '곡물'을 의미하는 영어 단어 시리얼cereal은 로마 신화에 나오는 '대지의 여신, 농사의 여신' 케레스Ceres에서 유래한 것으로, 이 단어가 호밀의 학명에도 들어가 있는 것을 보면 호밀이 곡물로 얼마나 널리 쓰이는지 알 수 있습니다.

1937년 미국의 과학자 하워드 디트머는 이 호밀의 뿌리 길이를 측정했습니다. 먼저 가로와 세로가 각각 30cm이고 깊이가 56cm인 나무 상자에 흙을 채워서 호밀의 씨앗을 뿌리고 4개월 동안 키웠습니다. 그리고 상자의 한쪽 면을 제거한 뒤 몇 시간 동안 물을 뿌려 뿌리를 흙과 온전히 분리한 다음 뿌리가 다치지 않게 조심스럽게 꺼내 길이를 측정했죠. 그 결과는 무척이나 놀라웠습니다. 호밀의 뿌리 길이는 무려 623km였습니다. 이는 서울에서 부산을 갔다가 다시 서울로 오는 직선거리와 비슷한 길이입니다. 물론 이것은 일자로 길게 뻗은 뿌리의 길이가 아닌, 1차로 나온 뿌리에서 가지를 쳐서 2차, 3차, 4차로 뻗은 뿌리의 길이를 모두 합한 길이입니다.

디트머가 1차로 뻗은 호밀의 뿌리 143개 중 35개를 세어보니 1차 뿌리에서 평균 249개의 2차 뿌리와 1만 6,060개의 3차 뿌리, 8만 302개의 4차 뿌리가 나왔다고 합니다. 그리고 1차 뿌리의 평균 길이는 46cm이고 2차, 3차, 4차는 각각 15cm, 7.6cm, 3.8cm로 측정되었습니다. 여기서 주목해야 할 점은 이렇게 뻗는 1차 뿌리가 호밀 1개체에 총 143개라는 점입니다. 결국 호밀은 4개월 동안 자라면서 1~4차에 걸쳐 총 1,381만 5,672개의 뿌리를 뻗었으며(1차×143개, 2차×143개, 3차×143개, 4차×143개), 이 뿌리들의 길이를 모두 합하면 623km가 됩니다. 또 평균적으로 계산해보면 호밀은 매일 11만 4,179개의 뿌리를 새로 만들었으며, 그 길이는 일자로 배치했을 때 5km가 넘었습니다.

극한의 뿌리 시스템

호밀은 뿌리 길이도 대단하지만 사실 더 대단한 건 뿌리털입니다. 뿌리털은 뿌리 표면에 있는 세포가 실처럼 길게 나와 있는 것으로 물을 흡수하는 역할을 합니다. 디트머는 호밀이 1~4차로 뻗은 뿌리 표면에 있는 뿌리털의 개수도 측정했는데, 그 결과는 길이 1mm당 1차 뿌리에서 53개, 2차 뿌리에서 45개, 3차 뿌리에서 33개, 4차 뿌리에서 19개였습니다. 이를 뿌리 길이에 적용해 계산해보면 호밀 1개체가 만들어내는 뿌리털의 개수는 총 143억 3,556만 8,288개가 넘습니다.

또 뿌리에서와 마찬가지로 뿌리털의 개수에 길이를 적용해보면 뿌리털의 길이는 총 1만 628km가 됩니다. 지구 한 바퀴를 보통 4만km라고 하니 호밀 4개체가 만들어내는 뿌리털은 지구를 한 바퀴 돌고도 남습니다. 물론 뿌리털은 눈에 보이지 않을 정도로 가늘지만, 적어도 그 길이만큼은 가히 극한에 가까울 정도입니다.

그렇다면 호밀은 도대체 왜 이렇게 거대한 뿌리 시스템을 가지고 있는 것일까요? 무엇이 그런 뿌리를 갖게 했을까요? 호밀의 가장 큰 특징은 가뭄에 강하다는 겁니다. 우리나라에서 가장 많이 먹는 곡식인 벼가 물이 가득 찬 논에서 자라는 것과 다르게 호밀은 아주 건조한 지역에서도 잘 자랍니다. 오히려 호밀은 비가 많이 오고 습도가 높은 지역을 싫어합니다. 주로 바람에 날아오는 꽃가루를 받아서 열매를 만드는데 비가 많이 오면 꽃가루가 물에 젖어 날아가지 못하기 때문이죠. 그래서 호밀은 꽃가루를 잘 퍼뜨리기 위해 건조한 지역에 정착했습니다. 대신 물이 부족한 지역에 정착하다 보니 가능한 한 많은 물을 흡수하고자 뿌리를 많이 만들어내도록 진화한 것입니다.

사실 호밀이 척박한 땅을 처음부터 좋아하진 않았을 겁니다. 호밀의 조상은 척박해서 다른 식물들이 잘 자라지 못하는 땅에 어쩌다 뿌리를 내리게 되었고, 그 후로 더 길고 더 많은 뿌리를 가진 개체들만이 그 땅에서 생명을 이어오며 호밀이라는 후손이 되었을 것입니다. 그래서 인간들은 벼, 밀, 옥수수에 비해 맛은 좀 떨어지지만 가뭄에 강하고 척박한 토양에서도 잘 자라는 호밀을 오래전부터 길러온 것이고요. 더구나 호밀은 추위에 견디는 힘이 강합니다. 겨울철 온도가 영하 25도 정도로 추운 지역에서도 재배가 가능하기 때문에 먹을 것이 부족한 북부 지방에서는 중요한 작물이죠.

비옥한 땅을 갖지 못한 인간들에게는 물을 찾아 어마어마한 뿌리를 뻗는 호밀이야말로 농업의 여신 케레스가 준 선물이 아닐까 합니다. 그리고 그 의미는 호밀의 학명, 세칼레 케레알레 *Secale cereale*에 고스란히 담겨 있습니다.

뿌리는 식물의 뇌?

진화론의 아버지라고 일컫는 찰스 다윈은 그의 아들과 함께 지금으로부터 약 140년 전인 1880년에 식물의 뿌리가 '뇌'와 같다는 주장을 했습니다. 그들의 주장에 따르면 식물의 뿌리, 정확하게는 뿌리의 끝은 토양의 상태가 어떠한지를 느낄 수 있으며,

그 상태에 따라 뿌리의 성장을 조절한다는 것입니다. 처음에 이 주장은 많은 비판을 받았습니다. 식물에게 뇌가 있다니, 더구나 땅속에 박힌 뿌리가 그런 역할을 한다는 건 당시의 사람들에게는 받아들이기 힘든 주장이었습니다.

그로부터 120년 넘는 시간 동안 잊히고 무시되었던 이 주장은 2000년대에 이르러서야 드디어 과학자들에게 주목을 받으며 부활했습니다. 그들은 식물의 뿌리 끝이 주변 환경을 인지하며, 뿌리를 어떻게 자라나게 할 것인지 결정하는 명령 센터라는 연구 결과를 속속 발표했습니다. 다윈 부자의 주장처럼 식물의 뿌리 끝은 단단한 물체와 부드러운 물체를 구별할 수 있으며, 물이 더 많은 쪽이 어디인지도 찾아낼 수 있다고 합니다. 또 빛과 중력을 감지해서 뿌리를 원하는 쪽으로 뻗게 만든다고 합니다. 호밀이 척박한 토양에서 물을 찾아 더 많은 뿌리를 더 길게, 더 멀리 자라도록 할 수 있는 이유, 바로 뿌리 끝에 이런 능력이 있기 때문인 거죠.

최근의 연구에 따르면 뿌리는 근처에 있는 식물이 자신과 같은 종인지 아닌지까지도 알아챌 수 있다고 합니다. 같은 종끼리는 같은 신호물질을 분비하는데, 이것을 뿌리가 감지할 수 있다는 것입니다.

모든 사물의 기초가 되는 뿌리는 식물에게도 살아가는 데 가장 기초가 되는 부분입니다. 식물이 지구에 탄생한 이후 지금까지 다양한 환경에서 살아남을 수 있었던 것은 뿌리 덕분이라고 해도 크게 틀린 말은 아닐 것입니다. 식물은 땅 위에서와 마찬가지로 땅속에서도 살아남기 위해 치열한 사투를 벌이고 있습니다. 그리고 식물이 생존을 위해 펼치는 전략은 어쩌면 땅속에서 더욱 은밀하고 훨씬 치열하게 일어나고 있는지도 모르죠. 이런 사실을 140여 년 전에 미리 알았던 다윈 부자는 다음과 같은 글을 적어두었습니다.

"식물의 모든 부분에서 그 기능에 관한 한, 뿌리 끝보다 더 멋진 구조는 없다.

We believe that there is no structure in plants more wonderful, as far as its functions are concerned, than the tip of the radicle."

가장 작은 씨앗 ✣× 난초

✣ 세계에서 가장 작은 씨앗을 가진
오베로니아 시밀리스 난초.
씨앗 하나의 크기가 0.1mm다.

Oberonia similis

시작은 공생을 통해

씨앗은 정말 신비로운 존재입니다. 씨앗에서 싹이 터서 완전한 식물로 자라날 수 있는 강인한 생명력은 그 작은 낱알의 어디에 들어 있는 것일까요? 또 싹을 틔우는 힘은 어디에서 나오는 것일까요? 일반적으로 씨앗은 밑씨의 껍질이 변한 '씨껍질(종피)'에 싸여 있으며, 그 안에는 어린싹인 '배'와 배가 싹틀 때 필요한 양분인 '배젖(배유)'이 있습니다. 배는 뿌리를 내리고 잎을 키워 스스로 광합성을 해서 양분을 만들 때까지 배젖에 있는 양분으로 자라납니다. 맛있게 익은 감에 들어 있는 씨앗을 세로로 자르면 배와 배젖을 잘 볼 수 있죠.

또 배젖이 없는 대신 떡잎에 양분을 저장하고 있는 씨앗이 있습니다. 대표적으로 콩이 그렇습니다. 콩은 배젖 없이 두껍고 큰

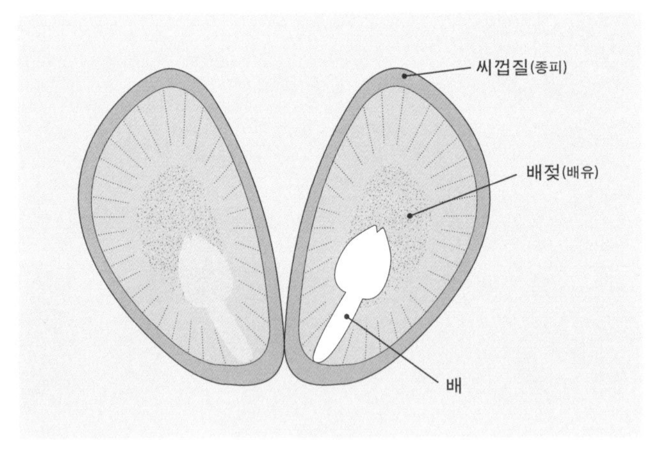

씨앗의 단면

떡잎 2개에 양분을 가지고 있는 씨앗입니다. 콩처럼 떡잎의 개수가 2개인 식물을 쌍떡잎식물이라고 하고, 1개인 식물을 외떡잎식물이라고 합니다. 떡잎도 배젖과 마찬가지로 어린싹이 터서 광합성을 할 때까지 싹이 먹을 양분을 저장하고 있습니다. 그래서 싹이 어느 정도 자라면 할 일을 마친 떡잎은 쭈글쭈글해지면서 시들어 떨어지죠.

그런데 배젖도 떡잎도 모두 없는 씨앗이 있습니다. 오로지 어린싹인 배만 들어 있어서 '세계에서 가장 작은 씨앗'이라 부르는 난초의 씨앗입니다. 난초는 속씨식물 중에서 국화과 다음으로 가장 많은 식물종으로 이루어진 난초과에 속하는 식물들입니다. 꽃이 아름다워서 화원에서 가장 많이, 그리고 비싸게 팔리는 화초 중 하나죠.

난초의 씨앗은 먼지처럼 작아서 눈에 잘 보이지 않습니다. 대부분 길이와 너비가 각각 1mm가 안 됩니다. 그중에서도 가장 작다고 알려진 씨앗은 차걸이란속의 오베로니아 시밀리스*Oberonia similis*라는 난초의 씨앗입니다. 이 난초는 인도네시아 자바섬의 나무에 붙어사는 식물로 다른 난초에 비해 전체적인 크기와 꽃이 작을 뿐만 아니라 씨앗도 가장 작아서, 그 길이가 0.1mm라고 합니다. 씨앗 10개를 길게 줄지어 놓아야 1mm가 되고, 100개를 줄지어 놓아야 비로소 1cm가 되는 길이입니다. 그러니 눈에 보이지 않는 것이 당연하죠.

또 가장 크다고 하는 난초의 씨앗은 남미에 사는 에피덴드룸 세쿤둠*Epidendrum secundum*이라는 난초의 씨앗으로 길이가 6mm라고 하는데, 이 역시도 실처럼 가늘어서 눈에 잘 보이지 않는 것은 마찬가지입니다. 크기가 이러하니 무게도 무척이나 가벼워서 1g이 되려면 난초 씨앗이 수백만 개는 있어야 합니다.

이렇게 작고 가볍다 보니 난초 씨앗을 관찰하기는 쉽지 않습니다. 먼지처럼 날아다니는 씨앗이 어떻게 생겼는지 보려면 배율이 높은 현미경으로 봐야 합니다. 현미경으로 관찰한 난초 씨앗은 참으로 단순하게 생겼습니다. 속이 다 보일 정도로 얇은 껍질 안에 어린싹인 배 1개만 덩그러니 들어 있습니다(유일하게 테코스텔레 난초*Thecostele*만 씨앗 1개에 배 3~12개가 있습니다). 그리고 아무것도 없습니다. 배가 먹고 클 배젖이나 떡잎은 전혀 보이지 않습니다.

그렇다면 난초 씨앗은 어떻게 싹을 틔우고 자라는 것일까요? 물과 양분을 흡수하려면 뿌리라도 내려야 할 텐데 아무것도 없이 뿌리를 내릴 수는 있을까요? 방법이 영 없는 건 아닙니다. 바로 누군가의 도움을 받는 것이죠. 혼자서는 절대 싹을 틔울 수 없기 때문에 자신에게 양분을 나눠 줄 짝꿍이 필요합니다. 그 짝꿍은 바로 균입니다.

균은 쉽게 말해 곰팡이입니다. 곰팡이 말고도 버섯과 효모 등이 균류에 속하죠. 그들은 지구에 널리 분포하는 생물로 기본적으로 균사라고 하는 실 모양으로 생겼으며, 주위에 있는 양분을 흡수해서 살아갑니다. 균사는 가늘고 길어서 어디든 침투해 양분을 흡수할 수 있습니다. 난초 씨앗도 예외는 아닙니다. 그들은 난초 씨앗의 씨껍질도 뚫고 들어가 씨앗을 감염시키려고 합니다. 하지만 난초 씨앗의 배는 오히려 자기를 먹으려고 온 균사를 소화해버립니다. 그러고는 거기서 양분을 얻어 배젖 없이도 싹을 틔워내죠.

그럼 균은 난초에게 희생당하는 안타까운 생물인 걸까요? 그렇지 않습니다. 난초 씨앗의 배는 균에서 얻은 양분으로 전괴체 protocorm라고 하는 덩어리 형태로 자라납니다. 그리고 이것이 커지면서 뿌리가 나오는데, 이 뿌리에 균을 살게 해줍니다. 즉 균은 처음에만 약간의 대가를 치르고 이후에는 안락한 난초의 뿌리에서 계속 살 수 있는 것입니다.

이런 공생 관계는 1대 1인 경우가 있고, 1대 다수인 경우도 있습니다. 딱 한 종류의 난초에만 양분을 주는 균이 있는가 하면, 여러 난초에 양분을 주는 균이 있다는 이야기입니다. 또 배가 처음 싹틀 때만 양분을 주는 균도 있고, 난초 뿌리에 살며 평생 양분을 주는 균도 있습니다. 그래서 산에 있는 난초를 캐 와서 집에 심을 때나 씨앗을 가져와서 심을 때 잘 키우기가 어려운 것입니다. 짝꿍이 되는 균도 함께 가져와야 하는데 그 균과 난초 모두 잘 살 수 있는 조건을 맞추는 게 보통 어려운 일이 아니니까요. 이런 이유로 대개의 난초는 자기가 살던 지역을 벗어나면 잘 살지 못합니다.

먼지 같은 크기로 이룬 거대한 성공

난초들은 왜 균의 도움을 받아야만 하는 씨앗을 만들어냈을까요? 스스로 배젖을 만들어두면 좋을 텐데요. 여기서 한 가지 알아야 할 중요한 사실은 난초들이 온대초원에서 열대우림까지 다양한 서식지와 환경에 적응하며 놀라운 성공의 길을 달려온 식물이라는 점입니다. 국화과(3만 2,000여 종) 다음으로 가장 많은 종을 거느리고 있는 식물군(2만 8,000여 종)이라는 점이 그것을 뒷받침해주죠. 그런데 이렇게 많은 종이 있는 식물군인데도 난초의 씨앗들은 거의 다 먼지처럼 작고 가볍다는 공통점이 있습니다. 더욱이 대개가 균류의 도움을 받아야만 싹을 틔울 수 있다는 점도 같죠.

이는 난초가 한정된 자원을 가지고 가장 효과적으로 씨앗을 퍼트리는 방법을 찾아낸 것이라고 볼 수 있습니다. 어차피 자연에 존재하는 자원은 한정되어 있습니다. 이 자원을 가지고 최대한 자신의 씨앗을 잘 만들어 퍼뜨려야 종족을 유지할 수 있습니다.

그래서 난초는 씨앗을 최대한 작고 가볍게 그리고 많이 만들기 위해 배젖을 없앴습니다. 그리고 배젖을 대신할 균류와 손을 잡았죠. 자원이 무한하다면 배젖이 풍부한 씨앗을, 그것도 많이 만들면 좋겠지만 환경이 그렇지 못하니 든든한 균류와의 공조를 통해 배젖이 없는 씨앗을 만들어낸 것입니다. 이 전략은 난초과가 거느린 종의 숫자가 말해주듯 대성공이었습니다.

난초 열매가 벌어지면서 그 안에 있던 씨앗 수만 개가 공기 중으로 날아가게 되면 자신의 짝꿍이 될 균을 만날 확률은 높아집니다. 더구나 난초 씨앗의 씨껍질은 풍선처럼 공기를 담고 있는데 전체 부피에서 공기가 차지하는 정도가 작게는 8%에서 많게는 99%까지라고 합니다. 그 덕분에 오랫동안 공중에 떠 있을 수

있으며, 그래서 여기저기 퍼질 수 있죠.

아주 오래전 가장 원시적이었던 난초의 조상은 지금의 난초가 맺는 것과 비슷한 씨앗을 갖게 된 후 균류와 공생하면서 더 효과적으로 자손을 퍼뜨릴 수 있다는 걸 알게 되었을 겁니다. 이에 따라 난초 씨앗은 '크기는 작고 무게는 가벼우며 개수는 많게'라는 방향으로 나아갔을 거고요. 그 결과 오늘날 난초는 각기 다른 환경에서 다양하게 진화하며 가장 번성한 식물 중 하나가 되었습니다.

우리나라에는 110여 종류의 난초가 있습니다. 이 중에서 가장 작은 씨앗은 풍란*Neofinetia falcata*의 것으로 평균 길이가 0.28mm에 너비는 0.06mm입니다. 그리고 가장 큰 난초의 씨앗은 으름난초*Galeola septentrionalis*의 것으로 평균 길이가 0.98mm에 너비는 0.64mm입니다. 일반적으로 땅에 사는 난초보다 바위나 나무에 붙어사는 난초가 더 작은 씨앗을 맺는다고 합니다. 이것은 풍란이 바위에 붙어살고 으름난초가 땅에 사는 것만 봐도 알 수가 있습니다. 바위 같은 척박한 곳에 사는 난초들은 조금이라도 더 다양한 곳으로 씨앗을 보내야 그 씨앗이 짝꿍인 균류를 만나 살아갈 확률이 높아지기 때문에 더 작고 더 가벼운 씨앗을 많이 만듭니다. 자연에는 낭비란 없습니다. 난초 열매 1개에서 나오는 씨앗이 수만 개나 된다는 게 너무 낭비처럼 보일 수도 있지만, 자연 속의 모든 것이 그렇듯 거기에는 다 이유가 있고 의미가 있습니다. 그리고 오늘도 난초는 생존을 위해 이유 있는 진화를 계속하고 있습니다.

바람을 타지 않는 난초 씨앗

바닐라 *Vanilla planifolia*

난초 씨앗은 바람을 타고 멀리 날아가 짝이 되는 균류를 만나기 위해 작고 가벼우며 많습니다. 그리고 이 전략으로 난초들은 크게 번성할 수 있었죠. 하지만 예외인 난초 씨앗도 있습니다. 우리가 너무나도 좋아하는 바닐라 난초가 맺는 씨앗입니다. 아이스크림이나 빵에 들어가서 맛있는 냄새를 풍기는 바닐라가 바로 이 바닐라 난초의 씨앗입니다.

바닐라 난초는 멕시코가 원산지인 덩굴성 난초로, 꽃이 지고 나면 길이가 15cm에 너비는 1cm 정도 되는 길쭉한 콩꼬투리 같은 열매를 맺습니다. 이 생김새 때문에 바닐라 난초의 열매를 바닐라 빈(바닐라 콩)이라고 부르기도 합니다. 이 열매가 노란색 또는 갈색으로 익어가면 달콤한 바닐라 냄새가 납니다. 그리고 그 안에 있는 씨앗에서도 같은 냄새가 나죠. 바닐라 난초의 씨앗은 보통의 난초 씨앗과는 다르게 검고 두꺼우며 단단한 씨껍질을 가지고 있습니다. 그래서 바람을 타고 날아가지 못합니다. 대신 맛있는 냄새에 이끌린 쥐나 박쥐, 새와 같은 동물들이 그것을 먹고 퍼뜨려 주죠.

동물들의 배 속에서 씨앗이 다 소화돼버리면 어쩌나 걱정할 필요는 없습니다. 바닐라 난초의 씨앗에는 두껍고 단단한 씨껍질이 있어서 동물의 소화관을 무사히 빠져나올 수 있습니다. 오히려 소화관을 거치며 단단한 씨껍질이 적당히 소화되기 때문에 배가 싹을 틔우는 데에 훨씬 수월해집니다. 바닐라 난초 씨앗은 그대로 땅에 심어서는 단단한 씨껍질 때문에 싹이 트지 않습니다.

바닐라 난초의 씨앗은 검은색이기 때문에 음식에 들어가면 당연히 검은 점들이 보입니다. 과거에 이걸 몰랐던 사람들은 음식에 먼지가 들어갔다고 환불을 요구하기도 했죠. 하지만 이것이 비싼 바닐라 난초의 씨앗인 것이 알려지면서 요즘은 오히려 이 검은 먼지가 들어간 걸 찾는 사람들이 있습니다. 바람을 이용해서 퍼지든지 동물을 이용해서 퍼지든지 간에 그 크기가 먼지처럼 작다는 것은 난초 씨앗의 변함없는 특징입니다.

가장 큰 씨앗

코코 드 메르 *Lodoicea maldivica*

난초 씨앗과는 전혀 다른 씨앗이 있습니다. 세계에서 가장 크고 무거운 씨앗인 코코 드 메르의 씨앗입니다. 프랑스어로 코코 드 메르coco de mer는 '바다의 코코넛'라는 뜻이며, 이 나무가 맺는 씨앗은 길이가 45cm에 너비는 30cm, 그리고 무게는 무려 30kg까지 나간다고 합니다. 코코 드 메르는 지구에서 오직 한 나라, 아프리카의 아름다운 섬나라 세이셸 공화국에만 살고 있어서 세이셸 야자라고 부르기도 합니다.

이 나무는 보통 25~34m로 자라며 길이 10m에 달하는 부채 모양의 거대한 잎을 가지고 있습니다. 꽃이 지고 난 후 자라는 열매는 지름이 50cm에 이르는데, 이 안에는 세계에서 가장 큰 씨앗이 1개에서 많게는 3개까지 들어 있습니다.

코코 드 메르는 어째서 이렇게 커다란 열매와 씨앗을 만드는 걸까요? 열매를 먹고 씨앗을 퍼뜨려 줄 동물도, 둥둥 떠서 해류를 따라 흘러갈 바다도 없는 세이셸 외딴 섬의 숲속에서 말이죠. 과학자들은 처음에는 그들의 조상 중 일부가 바다를 건너 이 섬에 왔을 거라고 추측합니다. 이 섬의 숲속에 정착하게 되면서 해류를 따라 씨앗을 퍼뜨릴 수도 없고, 그렇다고 열매를 먹고 씨앗을 옮겨줄 큰 동물도 없는 환경에서 오랜 시간 생존하게 되면서 지금과 같은 거대한 열매와 씨앗을 맺게 되었다는 것입니다.

코코 드 메르의 조상은 자원이 풍족하지 않고 씨앗을 퍼뜨릴 방법도 없는 이 섬에 적응하기 위한 방법으로 자식을 자신의 그늘 아래 키우기로 한 것 같습니다. 그리고 '적게 낳아 잘 기르기'로 한 모양입니다. 모든 자원을 쏟아 개수는 적지만 크고 튼튼한 씨앗을 만든 것이죠. 꽃이 지고 난 후 열매가 자라 씨앗이 성숙할 때까지 5년에서 7년이 걸리는 것을 보면 코코 드 메르가 얼마나 정성 들여 씨앗을 키워내는지 알 수 있습니다. 만약 자원을 나눠서 씨앗을 여러 개 맺었다면, 이 씨앗들은 모두 부모의 그늘 아래에서 서로 경쟁하느라 잘 못 컸을 것입니다.

이렇게 오랜 시간 정성 속에 자란 씨앗은 엄마 식물 바로 아래 떨어져 엄마가 자신의 잎으로 모아 보내주는 물과 양분을 먹고 자랍니다. 부채처럼 펼쳐진 잎은 물을 비롯해서 다른 식물의 낙

엽이나 숲의 여러 가지 영양물질을 모아 아래로 보내주기에 적합하죠.

코코 드 메르는 이렇게 점점 더 큰 씨앗을 가진 나무들이 살아남게 되었고, 세계에서 가장 큰 씨앗을 맺는 식물로 진화할 수 있었습니다. 주어진 환경에서 최선을 다해 자식을 잘 키우려 하는 것은 식물이나 동물이나 똑같다고 할 수 있습니다.

타이탄 아룸

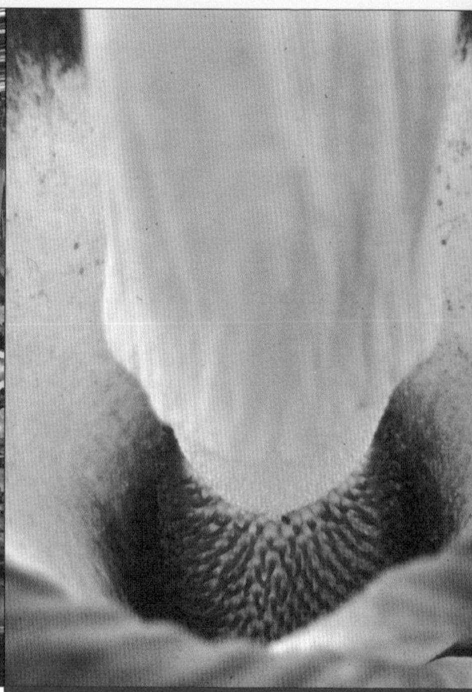

불염포 안에 숨은 타이탄 아룸의 암꽃(아래)과 수꽃(위)

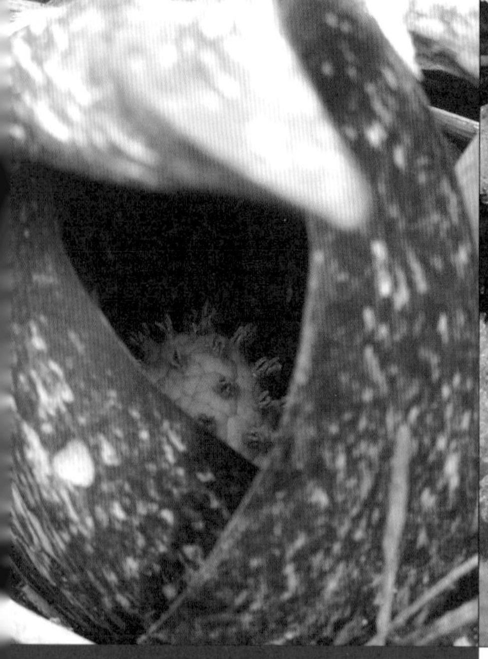

앉은부채

추위를 견디는 앉은부채

자이언트 라플레시아

레드우드

용문사 은행나무

거삼나무

난쟁이버들의 수꽃

난쟁이버들의 열매

한라산 암매

잭프루트

잭프루트의 암꽃(오른쪽)과 수꽃(왼쪽)

잭프루트의 열매(단면)

서양 호박

남개구리밥

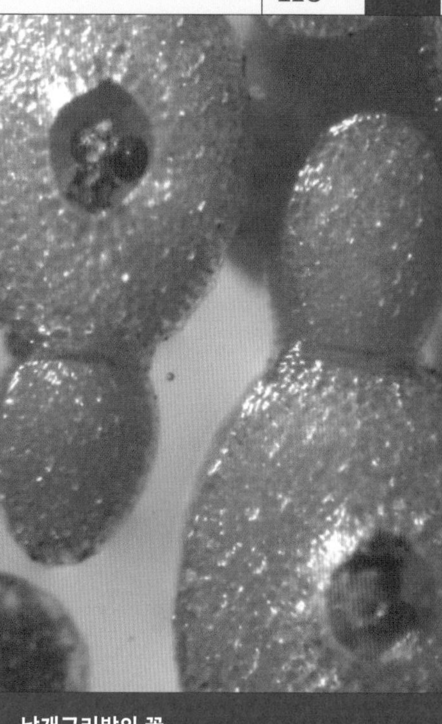

남개구리밥의 꽃

호밀

라피아 레갈리스

아마존빅토리아수련의 잎맥

아마존빅토리아수련

가시연꽃

오베로니아 시밀리스 난초

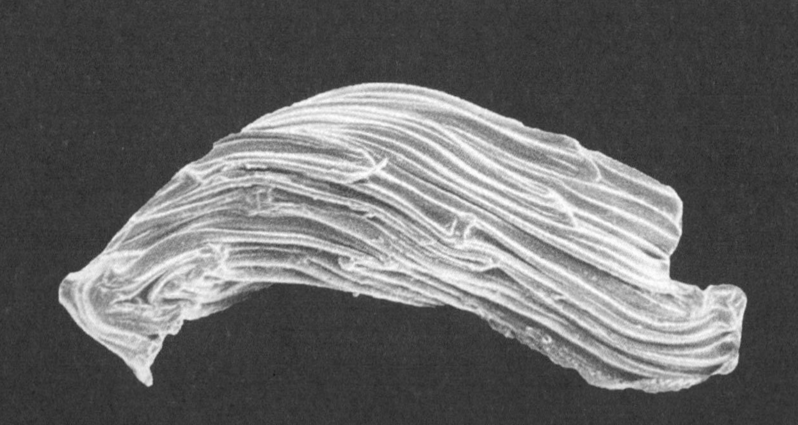

오베로니아 시밀리스 난초의 씨앗(현미경 관찰)

바닐라 난초

바닐라 난초의 열매

코코 드 메르

코코 드 메르의 씨앗

Chapter 2

속도

빠르거나
느리거나

가장 빠르게 자라는 식물 +× 죽순대

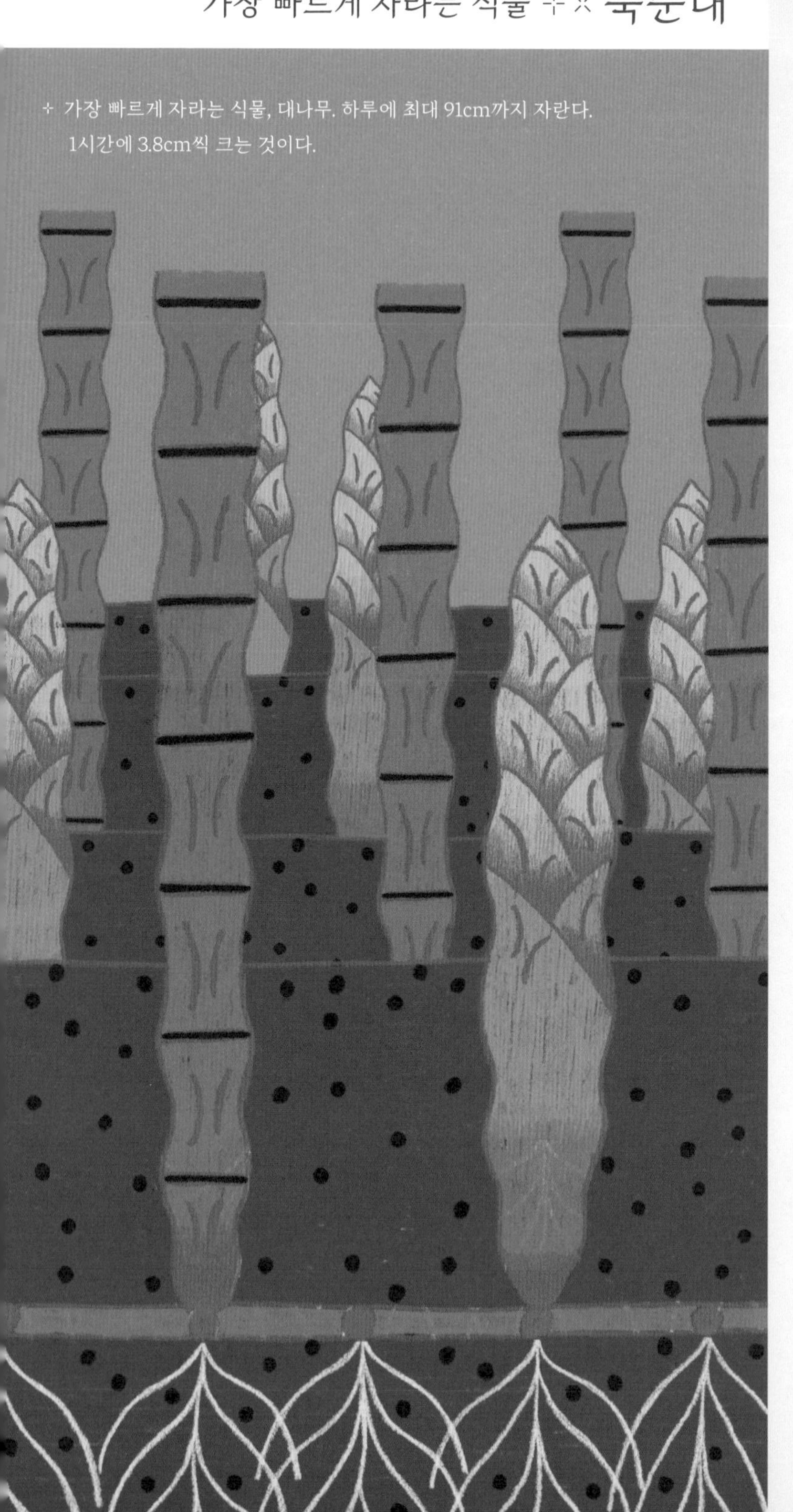

÷ 가장 빠르게 자라는 식물, 대나무. 하루에 최대 91cm까지 자란다. 1시간에 3.8cm씩 크는 것이다.

Phyllostachys edulis

13층짜리 풀

식물이 햇빛과 물, 양분 등 한정된 자원을 두고 옆에 있는 다른 식물들과의 경쟁에서 이길 수 있는 방법 중 하나는 빨리 자라는 것입니다. 남들보다 빨리 자라서 햇빛을 더 많이 받는 위치를 선점하는 것은 이 경쟁에서 아주 중요한 전략이라고 할 수 있죠. 그래서 식물들은 서로 빨리 자라기 위해 노력합니다. 그리고 그 노력의 정점에 대나무가 있습니다.

대나무는 전 세계적으로 다양한 환경에 적응한 1,400여 종으로 이루어져 있으며, 온대와 열대지역에 걸쳐 바닷가에서부터 해발 4,000m 높이의 산속에 이르기까지, 또한 울창한 숲에서 산지의 초원에 이르기까지 드넓은 지역에 살고 있습니다. 대나무는 '세계에서 가장 빠르게 자라는 식물'로 알려져 있는데, 그 중에서도 맹종죽이라고도 하는 죽순대는 온도와 습도가 적당하고 토양이 비옥하면 하루에 최대 91cm까지 자랄 수 있다고 합니다. 이것은 다시 말해 1시간에 3.8cm가 자라고, 90초마다 1mm가 자란다는 이야기입니다. 그래서 이 대나무가 빨리 성장할 때는 자라는 소리를 들을 수 있을 뿐만 아니라 가만히 보면 자라는 것이 눈에 보인다고 합니다.

죽순대는 어떻게 이렇게 빠르게 자랄 수 있는 것일까요? 이를 알아보기 위해서는 먼저 죽순대의 어린싹인 죽순부터 살펴봐야 합니다. 죽순은 땅 위로 갑자기 솟아납니다. 그러고는 거침없이 자라나죠. 씨앗에서 뿌리를 내리고 잎을 키워서, 이 잎의 광합성만으로 만든 양분을 갖고 큰다고 하기에는 말이 안 되는 속도로 자라납니다. 더구나 죽순이 막 커나갈 때를 보면 놀랍게도 잎도 나오지 않은 상태입니다. 그럼 죽순은 무얼 먹고 저렇게 클 수 있는 것일까요?

비밀은 땅속에 있습니다. 죽순은 뿌리줄기라고 하는 땅속의 줄기를 통해 엄마 식물과 연결되어 있습니다. 스스로 양분을 만들어 커가는 게 아니라 뿌리줄기를 통해 엄마 식물에게서 받는 양분으로 자라는 것입니다. 그러니 죽순은 광합성을 할 필요가 없고 따라서 잎이 없어도 되니까 그냥 빨리 키만 크면 됩니다. 죽순은 땅 위로 고개를 내민 뒤 38일이 되면 키가 약 13m에 다다릅니다. 그 후 성장을 마치면 그제야 잎을 내고 광합성을 시작하는데, 죽순으로 나온 지 4개월이 지나면 엄마 식물에게 더 이상 양분을 받지 않고 스스로 만든 양분만으로 살아갑니다. 그리고 어느 정도 자라면 자신도 새 뿌리줄기를 뻗어 또 다른 죽순을 키워내며 엄마 식물이 됩니다.

죽순대를 비롯한 대나무들은 이렇게 뿌리줄기로 뻗어 나가기 때문에 성장이 대단히 빠를 뿐만 아니라 거대한 대나무 숲을 형성할 수 있습니다. 어찌 보면 대나무 한 개체는 땅속으로 서로서로 연결된 거대한 대나무의 가지 하나라고 볼 수도 있습니다. 실제로 대나무 숲은 전체 질량의 절반이 땅속에 있다고 합니다. 더욱이 각각의 대나무는 뿌리줄기를 여러 방향으로 뻗치기 때문에 대나무 숲은 빽빽하게 솟은 대나무들로 가득할 수밖에 없습니다. 대나무가 빨리 크는 이유를 여기서 알 수 있겠죠. 이런 환경에서 자란다면 햇빛을 받기 위해 빨리 클 수밖에 없었을 것입

니다.

죽순대가 빨리 클 수 있었던 또 다른 이유는 줄기에서 찾을 수 있습니다. 대나무는 이름에 나무라는 말이 있는 것과 달리 사실 풀입니다. 풀 중에서도 '가장 키가 큰 풀'이라서 기록에 따르면 열대지방에서 키가 가장 컸던 것은 40m였다고 합니다. 건물로 따지면 13층에 높이인 건데, 풀이 13층까지 자란다는 이야기입니다. 풀이 이렇게 자랄 수도 있는 걸까요? 이름에는 어째서 나무가 들어 있는 걸까요?

평범한 나무의 줄기를 잘라보면 안이 꽉 차 있습니다. 나무의 줄기는 형성층에서 만들어지는 세포가 자라면서 두꺼워지는데, 계절에 따라 이 세포들의 성장 속도에 차이가 나면서 나이테가 그려지죠. 그런데 대나무의 줄기를 잘라보면 속이 텅 비어 있습니다. 또 형성층이 없기 때문에 옆으로 자라면서 줄기가 두꺼워지는 부피 생장을 하지 않습니다. 이런 이유로 대나무는 나무가 아니라 풀인 것입니다. 사실 식물이 빨리 자라기 위해서는 줄기 안까지 세포로 꽉 채우기가 어렵습니다. 그래서 보통은 나무가 풀보다 느리게 자랍니다. 대나무는 안을 텅 비워둔 채 모든 에너지를 쏟아 키를 키웠기 때문에 세계에서 가장 빨리 자라는 식물이 될 수 있었습니다.

재미있는 것은, 대나무의 줄기에 있는 세포들은 처음부터 그 수가 정해져 있다는 것입니다. 작은 원뿔 모양의 죽순으로 지상에 나올 때와 키가 다 자라 어엿한 대나무가 되었을 때, 이 둘의 세포 수가 같습니다. 즉 대나무는 세포를 계속 만들어내는 것이 아니라 처음부터 가지고 있는 세포를 늘려서 성장합니다. 뿌리줄기로 엄마 식물이 보내주는 양분과 물을 빠르게 받아서는 마치 풍선을 입으로 불어 부풀리는 것과 같이 세포들을 폭발적으로 키웁니다. 용수철의 한쪽을 잡고 쭉 늘리는 것처럼 말이죠.

대나무는 이렇게 줄기의 속은 비워둔 채 세포가 커지는 데에만 집중하기 때문에 다른 식물보다 빨리 자랄 수 있습니다. 하지만 이렇게 자라면 튼튼하지 못한 식물이 될 수도 있습니다. 태풍이라도 불면 모조리 쓰러질지 모르죠. 그런데 대나무는 다른 어떤 나무들과 비교해도 단단한 식물입니다. 그래서 대나무로 집을 짓거나 다리를 건설하는 나라가 많습니다. 또 가구와 보트, 밧줄, 자전거를 만드는 데에도 대나무가 쓰입니다. 대나무가 이렇게 견고함이 필수인 물건을 만드는 데에 재료로 쓰일 수 있는 이유는 줄기에 있는 질긴 섬유인 셀룰로오스와 이를 둘러싸고 있는 리그닌이라는 물질이 보통의 나무와 비슷한 함량으로 존재하기 때문입니다. 특히 리그닌은 접착제처럼 세포와 세포를 붙여두어 딱딱한 상태로 있게 만들죠.

일생일대의 꽃

대나무는 100여 종을 제외한 1,300여 종이 인간 사회에서 경제적으로 중요한 역할을 하고 있습니다. 나무로 만들 수 있는 모든 것에 대나무를 사용할 수 있다고 하는데, 강하면서도 유연하기 때문에 지진이 자주 발생하는 지역에서는 특히 건축 자재로 많이 씁니다. 또 줄기는 섬유로도 활용할 수 있어서 옷, 바구니

등을 만들고 낚싯대와 악기 같은 소도구를 만들 때에도 흔히 쓰입니다. 씨앗은 곡식으로 이용되기도 하고, 죽순은 요리에 넣어 먹으며, 잎은 차로 마시기도 합니다. 그러면서도 대나무는 빨리 자라서 죽순으로 나온 후 4년에서 5년이면 수확할 수 있기 때문에 가격도 저렴한 재료입니다. 오랜 시간을 들여 키워야 하는 그 어떤 나무보다 대나무는 인간의 실생활에 많은 도움을 주었습니다. 그래서 사람들은 대나무를 지구상에서 가장 다재다능한 식물 중 하나라고 말합니다. 몇몇 국가나 민족은 대나무의 매력에 푹 빠져 대나무를 숭상하기도 합니다.

특히 대나무의 꽃은 행운의 메시지, 신비로운 이미지입니다. 대나무가 꽃을 피웠다는 뉴스는 언제나 사람들의 관심을 받죠. 이 관심은 대나무가 빨라야 몇 년, 느리면 130년 만에 한 번 꽃을 피우는 데에서 시작했습니다. 사실 수많은 대나무가 65년이나 125년 간격으로 꽃을 피웁니다. 땅속에 있는 뿌리줄기를 뻗어 새로운 대나무를 내면 되기 때문에 구태여 꽃을 피우고 열매를 맺는 수고를 하지 않는 것이죠. 더욱이 난생처음 꽃을 피운 대나무는 열매를 맺고 난 뒤에 죽음을 맞이합니다. 사실 이상할 일도 아닙니다. 풀은 나무와 달리 꽃을 피우고 나면 열매를 맺고 시들어 죽는 게 당연한 거니까요. 다만 이때 뿌리줄기로 연결되어 있는 대나무들이 한꺼번에 꽃을 피우고 일제히 죽게 되는데, 어떤 대나무 숲은 숲 전체가 하나의 뿌리줄기로 연결되어 있어 그 숲이 모조리 죽는 경우도 있습니다.

이러한 현상은 식물계에서 독특하고 드문 일이라 사람들은 이를 신비롭게 생각했습니다. 이런 현상을 개화병開花病이라고도 부르는데, 꽃이 피면 식물이 죽어버리기 때문에 꽃 피는 병에 걸렸다고 표현한 것입니다. 하지만 대나무가 꽃을 피우는 건 병에 걸려서가 아니라 당연한 일을 하는 것입니다. 뿌리줄기로 아무리 쉽게 번식할 수 있다고 하더라도 거대해진 대나무 집단은 한 곳에서 영원히 살 수 없습니다. 오히려 거대해진 대나무 숲일수록 땅속에 있는 미네랄 같은 양분은 쉽게 고갈되고 말죠. 그래서 결국에는 꽃을 피워 자손을 멀리 보낼 수밖에 없습니다.

과학자들은 대나무가 어떻게 꽃을 피우는지 수많은 연구를 했습니다. 어떤 연구에서는 대나무의 종마다 유전적으로 들어있는 프로그램이 있어 그에 따라 정해진 주기별로 꽃을 피운다고 주장했습니다. 이 주장대로라면 대나무는 각 종에 따라 어디에 사는지와 상관없이 전 세계적으로 한꺼번에 꽃을 피우고 죽게 됩니다. 특정 종으로 진화한 종은 결국 한 개체에서 시작한 것이므로 유전적으로 동일한 개체라면 같은 개화 시스템을 가지고 있다는 것입니다.

또 어떤 연구에서는 대나무가 처한 환경적 요인에 따라 개화가 진행된다고 합니다. 이 경우에는 같은 지역에 있는 대나무들만 꽃을 피우고 죽게 되는데, 어떤 대나무는 꽃을 피운 후 죽지 않는 경우도 있다고 합니다. 특히 죽순대는 숲 전체가 꽃을 피우고 죽기도 하고, 뿌리줄기로 연결된 몇몇 개체만 꽃을 피우고 죽기도 합니다. 결국 대나무들은 타고난 유전적 특성과 더불어 자신이 처한 환경에 적응하고자 여러 가지 방법으로 생명을 이어가고 있는 것이겠죠.

죽순대를 비롯한 대나무는 인류의 삶에 많은 이로움을 가져다주었습니다. 하지만 그 많은 이로움 중에서도 이 시대에 특별해진 한 가지가 있습니다. 그리고 이 역시 빠른 성장과 맞닿아 있습니다. 대나무의 성장은 결국 엄마 식물이 공기 중의 이산화탄소를 가지고 만든 양분을 바탕으로 합니다. 성장이 빠르다는 것은 이산화탄소를 많이 사용한다는 이야기죠. 아울러 산소는 더 많이 내보내고요. 대기 중에 늘어나는 이산화탄소로 온난화가 심각해지는 이 시대에 대나무는 아주 중요한 식물이라고 할 수 있습니다. 아시아의 신화 중에는 인류가 대나무 줄기에서 나왔다는 이야기가 있다고 합니다. 어쩌면 이것은 그저 허황된 상상이 아니라 인류를 번창할 수 있게 해준 대나무의 이로움을 칭송한 것일 수도 있습니다.

가장 빠르게 자라는 나무

팔카타리아 몰루카나 *Falcataria moluccana*

인도네시아와 파푸아뉴기니가 원산지인 팔카타리아 몰루카나는 '세계에서 가장 빠르게 자라는 나무'로 알려져 있습니다. 이 나무는 1년 동안 무려 10m나 키가 자랐다는 보고가 있으며, 평균적으로는 새싹이 난 첫해에 7m 높이까지 자란다고 합니다. 우리나라에 사는 자귀나무와 생김새가 비슷한 이 나무는 뿌리에 있는 뿌리혹박테리아와의 공생으로 공기 중에 있는 질소를 가져와 땅을 비옥하게 할 수 있습니다. 또 우산처럼 넓게 퍼지면서도 빨리 자라기 때문에 그늘을 만들기 위해서, 목재를 얻기 위해서, 또는 관상용으로 여러 나라에서 심어 기르고 있습니다.

하지만 팔카타리아 몰루카나는 자라는 속도가 워낙 빨라서 자라는 곳을 탈출해 침입종[1]이 되곤 합니다. 특히나 토양이 쓸려 내려간 곳이나 산불로 파괴된 지역에 팔카타리아 몰루카나를 대량으로 심었던 경우는 의도와 달리 다른 지역으로까지 번져 자생하던 나무를 밀어내고 그 자리를 차지하기도 했습니다. 그래서 팔카타리아 몰루카나가 잘 자라는 환경인 태평양 주변의 섬에서는 이 식물의 도입을 신중하게 결정해야 한다는 의견이 많습니다.

하와이에서는 1917년에 숲을 가꾸기 위해 팔카타리아 몰루카나를 가져와 심기 시작해 1960년대까지 여러 그루를 도입했는데, 그 후 이 나무가 빠른 속도로 하와이의 산림을 장악해버렸습니다. 결국 2015년에 미국 산림청은 더 이상의 번성을 막기 위해 인도네시아의 대학과 협력하는 프로젝트를 진행했습니다.

1 침입종은 그 나라의 자생이 아닌, 밖에서 인위적 또는 자연적으로 들어온 식물로 그 지역에 부정적인 영향을 주어 생태계적, 환경적, 경제적 손해를 끼치는 종을 말합니다. 우리나라의 대표적인 침입종으로는 북아메리카 원산의 돼지풀이 있죠. 돼지풀은 뿌리를 내린 곳에서 왕성하게 자라나 우리나라의 토종 식물들을 자라지 못하게 할 뿐만 아니라 그 꽃가루는 사람에게 알레르기성 비염을 일으킵니다.

이 프로젝트는 팔카타리아 몰루카나를 먹고 사는 천적인 곤충이나 곰팡이를 밝혀내어 이 나무의 번성을 막는 생물학적 방제를 목표로 삼았습니다. 그리고 지금까지 밝혀낸 천적 곤충으로는 팔카타리아 몰루카나의 잎을 먹는 진드기와 줄기에 구멍을 내는 바구미라고 합니다. 지금은 이 두 곤충이 팔카타리아 몰루카나가 번지는 것을 얼마나 효과적으로 제압할 수 있는지에 대한 실험과 또 다른 천적이 있는지에 대한 연구가 진행 중입니다.

팔카타리아 몰루카나는 빠르게 성장하는 특성 덕분에 자연에서 잘 살아갈 수 있었지만, 몇몇 지역에서는 그 이유 때문에 억압해야 하는 대상이 되고 말았습니다. 무슨 용도이건 간에 어떤 한 지역에 다른 지역의 생물을 도입하는 것은 아주 신중하게 결정해야 합니다. 자연의 모든 생물은 인간이 생각하는 것보다 더 큰 힘을 가지고 있으니까요. 지금 이 순간에도 팔카타리아 몰루카나가 하와이 숲에서 자신의 생활반경을 점점 더 늘려나가고 있는 것처럼 말이죠.

가장 느리게 자라는 식물 ✢× 변경주선인장

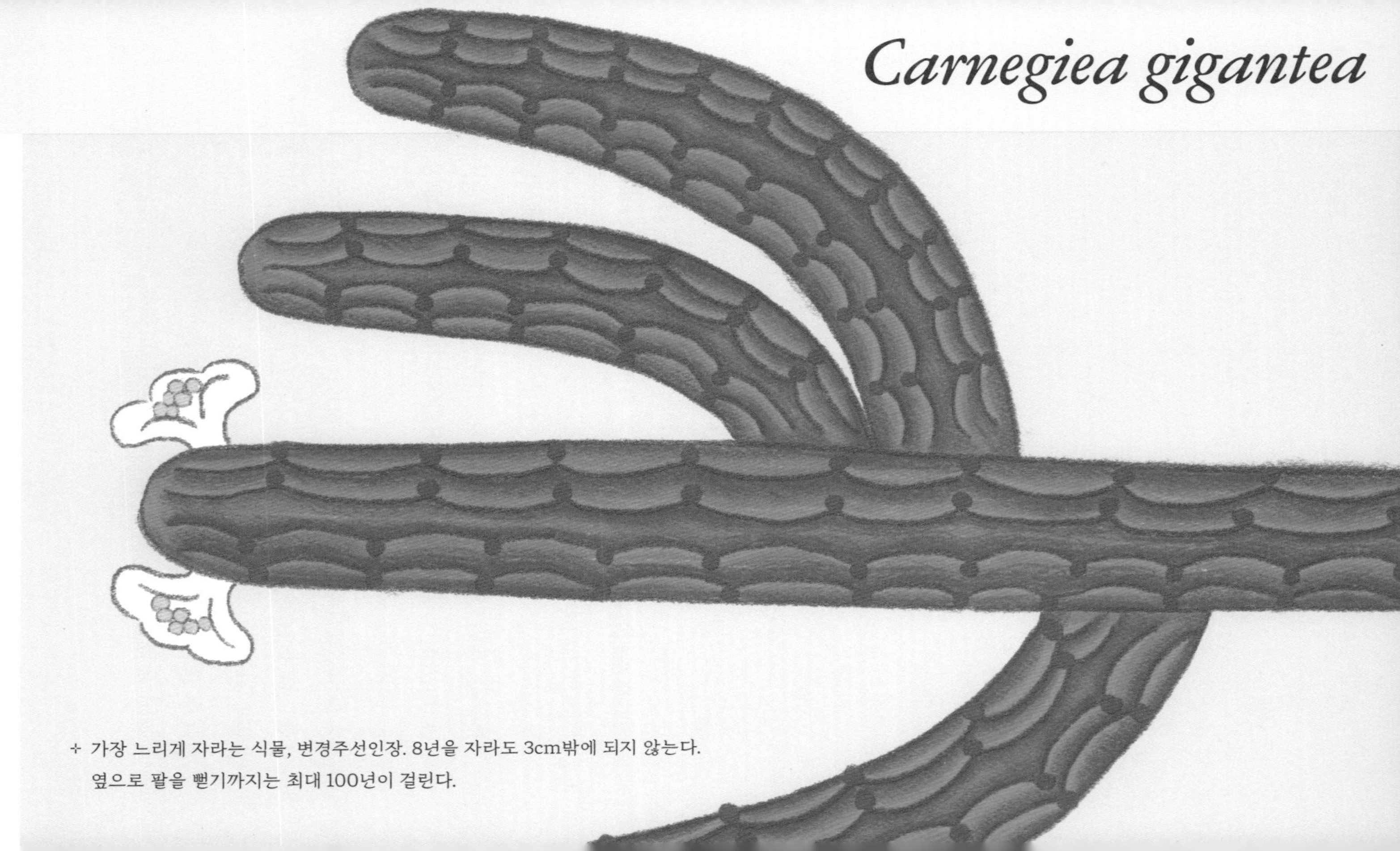

✢ 가장 느리게 자라는 식물, 변경주선인장. 8년을 자라도 3cm밖에 되지 않는다.
옆으로 팔을 뻗기까지는 최대 100년이 걸린다.

1센티미터가 되기까지 2년

미국 남서부 지역과 멕시코의 국경지대에 걸쳐 있는 소노라 사막은 우리나라보다 면적이 넓고 북아메리카에서 가장 더운 사막으로 알려져 있습니다. 미국 서부영화의 배경으로 자주 등장하는 이 사막에는 '세계에서 가장 느리게 자라는 식물'인 변경주선인장이 살고 있습니다. 자생지의 인디언들은 사와로 또는 사구아로saguaro라고 부릅니다. 변경주선인장이란 이름은 일본의 전설적인 무사이자 승려였던 무사시보 벤케이武蔵坊弁慶의 이름을 가져다가 뒤에 기둥이라는 뜻을 가진 주柱를 붙인 것입니다. 아마도 일본에서 부르던 명칭 그대로 들여와 쓰는 바람에 이런 생소한 이름이 되었나 봅니다.

무사였던 벤케이는 자신이 지키던 주군을 위해 초인적인 힘을 발휘했다고 전해지고 있습니다. 그는 최후까지 자신의 주군을 지키다 전사했는데, 이때 화살이 온몸에 박혔는데도 버티다가 선 채로 죽었다고 합니다. 소노라 사막에 있는 변경주선인장의 모습이 마치 늠름한 장군이 떡 버티고 서 있는 것처럼 보여서 일본에서는 이 선인장의 이름에 벤케이 무사의 이름을 넣은 것으로 보입니다. 또 변경주선인장이 서 있는 모습을 보고 어떤 지역에서는 장승선인장이라고 부르기도 합니다.

변경주선인장은 씨앗으로만 번식하며, 씨앗에서 싹이 나와 자라는 2년간은 키가 1cm가 되지 않는다고 합니다. 8년을 자라야 3cm 정도가 되고, 30~35년을 자라야 2m, 50~70년을 자라야 5m가 되지요. 또한 75~100년을 자라고 나야 비로소 기둥 하나였던 줄기에서 가지가 옆으로 뻗어 나옵니다. 변경주선인장은 보통 150년 넘게 살며 키는 건물 4층 높이인 12m 넘게 자란다고 알려져 있습니다. 그리고 어떤 개체는 죽을 때까지 가지가 자라지 않은 채 기둥 모양으로만 생을 마감하는데, 지금까지 기록으로 남은 가장 키가 컸던 변경주선인장은 이렇게 가지가 없는 채로 건물 8층 높이인 24m에 달했습니다. 하지만 1986년에 불어닥친 폭풍에 휩쓸려 그만 쓰러지고 말았죠.

변경주선인장은 척박한 사막에서 왜 그렇게 천천히, 계속해서 덩치를 키우는 것일까요? 물이 부족한데 그렇게 크게 자라는 게 과연 현명한 전략일까요? 하지만 변경주선인장은 메마른 곳에서 살기 때문에 덩치를 키울 수밖에 없었습니다. 수분을 저장할 수 있는 물탱크가 클수록 사막에서 살아가기에 유리했으니까요. 그래서 아코디언처럼 생긴 변경주선인장의 줄기는 비가 올 때면 눈에 띌 정도로 부풀어 올라 최대한 많은 물을 저장합니다. 그리고 다음 비가 내릴 때까지 그 물을 천천히 사용하죠. 이 물탱크의 무게를 지지하기 위해서 변경주선인장의 줄기에는 목질로 된 단단한 골격이 있습니다.

또 이렇게 큰 물탱크를 만들고 유지하기 위해서 변경주선인장은 천천히 자랄 수밖에 없었습니다. 이런 상태로 빨리 자랐다가는 단단한 골격이 있다 하더라도 그 무게를 이기지 못하고 쓰러져버릴 수 있기 때문입니다. 옆으로 뻗는 가지 또한 수십년 동안 살아가며 자리를 완전히 잡은 뒤에야 천천히 키워냅니다. 함부로 가지를 뻗게 되면 그쪽으로 무게가 쏠려 또 쓰러질 수 있기 때문입니다. 결국 변경주선인장은 물이 부족한 사막에서 살아가기 위해 덩치를 키우면서 천천히 자라는 전략을 쓴 것입니다. 이 전략 덕분에 변경주선인장은 사막에서 100년도 넘게 살아갈 수 있습니다.

사막의 분주한 파수꾼

황량한 사막에 우뚝 솟아 100년을 넘게 살아간다는 건 어떤 기분일까요? 이런 변경주선인장의 삶이 외롭게 느껴지겠지만, 변경주선인장은 전혀 외롭지 않습니다. 사막의 파수꾼이 되어 자신의 도움이 필요한 작은 동물들과 함께 살아가기 때문이죠.

먼저 변경주선인장은 물이 가득 든 줄기를 호시탐탐 노리는 목마른 사막의 천적들에 맞서 잎을 가시로 만듭니다. 기둥 끝에서 새로 돋아나는 가시들은 변경주선인장이 느리게 자라는 것과는 다르게 빠르게 돋아나 물이 가득한 줄기를 지킵니다. 그리고 이 가시는 자신 말고도 사막에 사는 작은 새들을 보호해줍니다. 작은 새들은 천적을 피해 변경주선인장의 줄기에 구멍을 뚫어 그 안에서 살아가곤 하는데, 이 가시들은 새들의 천적이 접근하지 못하게 막아주죠. 작은 새들에게 변경주선인장은 막막한 사막에서 안락하게 살아갈 수 있는 훌륭한 보금자리인 셈입니다. 그럼 새들이 파놓은 구멍 때문에 변경주선인장은 피해를 입지 않을까요? 변경주선인장은 덩치가 워낙 커서 작은 새가 파놓은 구멍만으로는 크게 피해가 가지 않습니다. 또 변경주선인장은 그 구멍의 둘레에 단단한 물질을 만들어 상처를 아물게 하는데,

이 식물이 죽고 나면 부드러운 육질이 썩어 없어지면서 그 구멍 모양대로 단단한 '주머니'가 모습을 드러냅니다. 부츠처럼 생긴 이것을 현지인들은 '사구아로 부츠Saguaro boot'라고 부르며 물건을 담아두는 용도로 쓰기도 하죠.

또 변경주선인장은 꽃과 열매로 사막의 많은 동물을 살아가게 해줍니다. 변경주선인장의 나이가 35살이 넘어서야 볼 수 있는 흰색 꽃은 주로 해가 지면 피어나는데, 밤에 활동하는 박쥐들이 이 꽃의 꿀을 좋아합니다. 박쥐뿐만 아니라 벌과 비둘기, 벌새, 딱따구리 등도 변경주선인장의 꿀을 먹는 동물들이죠. 변경주선인장은 동물들이 멀리서도 꽃을 찾아서 올 수 있게 기다란 가지의 맨 끝에 꽃을 활짝 피웁니다. 당연히 이 동물들은 선인장의 꿀을 맛있게 먹고는 대신 열매가 맺힐 수 있게 꽃가루를 옮겨주는 역할을 합니다.

꽃이 지고 나면 맺히는 열매 또한 새를 포함한 굶주린 여러 동물에게 훌륭한 먹이가 됩니다. 용과처럼 생긴 변경주선인장 열매에는 2,000개가 넘는 씨앗이 들어 있으며, 동물들은 열매를 먹고 씨앗을 사막의 여러 곳으로 퍼뜨려 줍니다. 결국 척박한 사막에서 변경주선인장은 작은 동물들을 위해 자신을 내어주고 그 동물들은 변경주선인장의 번식을 도와줌으로써 함께 살아갑니다. 살기 어려운 환경에서 서로 도우며 살아가는 것은 당연한 일일지도 모르겠습니다.

가장 느리게 자라는 나무

소철	*Cycas* ssp.
서양측백	*Thuja occidentalis*
주목	*Taxus cuspidata*
회양목	*Buxus sinica* var. *insularis*

나무에 대해 이야기할 때 느리게 자란다는 것은 그 기준이 모호해 여러 식물이 언급됩니다. 새싹일 때 키가 자라는 속도와 어느 정도 성장을 마친 후의 키 크는 속도가 다르며, 또한 성장이 거의 멈춘 듯 보이는 때에 조금씩 은근히 자라는 속도 역시 나무마다 달라서 무엇을 기준으로 삼느냐에 따라 순위가 바뀌곤 하는 것이죠. 더구나 오래 산 나무는 키가 거의 자라지 않는 상태로 나이만 먹기 때문에 결국 수령이 긴 나무일수록 가장 성장이 느린 나무가 되기도 합니다.

그럼에도 '세계적으로 느리게 자란다고 손꼽히는 나무들'이 있습니다. 소철, 서양측백, 주목, 회양목 등이 그 주인공입니다. 이 나무들은 오래 살기도 해서 몇백 년을 살아도 키가 작은 경우가 많습니다. 예를 들어 멕시코에 사는 소철인 디운 에둘레*Dioon edule*는 1,500년까지 살 수 있으며 줄기가 최대 3m까지 자랍니다. 이는 이 나무가 1년에 2mm씩 자란다는 것이죠. 또 경기도 여주시 효종대왕릉(영릉)에 있는 회양목은 천연기념물로 300년도 넘게 자랐지만, 키는 5m가 되지 않으며 줄기의 지름이 약 20cm밖에 되지 않습니다. 또 서양측백과 주목도 수명이 길면서 더디게 자란다고 알려져 있습니다.

하지만 다른 생물들이 그렇듯 식물도 살아가는 환경에 따라 같은 종이라도 성장 속도가 크게 달라집니다. 햇빛과 물, 양분 및 온도 등의 요인에 따라 쑥쑥 자라기도 하고, 거의 안 자라다시피 하기도 하는 등 성장 속도가 다릅니다. 우리나라에 관상용으로 들어오게 된 서양측백은 농장에서 키울 때 키가 20m까지 큽니다. 자연의 절벽에서 살 때는 천년을 살아도 키가 1~2m에 불과한데 말이죠. 실제로 서양측백의 고향인 캐나다에서는 잎을 모조리 따 먹어버리는 사슴을 피해, 또 산불의 불길을 피해 절벽에 매달린 채 살아가는 서양측백의 모습이 흔합니다. 이런 경우 천년을 넘게 살아도 키가 크기 어렵습니다. 절벽에 살면서 너무 빨리 자랐다가는 바람에, 비에 뿌리가 뽑힐 수 있으니까요. 그래서 캐나다 사람들에게는 서양측백이 아주 더디게 자라는 식물로 알려져 있습니다.

느리게 자란다는 건 빠르게 자라는 경우보다 더 단단하게 자란다는 말과 같습니다. 느리게 자라는 나무들은 줄기에 있는 세포들이 치밀하게 응집되어 있어서 목질이 단단하기로 유명합니다. 그래서 회양목의 줄기는 예로부터 도장이나 호패(조선시대 신분증)를 만드는 데 사용했습니다. 회양목 줄기로 만든 도장은 작은 글자를 새겨도 부수어지지 않고 오래 써도 글자가 그대로라고 합니다.

식물 입장에서 빨리 자라는 것과 느리게 자라는 것 중 어느 것이 더 좋은지는 식물의 종과 사는 환경에 따라 다릅니다. 하지만 어떤 경우라고 하더라도 식물이 주어진 환경에 최적화된 모습으로 끊임없이 변화하며 진화하고 있다는 것만은 언제나 같습니다.

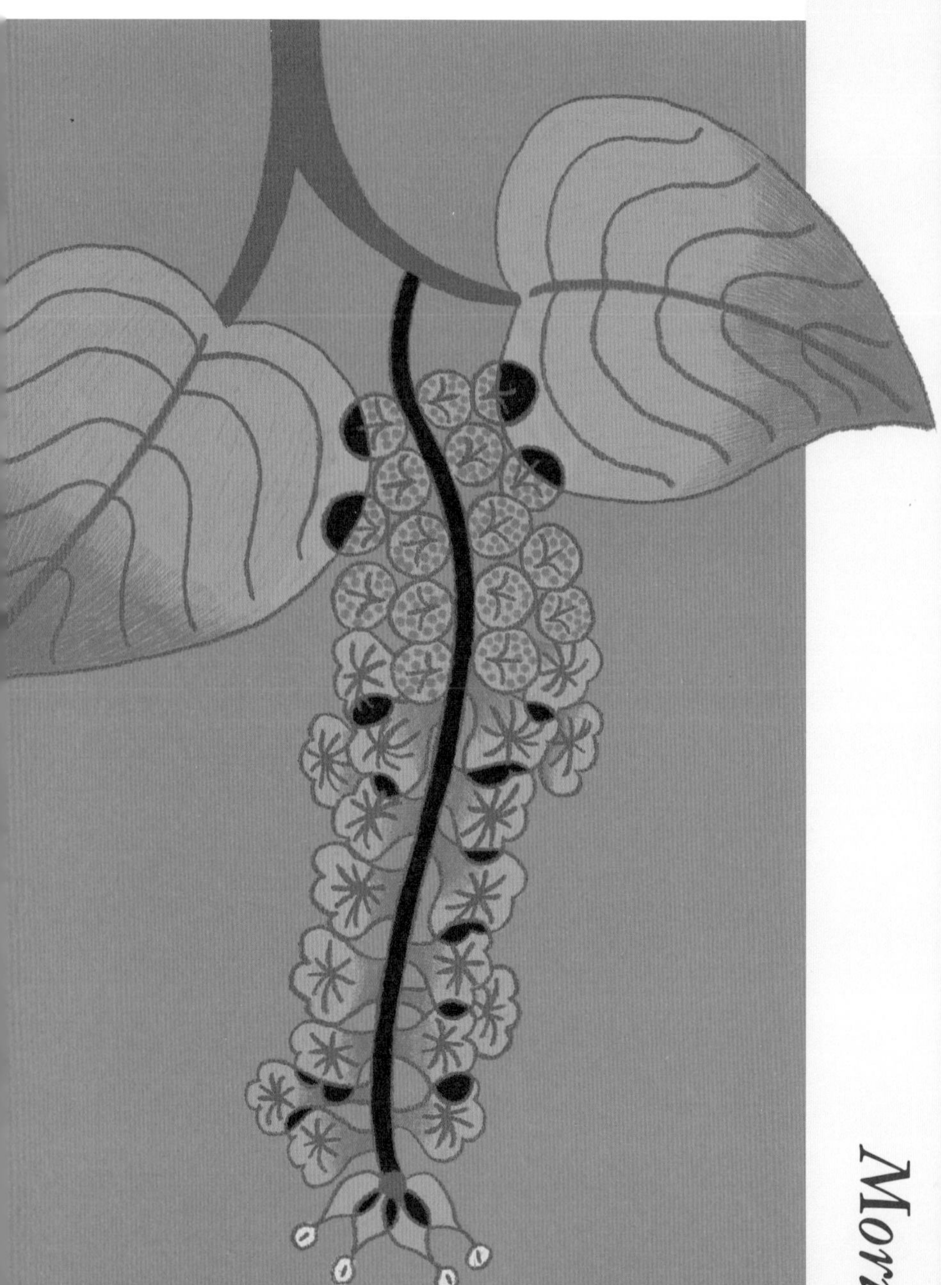

Morus alba

+ 가장 빠르게 움직이는 식물, 뽕나무.
뽕나무의 수술은 0.7마하의 속도로 꽃가루를 방출한다.
이 속도면 1초에 238m를 날아간다.

마하의 속도로 날아가는 꽃가루

식물은 자라는 것 말고는 거의 움직이지 않는 것처럼 보입니다. 동물처럼 천적이 나타났을 때 빠르게 몸을 숨긴다거나 먹이를 쫓아 급히 내달리는 일 같은 움직임은 식물에게 없죠. 하지만 동물처럼 급격하지는 않아도 식물도 움직입니다. 조용하고 꾸준하다는 것이 다를 뿐입니다. 식물은 더 많은 햇빛을 받기 위해 해가 비치는 쪽으로 줄기를 구부리기도 하고, 덩굴손을 뻗어 다른 식물을 감아 올라가기도 하며, 아침에 피었다가 저녁이면 꽃잎을 닫는 등 느리지만 확실하게 움직이고 있습니다.

그런데 이런 움직임과는 다르게 몇몇 식물은 눈에 띌 정도로 빠르게 움직이기도 합니다. 파리지옥은 트랩처럼 변형된 잎으로 그 위에 앉은 곤충을 0.1초 만에 가두고, 미모사는 누가 잎을 건드리면 곧바로 잎을 접는 동시에 잎자루를 축 늘어뜨립니다. 또 봉선화는 열매 안에 있는 씨앗을 멀리 퍼뜨리려고 열매를 순간적으로 터뜨리기도 합니다. 그런데 이렇게 빠르게 움직이는 식물 중에서도 우리 눈에 보이지 않을 만큼 빠른 식물이 있습니다.

2006년에 미국의 과학자들은 놀라운 속도로 꽃가루를 방출하는 한 식물을 관찰해 그 결과를 발표했는데, 그 움직임이 얼마나 빠른지 1초에 4만 장의 사진을 찍을 수 있는 고속카메라로 들여다봐야 했다고 합니다. 그리고 그 결과는 믿을 수 없는 수준이었습니다. 이 식물의 수술이 꽃가루를 방출하기 위해 펼쳐지는 데 걸리는 시간이 25μs(마이크로초)도 안 되는 것이었죠. 25μs는 100만 분의 25초를 뜻하며, 이것은 1초에 4만 장의 사진을 찍었더니 그중에 딱 1장을 찍는 동안 수술이 펼쳐지면서 꽃가루가 방출되었다는 것을 의미합니다. 또한 방출된 꽃가루는 0.7마하의 속도로 공기 중에 날아갔다고 하는데요. 1마하란 소리가 1초 동안 이동하는 거리를 뜻하는데, 미터로 환산하면 약 340m가 됩니다. 즉 이 꽃가루는 1초에 약 238m를 날아간 셈입니다. 이 속도라면 서울에서 부산까지의 직선거리인 325km를 23분이 채 안 되는 시간에 갈 수 있습니다. 대체 어떤 식물이 이렇게 빠르게 움직이는 것일까요?

그 식물은 바로 뽕나무입니다. 뽕나무는 중국이 원산지로 오래전부터 우리나라를 비롯한 온대 지역에서 널리 심어 기르는 나무입니다. 뽕나무의 잎이 고급 옷감인 비단을 만드는 누에의 먹이가 되기에 예로부터 사람들은 뽕나무를 많이 길렀습니다. 뽕나무는 꽃가루를 가진 수꽃과 오디라는 열매가 되는 암꽃이 각각 다른 나무에 달립니다. 수꽃은 꽃받침 4개와 수술 4개로 이루어져 있으며, 바람을 이용해 꽃가루를 날리는 풍매화로 꽃받침이 벌어진 후 수술이 폭발하듯 꽃가루를 공기 중으로 방출합니다. 마치 우리가 달리기를 할 때 탕 소리와 함께 힘차게 달려나가는 것처럼 뽕나무의 꽃은 순간적으로 튕겨내듯 꽃가루를 퍼트립니다.

자연이 만든 초고속 투석기

뽕나무는 지금까지 알려진 '세계에서 가장 빠른 움직임을 가진 식물'입니다. 뽕나무는 도대체 어떤 작동 과정을 거쳐 그렇게 빠른 움직임을 만들어낼 수 있을까요? 과학자들은 뽕나무의 수꽃을 현미경으로 들여다보고 그 실마리를 찾을 수 있었습니다. 뽕나무의 수꽃에 있는 수술은 '수술대'와 그 끝에 꽃가루가 잔뜩 들어 있는 '꽃밥'으로 이루어져 있습니다. 수술은 꽃이 피기 전에는 거의 반으로 구부러져 있습니다. 마치 우리가 똑바로 서서 허리를 구부린 후 손끝을 땅에 닿게 하고 있는 모습입니다. 이때 아주 가느다란 실들이 꽃밥의 끝과 바닥을 연결하고 있습니다. 그러다가 이 실이 끊어지면 굽어 있던 허리가 조금씩 펴지는데, 이때 꽃 가운데에 볼록하게 튀어나온 부분에 수술 끝이 10초 정도 걸쳐지게 됩니다. 그 10초 동안 수술대에는 굽어 있던 허리를 펴려는 탄성 에너지가 쌓이게 되고, 그러다 볼록하게 튀어나온 부분을 벗어나며 폭발하듯 수술대의 허리가 펴지면서 꽃밥에 들어 있던 꽃가루가 공기 중으로 방출되는 것입니다. 이 모습은 마치 고대 그리스시대에 발명되어 중세시대까지 여러 전쟁에서 요긴하게 쓰인 투석기를 연상하게 합니다. 투석기가 쏘아올린 돌들이 적의 성 안까지 멀리 날아가는 모습이죠.

그렇다면 뽕나무는 왜 투석기까지 만들어 꽃가루를 멀리 보내려고 할까요? 그것은 뽕나무의 수꽃과 암꽃이 각각 떨어진 다른 나무에 피어나는 데에서 이유를 찾을 수 있습니다. 물론 수꽃에서 방출된 꽃가루가 바로 암꽃에 도착하기는 어렵습니다. 그래도 최대한 멀리 꽃가루를 보내야 바람을 타고 암꽃을 만날 확률이 높아지죠. 꽃가루를 멀리 보내는 뽕나무일수록 자손을 더 많이 남길 수 있었고, 그 결과 더 빠른 움직임으로 꽃가루를 멀

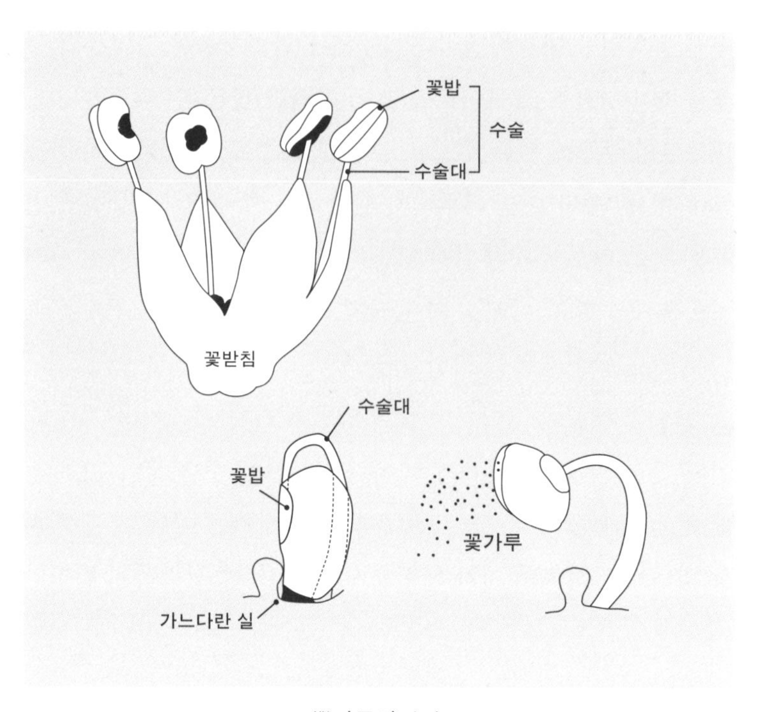

뽕나무의 수술

리 보내는 뽕나무만이 남아 지금의 모습이 된 것입니다.

그럼 왜 암꽃과 수꽃은 각각 다른 나무에 피는 것일까요? 애초에 한 나무에 같이 피면 꽃가루를 멀리 보낼 필요도 없지 않을까요? 그것은 식물들이 대부분 자신의 꽃가루로 열매를 맺기 싫어하기 때문입니다. 식물들은 자신과 유전적으로 똑같기보다 다른 자손을 만들려고 노력합니다. 그래야 변화하는 환경에 살아남을 수 있는 확률이 높아지니까요.

그리고 뽕나무는 언제 꽃가루를 날려 보내야 하는지도 알고 있습니다. 비가 오고 습도가 높은 축축한 환경에 꽃가루를 보내면 습기를 머금은 꽃가루가 암꽃에 닿기도 전에 바닥으로 가라앉아 버릴 수 있기 때문에 뽕나무는 꽃가루가 바람을 타고 가볍게 날아갈 수 있는 때를 맞춰 꽃가루를 내보냅니다. 공기 중의 수분이 25~27%인 상태가 적기로, 뽕나무는 이때를 기다려 수술과 바닥에 연결된 가느다란 실들을 끊어버리고 꽃가루를 방출합니다.

두 번째로 빠르게 움직이는 식물

풀산딸나무 *Cornus canadensis*

2006년에 뽕나무에 대한 이 연구가 알려지기 전까지만 해도 가장 움직임이 빠른 식물 1위는 풀산딸나무였습니다. 풀산딸나무는 우리나라의 북부지방과 일본, 중국, 러시아, 그리고 북아메리카의 숲 바닥에 사는 나무로, 나무라고는 하지만 키가 20cm가 넘지 않아서 풀처럼 보이는 상록수입니다. 그래서 풀인지 나무인지 헷갈려서 이름에 '풀'과 '나무'가 모두 들어가 있죠. 줄기 끝에는 꽃잎처럼 보이는 흰색의 꽃싸개(포)가 4장 있으며, 그 가운데에 아주 작은 진짜 꽃 20~25개가 뭉쳐 달립니다.

풀산딸나무의 꽃에는 꽃잎 4개와 수술 4개, 그리고 암술 1개가 있는데, 꽃잎은 1초에 7m을 움직이는 속도로 벌어져 완전히 열리는 데까지 걸리는 시간이 1,000분의 1초가 안 됩니다. 이것은 이 꽃이 1초에 1,000번 열리는 속도로 꽃잎을 펼친다는 것을 의미합니다. 하지만 꽃잎이 열리는 속도보다 더 빠른 건 꽃잎이 열림과 동시에 수술에서 방출되는 꽃가루의 움직임입니다. 풀산딸나무의 꽃잎은 꽃가루가 달린 수술을 감싸면서 누르고 있다가 바람이 불거나 곤충이 꽃을 살짝 건드릴 때 갑자기 열리게 되는데, 이때 꽃잎에 눌려 있던 수술이 밖으로 팡 하고 나오면서 수술 끝에 있던 꽃가루가 방출됩니다. 마치 용수철을 계속 누르고 있던 손을 떼자 그 탄성으로 용수철이 튕겨 나가는 것과 같습니다.

방출된 꽃가루는 지구 안쪽으로 끌어당기는 힘인 중력의 2,400배로 가속되어 날아가는데, 이는 우주비행사가 이륙하는 동안 경험하는 힘의 800배라고 합니다. 그 결과 꽃가루는 1초에 3m를 가는 속도로 2.5cm의 높이까지 날아가죠. 2.5cm라는 높이가 별로 높지 않게 느껴질 수도 있지만, 각 꽃의 길이가 1~2mm인 것을 생각해보면 사람이 돌을 6층 건물 높이까지 던지는 것과 같습니다. 이렇게 날아간 꽃가루는 곤충의 몸 구석구석에 묻게 될 뿐만 아니라 바람을 따라 1m까지도 이동할 수 있다고 합니다.

물론 1초에 238m를 움직이는 속도인 뽕나무의 꽃가루와 비교하면, 1초에 3m를 움직이는 풀산딸나무의 꽃가루는 느리게 느껴질 수 있습니다. 하지만 풀산딸나무의 움직임도 우리 인간 눈으로 감지할 수 없는 수준의 빠르기입니다. 또한 아주 작은 먼지 같은 꽃가루를 최대한 멀리 날려 보내서 자신과 다른 유전자를 가진 자손을 만들려는 이들의 노력은 지금까지 이어져 오고 있으니 결실을 맺었다고 볼 수 있죠.

우리는 흔히 식물을 정적인 생물이라고 생각하기 때문에 그들에게 둘러싸였을 때 편안하고 안락한 느낌을 받습니다. 그래서 뭐든 빠르게 돌아가는 도시에서 벗어나 시간이 느리게 흐르는 것 같은 숲에서 휴식을 취하곤 합니다. 하지만 식물도 생물이기에 다양한 외부 자극에 반응해 자신을 보호하기도 하고, 살아가는 데 쓰일 양분을 얻거나 씨앗을 퍼뜨리는 등의 많은 활동을 합니다. 오히려 신경계와 근육을 가지고 움직이는 동물과 달리 식물은 그런 것들 없이도 자극에 빠르게 반응하는 놀라운 능력을 가지고 있습니다. 그렇기에 식물이 움직이지 않는 것처럼 보이는 것은 너무 느려서가 아니라 오히려 너무 빨라서일 수 있습니다. 풀산딸나무에 이어 뽕나무의 움직임은 세심한 관찰로 밝혀낸 결과였습니다. 그리고 지구 어딘가에는 우리가 아직 찾지 못한 더 빠른 움직임을 가지고 살아가는 식물도 있을 것입니다.

가장 빠르게 씨앗을 퍼트리는 식물

샌드박스 *Hura crepitans*

식물은 열매 속에 들어 있는 씨앗을 최대한 멀리 보내려고 합니다. 자손과 같은 공간에서 산다는 건 한정된 자원을 가지고 피할 수 없는 경쟁을 치러야 한다는 뜻이니까요. 그뿐만 아니라 식물에게 번식의 궁극적인 목표는 사는 지역을 넓히는 것이기도 합니다. 그래서 식물들은 각자 자신의 씨앗을 멀리 보내는 전략을 가지고 있습니다. 그중에서도 가장 빠른 산포 전략을 쓰는 식물이 있습니다. 바로 후라 크레피탄스*Hura crepitans*라는 학명을 가진 샌드박스 나무입니다. 샌드박스Sandbox라는 이름은 이 나무의 열매를 반으로 잘라 가루를 넣어두던 통으로 사용해서 붙여진 이름입니다.

이 나무는 아마존 우림을 비롯한 아메리카 대륙의 열대지역에 사는 상록수입니다. 키가 60m까지 자라는 큰 나무로 줄기에는 무시무시한 가시가 잔뜩 달려 있어 별명이 '원숭이도 오르지 못하는 나무monkey no-climb'입니다. 이 나무가 무시무시한 것은 가시 때문만이 아닙니다. 줄기에 들어 있는 흰색의 수액은 강한 독을 가지고 있어 예로부터 화살에 묻혀 사냥을 하거나 물고기를 죽이는 데 사용했습니다. 하지만 수액보다 더 무서운 것이 있으니, 그것은 바로 열매입니다.

샌드박스는 열매를 터뜨려 그 안에 들어 있는 씨앗을 멀리 보내는 전략을 씁니다. 그런데 열매가 터질 때 마이너마이트가 떠오를 만큼 폭발력이 강력해서 '다이너마이트 나무'라는 별명까지 있습니다. 주먹만 한 크기의 열매에는 다 익은 호박처럼 세로로 굵은 주름이 있는데, 이 주름을 따라 열매가 산산조각이 나면서 터집니다. 엄청나게 큰 소리도 함께 나서 열매가 터질 때 옆에 있다가는 파편에 맞아 다칠지도 모릅니다. 열매가 터지면서 그 안에 있던 씨앗은 1초에 70m를 가는 속도로 사방팔방 날아

삽니다. 이는 시속으로 따지면 252km에 달하는 것으로, 무려 100m 떨어진 곳에 씨앗을 던져버리기까지 합니다. 샌드박스는 온전히 열매가 폭발하는 힘만으로 씨앗을 퍼트리는 식물 중에서 그 속도가 가장 빠르고, 그 거리가 가장 깁니다.

이 외에도 물봉선*Impatiens textori*과 스쿼팅오이*Ecballium Elaterium*, 루엘리아 투베로사*Ruellia tuberosa* 등이 폭발하듯 씨앗을 튕겨 보내기로 유명합니다. 씨앗을 더 빠른 속도로 힘차게 보낼수록 멀리 날아간 씨앗은 그 식물이 번성할 확률을 높여주기 때문에 이 전략을 쓰는 식물들은 앞으로도 자신의 기록을 갱신하며 살아갈 것입니다.

✧ 가장 느리게 피는 꽃, 푸야 라이몬디.
약 100년을 살다가 딱 한 번 꽃을 피우고 죽는다.

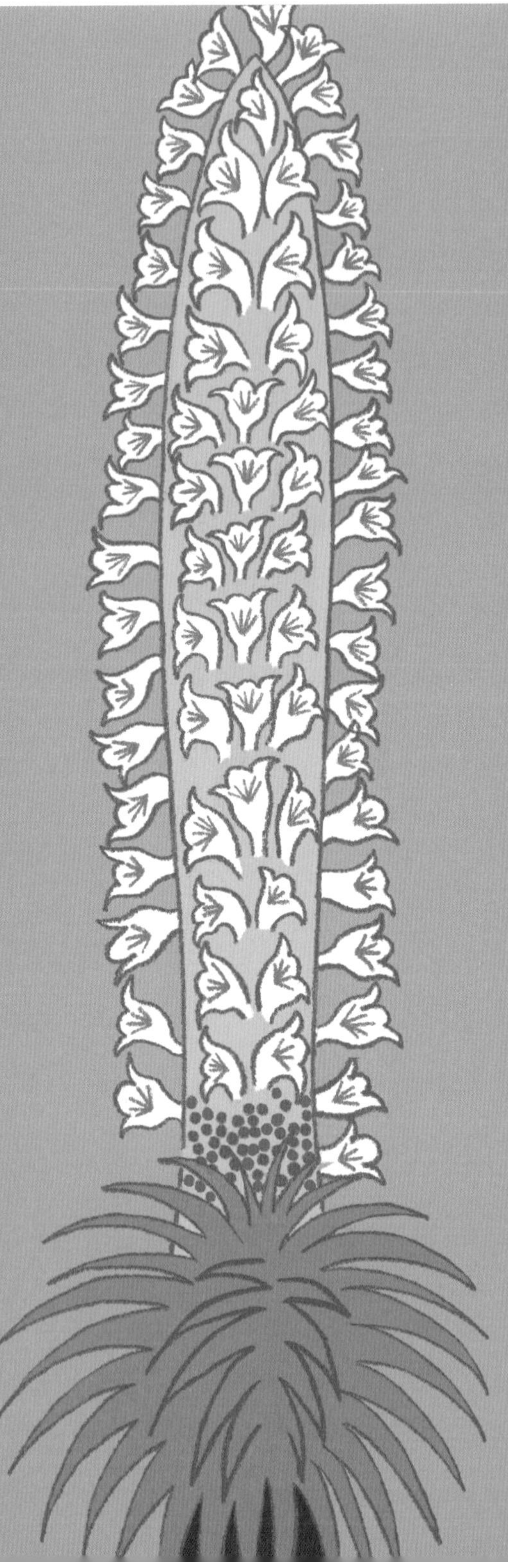

Puya raimondii

안데스산맥의 여왕

식물이 작은 씨앗에서 자라나 뿌리를 내리고 잎을 키워서 광합성을 열심히 한 다음 꽃을 피우고 열매를 맺는 이유는 오로지 자손을 남기기 위해서입니다. 많은 꽃을 피워서 많은 열매와 씨앗을 만드는 것이 식물의 유일한 목표이죠. 그래서 식물은 부지런히 꽃을 피웁니다. 하지만 어떤 식물은 새싹으로 나온 후 수십 년이 지난 후에야 꽃을 피웁니다. 그렇다고 땅속의 뿌리줄기나 몸의 일부를 떨어뜨려 개체를 늘리는 방법을 쓰는 것도 아니면서 그저 100년 가까이 살다가 딱 한 번 꽃을 피우고 맙니다. 이 게으르고 느린 식물을 만나기 위해서는 안데스산맥으로 가야 합니다.

남아메리카의 볼리비아와 페루의 안데스산맥을 따라 고도 3,600m에서 4,400m 사이에 오르면, 바위가 많은 경사면과 초원을 따라 '안데스의 여왕'이라는 별명을 가진 푸야 라이몬디가 살고 있습니다. 키가 5m까지도 자라는 줄기에서 사방팔방으로 빽빽하게 뻗은 잎은 뻣뻣하고 날카로워 이 식물의 전체적인 모습은 거대한 밤송이처럼 보입니다.

200개가 넘는 잎은 길이가 1m 정도로 길쭉하게 생겼으며, 가장자리를 따라 날카로운 가시가 있어 이 식물에게 쉽게 다가가지 못하게 합니다. 안데스산맥의 건조한 고지대에서 푸야 라이몬디가 초식동물로부터 자신을 지키기 위해서는 이런 날카로운 가시가 필요했던 것입니다. 이 지역에는 푸야 라이몬디가 이 가시를 이용해 동물을 잡아먹는다는 전설이 내려오기도 합니다.

실제로 천적을 피해 푸아 라이몬디의 잎 사이로 숨어든 동물들은 가시에 찔려 죽기도 합니다. 어떤 과학자는 푸야 라이몬디가 정말로 그 전설처럼 가시로 동물을 죽인 후, 동물의 사체가 천천히 분해되면서 땅에 떨어지는 영양분을 뿌리로 흡수하며 산다고 했습니다. 이른바 준식충식물Protocarnivorous plant이라는 것이죠. 준식충식물은 적극적으로 다른 생물을 잡아먹는 식충식물의 전 단계, 즉 원시적인 식충식물을 말합니다. 어쩌면 푸야 라이몬디의 가시는 초식동물을 막는 동시에 운 좋게 걸려든 동물을 잡아먹는 용도로 쓰이는지도 모르겠습니다.

아무튼 이렇게 가시로 무장한 푸야 라이몬디는 안데스산맥에서 100년을 넘게 삽니다. 그러다가 딱 한 번 꽃을 피우는데, 그 시기가 보통 새싹이 나온 후 80년에서 100년이 지났을 때입니다. 이 꽃은 커다란 밤송이에서 위를 향해 힘차게 솟아 나오는, 길이 10m에 가까운 거대한 꽃대 위에 피어납니다. 이때 꽃의 수는 무려 2만 개가 넘습니다. 꽃대가 자라고 나면 푸야 라이몬디의 키는 건물 5층 높이에 다다릅니다. 이 모습이 마치 허리를 꼿꼿하게 세우고 당당하게 서 있는 여왕의 모습처럼 보인다고 해 안데스의 여왕이라고 부르게 되었습니다.

때를 기다릴 줄 아는 유전자

사실 푸야 라이몬디의 꽃대는 세계에서 가장 큰 꽃차례인 타이탄 아룸의 꽃대보다 깁니다. 그래서 푸야 라이몬디의 꽃차례를 세계에서 가장 큰 꽃차례로 보기도 합니다. 하지만 안데스의 여왕은 꽃대가 하나가 아니고 여러 개의 짧은 가지로 갈라져 있을 뿐만 아니라 꽃대 아래에서부터 위로 서서히 꽃이 피어 올라가기 때문에 한 번에 개화하는 타이탄 아룸이 더 큰 꽃처럼 느껴져 '가장 큰 꽃차례' 타이틀을 넘겨주고 말았죠.

꽃대를 따라 빈틈없이 자리 잡은 꽃은 장장 3개월에 걸쳐 피어납니다. 꽃의 수가 워낙 많아서 끝에 있는 꽃까지 피려면 이 정도는 걸려야겠죠. 이렇게 피어난 푸야 라이몬디의 꽃은 벌새를 비롯한 다른 새들과 벌, 박쥐에게 선물상자와도 같습니다. 그들은 멀리서도 보이는 푸야 라이몬디의 꽃대를 찾아와 이 꽃 저 꽃을 분주히 옮겨 다니며 맛있는 꿀을 먹고 꽃가루를 옮겨줍니다. 이윽고 꽃대의 맨 위에 있는 꽃까지 피어 열매가 맺히면 푸야 라이몬디는 작은 씨앗들을 바람에 날려 보내고 까맣게 말라가며 죽음을 맞이합니다. 비록 그 일대의 식물 중에서 가장 크고 또 아주 오래 살지만, 푸야 라이몬디는 꽃을 피우고 열매를 맺으면 죽게 되는 풀인 것이죠.

그렇다면 푸야 라이몬디는 왜 이렇게 느리게 꽃을 피우는 것일까요? 그것은 이 식물이 안데스산맥의 한 지역에서만 사는 것과 관련이 있습니다. 푸야 라이몬디가 사는 안데스산맥의 고지대는 땅이 척박하고 낮과 밤의 온도 차이가 엄청납니다. 그래서 한낮의 태양과 건조함, 그리고 밤이 되면 찾아오는 추위를 견뎌야 합니다. 이런 환경에서는 빨리 자라는 것이 불가능할 뿐만 아니라 꽃대를 키워서 꽃을 피우고 열매는 맺는 데에 드는 양분을 쉽게 모을 수도 없습니다. 그래서 푸야 라이몬디는 자신이 처한 환경에서 최대한 많은 양분을 모아 더 많은 꽃을 피우고 씨앗을 만들기 위해 오랜 시간 공을 들이는 것입니다. 게으른 것이 아니라 오히려 부지런하고 꾸준하다고 할 수 있습니다.

2021년에 페루와 중국의 과학자들이 푸야 라이몬디의 유전자를 분석했는데, 그 연구에 따르면 푸야 라이몬디는 약 1,480만 년 전에 조상에서부터 갈라져 나와 안데스산맥에 살게 되었으며, 다른 식물에 비해 개화를 조절하는 유전자가 훨씬 많다고 합니다. 그래서 푸야 라이몬디는 모든 준비가 끝나는 적당한 때를 기다리며 꽃을 피우는 시기를 조절할 수 있는 것입니다. 또 푸야 라이몬디는 불리한 환경에서 식물의 발달과 성장 및 스트레스 반응에 중요한 역할을 하는 단백질을 만들어내는 유전자도 크게 확대되어 있다고 합니다. 이 단백질은 강한 자외선이나 극심한 가뭄, 그리고 추위에 DNA가 손상될 때 이를 복구하는 역할을 합니다. 결국 푸야 라이몬디는 이런 유전자를 보유하면서 안데스산맥의 혹독한 환경에 적응해 살아갈 수 있었던 것입니다.

멸종과 재배

푸야 라이몬디는 한 개체에서 1,200만 개나 되는 씨앗을 만들어냅니다. 이 정도 씨앗이면 푸야 라이몬디가 안데스산맥을 덮어버릴 수도 있을 것 같지만, 꽃을 피우기까지 길게는 100년이 넘게 걸리기 때문에 오랜 시간에 걸쳐 안데스산맥에서 적당한 개체 수를 유지하며 살아갈 수 있었습니다. 하지만 지금 푸야 라이몬디는 세계적인 희귀식물이자 멸종위기식물이 되고 말았습니다. 안데스산맥을 터전으로 해서 살아가는 인간들이 경작할 땅을 일구기 위해, 그리고 가축이 그 날카로운 가시에 걸려 죽는 것을 막기 위해 푸야 라이몬디를 태워버리기 때문입니다. 또 이렇게 태운 푸야 라이몬디의 잎은 가시가 없어져 가축의 먹이가 되기도 합니다. 그래서 페루는 보호구역을 설성해 푸야 라이몬디가 더 이상 사라지지 않게 노력하고 있습니다.

하지만 또 다른 문제가 생겼습니다. 온난화가 안데스 고원지대의 환경을 바꿔놓고 있기 때문입니다. 푸야 라이몬디는 살아있는 개체들 사이의 유전적 다양성이 적습니다. 이것은 딱 이 지역에서 이런 상태로 살지 않으면 전부 멸종될 가능성이 높다는 것을 의미합니다. 푸야 라이몬디의 유전자는 그곳에서 살아가게끔 최적화되어 있기 때문에 환경이 바뀌게 되면 버티지 못하는 것이죠.

그래서 오늘날 사람들은 푸야 라이몬디의 멸종을 막기 위해 재배 방법을 연구하고 있습니다. 미국 캘리포니아대학 식물원에서는 푸야 라이몬디를 심어 기르고 있는데, 그곳의 푸야 라이몬디는 안데스산맥에서와는 다르게 28년 만에 꽃을 피웠다고 합니다. 물론 28년 만에 꽃을 피우는 개체라 크기는 작았지만 그 당당한 모습은 그대로였죠. 또 가장 최근인 2014년에는 1990년에 심었던 개체에서 24년 만에 꽃이 피었다고 합니다. 야생에서 사는 푸야 라이몬디보다 훨씬 일찍 꽃을 피우기는 했지만 안데스산맥이 아닌 다른 곳에서도 꽃을 피울 수 있다는 것은 푸야 라이몬디가 멸종에서 멀어질 수 있다는 희망이 됩니다. 식물원에서 푸야 라이몬디의 개화 소식을 알리자 여왕의 모습을 보려고 많은 사람이 왔다고 합니다. 부디 안데스의 여왕이 그 당당한 모습을 영원히 보여주기를 희망해봅니다.

죽순대

죽순대의 뿌리

팔카타리아 몰루카나

변경주선인장

경주선인장의 꽃

사구아로 부츠

양측백

효종대왕릉 회양목

뽕나무의 암꽃

뽕나무의 수꽃

뽕나무의 열매

풀산딸나무의 꽃

샌드박스의 열매

푸야 라이몬디

푸야 라이몬디 군락

푸야 라이몬디의 꽃

Chapter 3

힘

강하거나
독하거나
교묘하거나

치명적인 독 +× 피마자

+ 가장 강한 독을 품은 피마자.
리신 1g이면 성인 14명을 죽음에 이르게 할 수 있다.

Ricinus communis

암살과 테러의 씨

식물이 독을 품고 있는 이유는 무엇일까요? 그 이유는 단 하나, 천적으로부터 자신을 보호하려는 것입니다. 여기서 천적이란 식물을 먹어치우는 동물일 수도 있고, 식물을 병들게 하는 곰팡이나 균일 수도 있으며, 사는 곳을 자꾸만 침입해오는 또 다른 식물일 수도 있습니다. 그래서 천적으로부터 자신을 지키는 독이 강한 식물이 그렇지 못한 식물보다 잘 살아남게 되어 자손을 많이 퍼뜨리면 결국 더더욱 강한 독을 가지는 식물로 진화하게 됩니다.

식물의 독은 몸 전체에 퍼져 있기도 하고 뿌리나 잎, 열매, 씨앗 등에 집중되어 있기도 합니다. 그중에서도 씨앗에 독을 품는 식물이 많은데, 씨앗이 자손을 남기는 직접적인 매개체이기 때문에 다른 동물이 먹지 못하도록 하기 위해서입니다. 씨앗에는 식물의 어린싹이 나올 때 사용할 영양분이 가득합니다. 동물의 입장에서 보면 탐이 나는 먹이죠. 그래서 동물은 씨앗을 호시탐탐 먹으려고 하고, 식물은 그런 동물로부터 씨앗을 지키기 위해 양분과 함께 독을 만들어두는 경우가 많습니다.

어떤 식물이 씨앗에 가장 강한 독을 가지고 있을까요? 놀랍게도 우리 주변에서 흔히 볼 수 있으며, 다양한 용도로 오래전부터 쓰인 피마자의 씨앗입니다. 아주까리라고도 부르는 피마자는 아프리카와 인도가 원산지로 오늘날 열대지방 전체에 널리 퍼져 자라며, 많은 사람이 심어 기르고 있습니다. 피마자는 '세계에서 가장 유독한 식물'로 기록되어 있는데, 피마자의 씨앗에 아주 적은 양으로도 사람을 죽일 수 있는 독이 들어 있어서입니다.

피마자의 씨앗에 들어 있는 독의 실체는 리신ricin이라는 물질입니다. 리신은 미국 질병통제예방센터에서 분류한 생화학테러 물질이며, 전 세계적으로 생물무기금지협약 규제 목록에 올라와 있습니다. 과거 제1, 2차 세계대전 당시 각 나라는 리신을 무기화하기 위해 많은 실험을 했고, 결과적으로 사람을 암살하는 데에 사용되기도 했습니다. 그래서 지금까지 있었던 많은 사건의 중심에 리신이 있었습니다.

그중에서도 가장 널리 알려진 사건은 1978년 영국 런던에서 일어난 암살 사건입니다. 불가리아 정부를 반대하던 조지 마르코프는 런던의 버스정류장에서 불가리아의 비밀경호국 요원에게 우산 끝에 다리를 찔려 살해를 당했습니다. 알고 보니 그 우산은 우산을 가장한 무기였으며, 그 끝에 리신을 넣은 작은 알갱이가 들어 있었다고 합니다. 그 알갱이는 지름이 1.7mm로 눈에 거의 보이지 않을 만큼 작았지만, 그 안에 들어 있던 리신은 그 만큼의 양으로도 사람을 죽이기에 충분했죠. 마르코프는 허벅지 뒤쪽에 벌레에 물린 것 같은 통증을 느꼈고, 그날 밤부터 열이 났으며 결국 4일 만에 사망하고 말았습니다.

또 2013년에는 미국의 대통령 버락 오바마 앞으로 리신이 들어 있는 편지가 배달되어 테러 경계령이 내려지기도 했습니다. 범인은 오바마 대통령 외에도 상원의원이나 판사에게 같은 편지를 보냈다가 생물학적 무기 사용 시도 혐의로 붙잡혀 25년 형을 받고 감옥에 가게 되었습니다. 이 외에도 누군가를 살해하거나 위협할 목적으로 리신을 사용한 사례는 많으며, 리신은 어떤 이유에서건 소지하고 있는 것만으로도 체포의 대상이 됩니다.

리신이 이토록 무시무시한 사건에 등장하는 이유는 이 물질이 우리 몸속에 들어오면 생명을 유지하는 데 필수적인 단백질이 세포에서 만들어지지 못하기 때문입니다. 리신이 단백질 합성을 방해하는 것이죠. 그래서 리신이 우리 몸에 들어오게 되면 경로에 따라 약간의 차이는 있지만 대체로 기침과 열이 나고 구토나 설사, 출혈 등이 일어나다가 결국엔 사망에 이르게 됩니다. 가루로 만든 리신이 눈에 닿거나 피부에 묻게 되어도 이런 증상이 나타납니다.

가장 치명적인 진드기

이렇게 위험한 리신을 만들어 씨앗에 품고 있는 피마자는 대체 어떤 식물일까요? 앞에서도 잠깐 언급했지만, 피마자는 우리 주변에서 흔하게 볼 수 있는 식물입니다. 번식력이 좋기도 하거니와 사람들은 일부러 피마자를 심어 기르죠. 그 이유는 피마자가 여러모로 아주 유용한 식물이기 때문입니다. 인류 문명이 발생하던 기원전 4,000년경의 이집트 무덤에서도 피마자 씨앗이 나온 것으로 보아 인류는 그 역사의 시작을 피마자와 함께했다고도 볼 수 있습니다. 아마도 그 옛날부터 사람들은 피마자 씨앗에서 얻는 기름인 피마자유를 램프의 연료나 화장품, 의약품으로 썼을 것으로 보입니다. 피마자 씨앗은 다른 어떤 식물의 씨앗보다도 많은 기름을 추출할 수 있기 때문에 인간의 선택을 받았던 것이죠.

오늘날에도 피마자유는 많은 분야에서 다양한 용도로 쓰입니다. 피마자유는 금속이 부딪히는 것을 방지하기 위한 윤활제, 상처를 치유하는 연고, 램프의 연료 외에 여러 화학 분야의 원료로 사용됩니다. 또 사람들은 피마자의 어린잎을 말려서 나물로 먹기도 하고, 씨앗을 구슬처럼 가지고 놀기도 합니다. 이렇듯 피마자가 가지고 있는 치명적인 독성에 반해, 사람들은 피마자를 생활에 널리 쓸 뿐 아니라 그리 무서워하지도 않습니다. 더구나 피마자를 심어 기르는 것도 불법이 아니며, 피마자유는 아주 쉽게 구입할 수 있는 상품이기도 합니다. 피마자 씨앗에 들어 있는 리신을 가지고 있는 것만으로도 체포가 되는 것과는 너무 다른 상황이죠.

이것은 피마자가 씨앗에만 독성이 있고, 씨앗에서 기름을 추출할 때 단백질인 리신이 기름에 녹아 나오지 않기 때문입니다. 또 리신은 80℃ 이상으로만 가열하면 파괴되기 때문에 기름을 추출할 때 열을 가하면 독성은 쉽게 사라집니다. 널리 쓰는 피마자유에 독성이 없다면 씨앗 자체의 독성은 어떨까요? 사람이 씨앗을 그대로 삼킨다면 리신 중독 증상이 나타날까요?

리신은 피마자의 씨앗 중에서도 어린싹이 먹고 자라는 영양분인 배젖에 들어 있습니다. 그리고 어린싹과 배젖을 감싸고 있는 피마자 씨앗의 껍질은 사람의 장에서 대부분 소화되지 않고 그대로 배출되기 때문에 모르고 피마자 씨앗을 삼켰다고 해도 크게 문제가 되지 않는다고 합니다. 그렇다고 안심하는 것은 금물입니다. 피마자 씨앗을 씹어서 삼키는 경우는 그 안에 들어 있는 리신과 접촉하는 행위이기 때문에 위험합니다. 그래서 성인이 피마자 씨앗을 5~20개 씹어 먹게 되면 치명적이라고 합니다.

피마자 열매는 가시처럼 생긴 돌기가 잔뜩 달린 주머니 3개로 이루어져 있으며, 각 주머니에는 씨앗이 1개씩 들어 있습니다. 씨앗의 모양은 마치 진드기가 동물의 몸에 붙어 피를 잔뜩 빨아 먹은 후의 모습처럼 생겼습니다. 그래서 피마자의 이름을 지었던 칼 폰 린네(식물의 명명법을 고안해낸 식물학자)는 이 씨앗의 모습을 보고 피마자의 속명을 리시누스*Ricinus*라고 지었습니다. 라틴어로 진드기라는 뜻입니다. 피마자는 진드기처럼 생긴 씨앗을 아무도 먹지 않기를 희망하며 리신이라는 강한 독을 배젖에 넣어두었습니다. 단 1g으로 성인 14명을 죽게 할 수 있는 리신은 피마자의 씨앗 속에서 어린싹이 무사히 세상에 뿌리를 내리고 클 수 있도록 보호하고 있는 것이죠. 진드기 같은 피마자 씨앗은 그것을 먹는 동물에게는 치명적일 수 있지만, 그럴수록 피마자는 자손을 번성시킬 수 있었습니다.

피마자의 아름다운 라이벌

홍두 *Abrus precatorius*

피마자에 버금가는 독을 가진 식물로는 '빨간 콩'이라는 뜻의 홍두가 있습니다. 홍두는 아프리카의 열대지방을 비롯해 여러

나라에 널리 퍼져 사는 식물로 홍두가 맺는 빨간색 바탕에 검은색 점이 있는 열매 콩은 독성이 강하기로 유명합니다. 홍두는 그 씨앗을 1개만 씹어서 먹게 되더라도 어른과 어린이 모두에게 중독 증상인 설사나 구토, 복통, 발작을 일으킬 수 있다고 합니다.

홍두에 들어 있는 독은 아브린abrin이라는 물질로, 이것은 피마자의 리신과 마찬가지로 세포에서 단백질이 만들어지는 것을 막아 사람의 생명에 위협을 줍니다. 아브린은 리신보다 더 강한 독성을 가지고 있다고 보기도 하지만, 피마자 씨앗에 비해 홍두는 크기가 작고 씨껍질이 두꺼워서 일반적으로 사람이 실수로 먹더라도 장에서 소화되지 않고 배출되어 단순히 먹는 것만으로는 크게 위협적이지 않습니다. 하지만 피마자의 경우와 마찬가지로 씨껍질 안쪽에 독성이 있어서 씨앗을 씹어서 먹는 것은 아주 위험한 행동이 되죠.

홍두가 유명해진 것은 독성 때문이기도 했지만 그보다는 무게 단위로서의 쓰임과 아름다움 덕분입니다. 홍두의 두꺼운 씨껍질은 물을 투과하지 않아서 다양한 습도에서도 씨앗 무게가 0.1215g으로 일정하게 유지됩니다. 그래서 홍두 씨앗은 예로부터 인도인들에게 금이나 은, 보석의 무게를 재는 용도로 사용되었죠.

그리고 홍두 씨앗은 아름다운 색을 가지고 있어서 보석 대용으로 쓰였습니다. 일반적으로 새는 빨간색에 예민하기 때문에 홍두의 씨앗은 이를 먹고 퍼트려 주는 새들의 선택을 받을수록 점점 더 선명한 빨간색을 띄게 되었습니다. 결국 이 색깔은 새뿐만 아니라 인간의 눈에도 띄게 되었고, 인간들은 홍두 씨앗에 구멍을 뚫어 팔찌나 목걸이 같은 장신구를 만들었습니다. 하지만 두꺼운 씨껍질 때문에 안전했던 홍두 씨앗은 씨앗에 구멍을 뚫는 과정에서 아주 위험한 물질로 변했습니다. 씨껍질에 감추어져 있던 아브린이 밖으로 나오게 된 것이죠. 결국 씨앗을 뚫다가 실수로 손가락을 찔린 사람들은 아브린에 중독되어 병에 걸리거나 죽게 되었습니다. 또 2011년 영국에서는 한 업체가 홍두 씨앗을 뚫어 엮은 팔찌 2,800개를 판매했다가 뒤늦게 홍두 씨앗의 위험성을 알고 팔려나간 팔찌를 모두 회수하는 사태가 벌어지기도 했습니다. 새들에게는 안전할지 모르지만 홍두는 인간에게는 아름답고도 치명적인 보석인 것입니다.

위험한 나무 ✣× 맨치닐

✣ 세계에서 가장 위험한 나무, 맨치닐.
나무를 태운 연기만으로도 피부염과 실명을 일으킨다.
그래서 '죽음의 나무'라 부른다.

Hippomane mancinella

죽음의 나무

지금으로부터 500여 년 전인 1513년 3월 3일, 스페인의 폰세 데 레온은 물에 몸을 담그면 젊어진다는 전설 속의 샘을 찾아 푸에르토리코를 떠나 항해를 시작했습니다. 그로부터 한 달 후, '젊음의 샘'이 있는 섬이라 생각했던 곳에 정박한 그는 그곳이 드넓게 펼쳐진 평야에 풀과 나무만이 가득한 땅이라는 것을 알아차렸죠. 그는 그 땅에 '꽃이 만발한 곳'이라는 뜻의 라 플로리다La Florida라는 이름을 지어주었습니다. 바로 이곳이 오늘날 미국의 가장 남동쪽에 위치해 있으며, 우리나라처럼 반도로 이루어진 플로리다입니다.

이로써 유럽인으로서는 가장 처음으로 아메리카 대륙을 발견한 폰세 데 레온은 플로리다의 해안을 따라 여러 곳을 탐험했지만 결국 '젊음의 샘'을 찾지 못한 채 그다음 해 스페인으로 돌아갔습니다. 그래도 플로리다라는 새로운 땅을 찾았다는 성과에 스페인 국왕은 그를 플로리다의 총독으로 임명했고, 1521년 그는 플로리다에 식민지를 개척하라는 명을 받고 다시 그곳으로 향했습니다. 하지만 그때까지 성공으로만 이루어졌던 많은 탐험과는 다르게 그는 플로리다에 도착한 지 얼마 되지 않아 그곳의 원주민들과 싸우다 허벅지에 화살을 맞았고, 플로리다의 바로 아래에 위치한 쿠바로 피신했다가 결국 그때의 부상으로 사망하고 말았습니다.

그 당시 플로리다의 원주민들은 자꾸만 침입해오는 유럽인들에 맞서 독화살을 준비해두었는데, 그 화살에는 플로리다의 해안을 따라 자라는 나무의 수액이 묻어 있었습니다. 원주민들은 동물을 사냥할 때도 이 수액을 이용했으며, 이는 주변에서 쉽게 얻을 수 있는 가장 강력한 독이었습니다. 바로 플로리다에 자생하는 맨치닐manchineel이라는 나무의 수액[1]이었죠. 맨치닐은 2011년 기네스북의 '세계에서 가장 위험한 나무' 부문에 이름을 올린 식물입니다.

맨치닐은 미국 플로리다와 카리브해 연안을 비롯해 중앙아메리카 열대지역의 해안에 사는 나무로, 식물의 모든 부분에 아주 강한 독을 가지고 있습니다. 식물 전체에 있는 흰색을 띤 수액은 피부에 닿기만 해도 물집이 생기게 하고, 눈에 닿으면 며칠 동안의 실명을 일으킵니다. 이런 증상은 나뭇가지나 잎을 만져도 마찬가지입니다. 어떤 사람은 모기를 쫓으려고 맨치닐 나뭇가지를 꺾어 흔들었다가 수액이 얼굴에 튀어 피부에 온통 물집이 생기고 사흘 동안 눈이 멀었다고 합니다. 그래서 맨치닐 나무의 옆에는 항상 "만지지 마시오!"라는 푯말이 세워져 있습니다.

더욱 맨치닐 수액은 물에 녹는 성질이 있어서 비가 올 때 나무 아래에 있다가는 '맨치닐 수액비'를 맞게 되기 때문에 매우 위험합니다. 만약 비 오는 날 맨치닐 나무 아래에 자동차를 세워두면 자동차 도색이 벗겨질 수도 있다고 합니다. 맨치닐 나무

1 수액은 식물체 안에 들어 있는 액체를 총칭하는 말로, 주로 물관과 체관 및 세포의 액포라는 기관에 들어 있습니다. 우리나라에서는 고로쇠나무의 수액을 채취해 마시기도 하지만 모든 식물의 수액을 마실 수 있는 것은 아닙니다.

를 태울 때 나는 연기도 위험해서 잘못해서 이 연기를 마시게 되면 후두염과 기관지염이 생기고, 연기가 눈에 들어가기라도 하면 역시나 앞이 안 보이는 경험을 하게 됩니다. 정말 무시무시하죠.

그런데 이 같은 독성은 맨치닐의 열매에도 들어 있습니다. 작은 연두색 사과처럼 생긴 맨치닐 열매는 스페인어로 '죽음의 사과manzanilla de la muerte'라고 하는데, 이 열매를 먹게 되면 죽음에 이르는 고통을 느끼게 된다고 합니다. 하지만 독성과는 어울리지 않게 맛있는 냄새가 나고, 심지어 그 맛은 달콤하기까지 합니다. 그래서 맨치닐의 위험성이 많이 알려지지 않았을 때에는 해안을 산책하던 사람들이 열매를 맛보는 경우가 많았으며, 열매를 무심코 한 입 베어 물었던 사람은 입안이 찢어지는 고통과 함께 식도에 극심한 통증을 느꼈다고 합니다. 이 고통은 몇 시간 동안이나 이어지며 많은 양을 먹게 되면 죽음에 이를 수 있다고 합니다.

맨치닐을 이렇게 무시무시한 나무로 만든 것은 이 식물에 들어있는 포르볼phorbol과 히포마닌hippomanin, 만시넬린mancinellin, 피소스티그민physostigmine 등의 독소 때문입니다. 이 독소들은 빠른 시간 안에 피부염, 호흡장애, 일시적 실명, 구토, 출혈 등을 일으키며 장기적으로는 암 발생 및 암세포 성장을 촉진하는 것으로 알려져 있습니다.

이구아나만 허용한 실수

도대체 맨치닐은 왜 이렇게 강한 독을 품어야만 했을까요? 물론 식물은 본디 천적이 나타났을 때 도망칠 수 없는 자신을 보호하기 위해 날카로운 가시나 강력한 독을 가집니다. 그리고 그 전략이 효과적일수록 식물의 가시와 독은 더 날카롭고 강력한 방향으로 진화하게 되죠. 하지만 그렇다고 하더라도 맨치닐처럼 너무 강한 독을 가지면 어느 동물도 근처에 가지 않을 뿐만 아니라 맨치닐의 열매를 먹고 씨앗을 퍼뜨려 줄 동물도 없게 됩니다. 이는 생존과 번성에 좋은 영향을 주지 않습니다. 그렇다면 맨치닐은 왜 이러는 걸까요? 그리고 어떻게 지금까지 자손을 퍼트릴 수 있었을까요?

답은 한 이구아나에 있습니다. 유일하게 '검은 가시꼬리 이구아나*Ctenosaura similis*'가 맨치닐의 독성에 면역이 있어 나뭇가지 위로 올라갈 수도, 열매를 먹을 수도 있다고 합니다. 그럼 맨치닐의 열매에서 나는 맛있는 냄새와 맛은 오직 이 이구아나만을 위한 것일까요? 물론 중앙아메리카 지역에서는 검은 가시꼬리 이구아나가 맨치닐의 열매를 먹고 씨앗을 퍼뜨려 준다고 합니다. 하지만 미국 남동부의 플로리다에는 이 이구아나보다 맨치닐이 먼저 살고 있었습니다. 즉 플로리다에 맨치닐이 번식할 수 있었던 것은 검은 가시꼬리 이구아나의 도움으로 가능했던 것이 아니죠.

플로리다에 맨치닐을 살 수 있게 해준 것은 다름 아닌 바다였습니다. 해안에 떨어진 맨치닐 열매가 바다의 해류를 따라 여러 해안의 이곳저곳으로 퍼지게 된 것입니다. 그래서 검은 가시꼬리 이구아나가 없었던 플로리다의 해안에도 맨치닐이 건너와 자리를 잡을 수 있었습니다. 맨치닐은 동물과 바다, 이 두 가지 방법으로 번식하는 식물인 것입니다.

그러나 여전히 맨치닐이 왜 이렇게 극단적인 독을 가졌는지는 의문입니다. 맨치닐의 줄기나 잎은 초식동물을 방어하기 위해 독성을 나타낸다고 하더라도, 열매는 많은 동물이 먹고 씨앗을 퍼뜨릴 수 있도록 독성이 없어도 좋았을 텐데 말이죠. 이에 대해 플로리다의 식물을 오래 연구했던 식물연구가이자 맨치닐의 독성을 직접 겪어보고자 그 수액을 자신의 손목에 떨어뜨려 보았던 로저 해머는 이렇게 말했습니다. 맨치닐이 그렇게 강한 독성을 갖게 된 것은 동물이 자신을 먹어치우는 것을 막아야 했던 과거의 어느 시점에서 어쩌다 생긴 생물학적 실수 같은 것이라고 말입니다.

맨치닐은 이 '실수'로 이구아나 한 종류를 제외한 다른 동물을 이용해서는 자신의 씨앗을 퍼뜨릴 수 없게 되었습니다. 하지만 바다의 해류를 따라 씨앗이 퍼질 수도 있었기에 이는 그렇게까지 심각한 '실수'가 아니었고, 맨치닐은 강한 독을 가진 채 지금까지 살아왔던 것입니다. 그저 몇몇 초식동물을 막으려 했던 맨치닐은 어쩌다 생긴 강한 독으로 세계에게 가장 위험한 나무가 되고 말았죠.

생태학적 가치

플로리다의 사람들은 한때 이 위험한 맨치닐을 야생에서 모조리 제거하려고 했습니다. 왜냐하면 관광지로 유명한 플로리다에서 수많은 사람이 이 나무 때문에 해를 입었기 때문입니다. 아름다운 해안을 감상하던 관광객들이 무심코 맨치닐의 줄기를 만지거나 맛있어 보이는 열매를 먹었다가 응급실에 가는 일도 많았으며, 갑자기 쏟아지는 비를 피하기 위해 맨치닐 나무 아래에 서 있다가 온몸에 물집이 생기는 경험을 했죠. 그래서 플로리다에서는 맨치닐을 제거해 관광객들이 안전하게 찾을 수 있는 관광지를 만들고자 했습니다. 이런 이유와 함께 서식지가 되는 해안의 침식이 진행되면서 현재 플로리다에서는 맨치닐이 멸종위기에 처한 식물이 되었습니다.

하지만 그 옛날 플로리다 원주민을 비롯한 많은 사람에게 맨치닐은 유용한 식물이었습니다. 맨치닐은 해안에서 바람을 막아주는 방풍림으로 훌륭했으며 맨치닐의 뿌리는 모래가 쓸려 내려가는 것을 막아주었습니다. 또 맨치닐의 목재는 단단해서 배나 가구를 만들 때도 사용되었습니다. 물론 이때에는 조심스럽게 나무를 자른 다음 오랜 시간 햇볕에 말려 독한 수액을 중화한 후 사용했죠. 그리고 맨치닐의 나무껍질과 열매, 씨앗도 풍토병을 치료하는 데에 쓰이곤 했습니다.

맨치닐이 멸종위기에 처하자 이제 사람들은 이 나무를 보호하려고 합니다. 맨치닐 제거 작업을 멈추고 나무마다 주의 문구를 적은 푯말을 달아 관광객들에게 적극적으로 위험성을 알리고 있죠. 사실 독성 여부와 관계없이 모든 식물은 생태학적으로 가치를 가지고 있기에 보호되어야 합니다. 또 맨치닐은 다른 생물과 마찬가지로 생물의 다양성을 위해서라도 보존되어야 합니다. 그런 의미에서 이제라도 맨치닐을 보호하려는 사람들의 움직임은 참으로 다행입니다. 인간에게는 더없이 유독하기만 한 생물이라도 그것을 인위적으로 멸종시킬 수 있는 권한은 아무에게도 없으니까요.

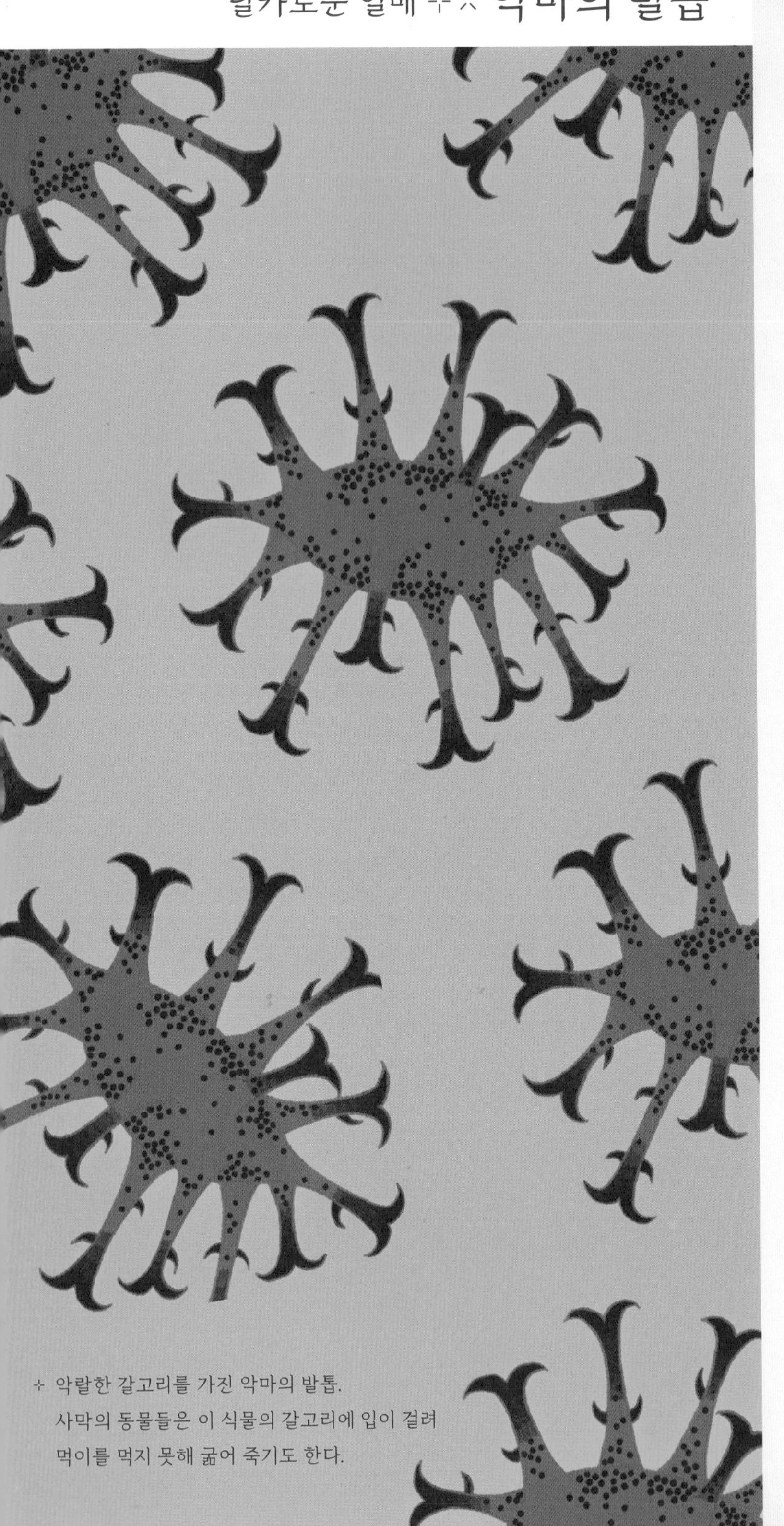

Harpagophytum procumbens

+ 악랄한 갈고리를 가진 악마의 발톱.
사막의 동물들은 이 식물의 갈고리에 입이 걸려
먹이를 먹지 못해 굶어 죽기도 한다.

악랄한 무임승차꾼

식물은 씨앗을 멀리 퍼뜨리기 위해 수단과 방법을 가리지 않습니다. 그중에서도 움직일 수 없는 자신들과는 달리 자유로이 이동이 가능한 동물을 이용한 전략을 꾸준히 개발해왔죠. 대표적인 예가 열매에 맛있는 과육을 만들어 동물이 먹도록 한 다음 그 안에 있는 씨앗을 퍼뜨리는 전략입니다. 동물은 영양가 높은 과육을 먹는 대가로 멀리 이동한 뒤에 배설함으로써 씨앗을 퍼뜨려 주었습니다.

그런데 어떤 식물은 과육이 아닌 씨앗 자체를 동물이 먹게 하는 방법을 쓰기도 합니다. 이 경우 동물이 씨앗을 씹어서 깨버리거나 몸속에서 소화해버리기 때문에 식물이 손해만 보는 게 아닐까 싶지만, 이는 작은 것을 내어주고 큰 것을 얻어내는 식물의 지혜가 들어 있는 전략입니다. 예를 들어 가을이 되면 다람쥐는 도토리와 밤, 잣 등의 씨앗을 열심히 까서 먹는데, 먹기만 하는 게 아니라 추운 겨울을 대비하기 위해 땅속에 묻어 저장도 합니다. 하지만 너무 여러 곳에 묻어둔 탓에 그 장소들을 다 기억하지 못한 채 다람쥐는 겨울을 보내고 말죠. 그리고 다시 봄이 되면 다람쥐의 건망증 덕분에 땅속에서 안전히 겨울을 난 씨앗에서 싹이 트고 잎이 납니다. 씨앗을 가져다가 땅에 잘 묻어주기까지 했으니 식물은 다람쥐에게 씨앗 몇 개쯤 내어주어도 되지 않을까요?

이처럼 식물은 맛있는 먹이로 동물을 불러들여 씨앗을 퍼뜨리는 전략을 많이 씁니다. 하지만 몇몇 식물은 아무것도 내어

주지 않고 지나가는 동물에 몰래 달라붙어 씨앗을 퍼뜨리기도 합니다. 이들은 맛있는 과육이나 씨앗 대신 날카로운 갈고리와 가시를 준비해두죠. 우리가 산이나 들에 나가 다니다 보면 옷과 양말 여기저기에 도깨비바늘*Bidens bipinnata*이나 도꼬마리*Xanthium strumarium*, 우엉*Arctium lappa*, 미국가막사리*Bidens frondosa*의 열매가 붙어 있는 걸 볼 때가 있는데 이것들이 그런 무임승차꾼들의 열매입니다.

하지만 이러한 방법을 쓰는 식물 중에서도 가장 악랄한 무임승차꾼은 따로 있습니다. 바로 생김새와 딱 맞아떨어지는 이름을 가진 악마의 발톱Devil's claw입니다.

악마의 발톱은 남아프리카의 나미비아와 보츠와나, 남아프리카공화국에 걸쳐 있는 칼라하리 사막에 사는 식물입니다. 사막의 거친 모래땅에 뿌리를 깊게 내리고 땅에 바짝 엎드려서는 최대 2m까지 옆으로 뻗으며 살아가죠. 이 식물은 분홍색 나팔처럼 생긴 꽃을 피우는데, 꽃은 아름답지만 꽃이 지고 난 후 맺는 열매는 많은 사람을 두렵게 만들곤 합니다. 맨발로 모래 위를 걷다가 모르고 이 열매를 밟으면 마치 악마가 발톱으로 할퀴는 것 같은 극심한 고통을 느끼게 되거든요. 이 열매는 어른의 주먹보다도 크기가 크며, 가운데에서 사방으로 뻗어나가는 길쭉한 가시와 갈고리가 있습니다. 그래서 열매의 어느 방향으로 닿든 갈고리가 사정없이 우리의 발에 박히게 됩니다.

악마의 발톱은 이렇게 동물의 몸에 열매를 박히게 만들어 그 안에 있는 씨앗을 멀리 이동시킵니다. 물론 발에 털이 수북하게 난 동물은 발바닥이 아닌 털에 갈고리가 걸릴 수도 있지만 운이 없다면 맨살에 갈고리가 박히고 말죠. 앞서 소개했듯 이 식물은 아프리카의 사막 지역에 삽니다. 척박한 사막을 지나던 동물들은 운 나쁘게도 이 열매에 다쳐 피를 흘리거나 상처를 입곤 합니다. 또한 먹이를 찾기 위해 땅 가까이 입을 대고 다니다가 열매에 달린 갈고리와 입이 서로 엉켜 더 이상 먹이를 먹지 못해 굶어 죽는 경우도 있다고 합니다. 개중에 배고픔을 이기지 못한 동물은 갈고리에 입이 찢기는 고통을 참아가며 입을 벌리기도 하죠.

함께했던 매머드는 사라지고

악마의 발톱은 왜 이렇게 악랄한 방법으로 자신의 씨앗을 퍼뜨리는 것일까요? 열매를 옮겨주는 동물을 아프게 하면서까지 이런 방법을 쓴다는 것이 쉽게 이해가 가지 않습니다. 오히려 열매가 동물의 발에 박히면 그 동물은 멀리 가지 못한 채 고통을 느끼며 그 자리에 주저앉아 버릴지도 모를 텐데 말입니다. 하지만 악마의 발톱이 처음부터 이렇게 악랄한 식물은 아니었습니다.

원래 악마의 발톱은 소나 양, 그 밖의 사막의 작은 동물들에 무임승차하던 식물이 아닙니다. 그들보다 훨씬 거대한 동물들의 털에 붙거나 발바닥의 주름에 끼어 이동했었죠. 여기서 거대한 동물이란 거대동물megafauna이라 부르는 동물군으로 신생대 제4기의 플라이스토세(지질시대를 1년으로 바꾸면 12월 31일 밤 8시 34분부터 11시 58분까지)에 살았던, 매머드와 같이 덩치 큰 동물들을 말합니다. 그들에게 악마의 발톱은 그리 위협적이지 않았습니다. 사람에게 도깨비바늘 열매가 붙는 것 정도였죠. 하지만 한때 악마의 발톱과 같은 풍경에 있었던 거대동물들은 지금은 멸종되어 사라져버렸고, 악마의 발톱만 덩그러니 남아 있게 되었습니다. 악랄한 무임승차꾼이라는 억울한 별명과 함께 말이죠.

현재 남아프리카에서 악마의 발톱 씨앗을 주로 퍼뜨리는 동물은 타조입니다. 타조의 발은 아주 두꺼운 피부로 덮여 있으며, 발굽에 악마의 발톱이 걸린다고 해도 우리가 상상하는 것만큼 큰 고통을 느끼지는 않습니다. 타조는 발굽에 열매를 달고 멀리 이동한 뒤 강인한 발로 열매를 부수어 그 안에 있는 씨앗이 밖으로 나올 수 있게 해줍니다.

통증을 억제하는 약

칼라하리 사막을 걷다가 악마의 발톱 열매를 만나면 갈고리에 걸리지 않게 피해 다녀야 하지만 사실 악마의 발톱은 많은 사람에게 환영받는 식물입니다. 오히려 사람들은 악마의 발톱을 보호하고 키우고 있으며, 허가 없이 악마의 발톱을 뽑기라도 하면 법의 처벌을 받기도 합니다. 이것은 악마의 발톱이 악랄한 무임승차꾼보다는 탁월한 효과를 지닌 약으로 더 유명하기 때문입니다.

악마의 발톱은 칼라하리 사막에 사는 원주민인 부시맨이 소화불량에서부터 감염과 염증, 발열, 알레르기 반응에 이르는 다양한 질병을 치료하기 위해 수천 년 전부터 사용해오던 약입니다. 특히 부시맨들은 하루에도 수십 킬로미터를 걸어 다니는 수렵 생활을 하기 때문에 관절에 무리가 생길 수 있지만 악마의 발톱을 매일 먹는 식습관 덕분에 관절염이 생기지 않는다고 합니다. 그뿐만 아니라 악마의 발톱은 여러 가지 통증을 없애주고, 상처를 치유하며, 류머티즘과 고혈압에도 좋다고 알려져 있고, 신장과 위, 간 등에 생기는 질환에도 효과가 좋다고 합니다.

1900년대 초반 남아프리카에 머물렀던 한 독일인이 부시맨들이 마시는 악마의 발톱 차를 눈여겨보고 이를 독일로 보내 과학자들과 연구한 끝에 위와 같은 이 식물의 여러 가지 효능을 밝혀냈습니다. 이 효능은 1960년에 이르러 많은 사람에게 알려졌으며, 오늘날 악마의 발톱은 관절염과 통증을 억제하는 약으로 전 세계 사람들에게 각광을 받고 있습니다.

악마의 발톱에서 약효가 나는 부위는 땅속으로 뻗은 덩이줄기입니다. 악마의 발톱은 메마른 모래땅에서 살아가기 위해 고구마처럼 생긴 덩이줄기를 땅속으로 깊게 뻗어 물과 양분을 저장하며 살죠. 사막에 비가 오지 않는 건기가 찾아오면 땅 위에 있는 줄기과 잎은 말라 죽게 되어도 땅속의 덩이줄기는 살아남아 다시 싹을 틔울 수 있습니다. 하지만 이 덩이줄기의 효능이 알려질수록 사람들은 땅을 파헤쳐 덩이줄기를 무분별하게 채취했고, 결국 칼라하리 사막에서 악마의 발톱은 멸종위기종이 되어버렸습니다. 더구나 악마의 발톱은 재배가 쉽지 않아서 야생의 개체들은 순식간에 사라져갔습니다.

상황이 이렇게 되자 칼라하리 사막 주변의 나라들은 상업적으로 큰 수입원이 되는 악마의 발톱을 보호하기 위해 노력을 크게 기울이고 있습니다. 그들은 먼저 악마의 발톱이 어느 곳에 얼마큼 살고 있는지 조사한 후 덩이줄기와 열매 및 씨앗의 생산량과 서식환경을 분석해 다양한 방법의 보호조치를 구축하고 있습니다. 그리고 덩이줄기를 어느 정도 남겨두고 수확했을 때 식물이 죽지 않고 살아남을 수 있는지 연구하며, 씨앗을 발아시켜 재배하는 방법도 연구하고 있죠. 사람들의 노력으로 현재 악마의 발톱은 엄격한 관리 아래 멸종되지 않고 살아남아 있습니다.

악마의 발톱은 열매를 무심코 밟은 동물에게 큰 고통을 가져다줄 수 있지만, 덩이뿌리가 가진 진통 효과로 그 고통을 상쇄시킬 수 있는 아이러니한 식물입니다. 병도 주고 약도 주는 것처럼 말입니다. 악마의 발톱에 탁월한 효능이 있지 않았다면, 인간은 진작에 모두 뽑아 없앴을지도 모릅니다. 이제 악마의 발톱은 자신의 씨앗을 퍼뜨려 줄 먼 과거의 거대한 동물들을 그리워하지 않아도 됩니다. 거대한 동물들 대신 이제는 인간이 악마의 발톱 씨앗을 직접 옮기고 심어 길러주기까지 하니까요. 그래서 어쩌면 먼 훗날 악마의 발톱 열매에는 기능은 잃은 채 흔적으로만 남은 갈고리가 있을지도 모릅니다. 대신 크기가 더 크고 효능은 더 뛰어난 덩이줄기를 단 채 살고 있지 않을까요. 외로운 사막 한가운데가 아닌 촘촘한 밭에서 말이죠.

우리나라의 무임승차꾼

남가새 *Tribulus terrestris*

우리나라 제주도와 남부지방의 바닷가 모래밭을 맨발로 다니다가 발바닥을 찌르는 듯한 아픔에 주저앉았던 적이 없나요? 이럴 때 발바닥을 살펴보면 1cm 정도 길이의 뾰족한 물체가 발바닥에 박혀 있는 걸 보게 될 겁니다. 이것은 남가새라는 식물의 열매로, 겉에는 가시로 된 털과 함께 뾰족한 돌기들이 돋아나 있습니다. 남가새도 악마의 발톱처럼 동물의 몸에 열매를 붙여 씨앗을 퍼뜨리는 전략을 쓰는 식물이죠.

남가새는 전 세계적으로 열대 및 온대 지역에 널리 분포하는 식물로 메마른 모래땅에 납작 엎드려 살아갑니다. 날카로운 가시를 가진 열매가 발에 밟힐 수 있어 일부 지역에서는 유해한 잡초로 지정되어 있지만, 이걸 다행이라고 해야 할지 우리나라에서는 산림청이 지정한 멸종위기종에 속합니다. 즉 그렇게 쉽게 만날 수는 없습니다.

남가새라는 이름은 '납가싀'에서 온 것으로 '가싀'는 우리 옛말로 가시를 뜻하며, 남가새의 한자명인 질려蒺藜의 '질'은 마름쇠를 뜻합니다. 마름쇠란 철을 구부려 만든 무기의 일종으로 대체로 가시 4개를 구부려서 바닥에 놓아 사용합니다. 그러면 바닥에 놓인 마름쇠의 가시 3개는 바닥을 향하게 되고 나머지 1개는 하늘을 향하게 되면서 사람이나 말이 지나갈 때 발에 밟혀 다치게 되는 것이죠. 남가새 열매는 다 익으면 조각조각 5개로 쪼

개지는데, 이 조각들이 마름쇠를 닮았습니다. 또한 남가새가 맺는 이 마름쇠 모양 열매도 가시 중 적어도 하나는 위를 가리키고 있어 동물이 밟게 되면 가시와 함께 씨앗도 발에 박힌 채로 이동하게 됩니다.

갈고리와 가시의 악랄함 정도가 약간 다르기는 해도 악마의 발톱과 남가새는 이 같은 전략은 환경에서 비롯되었습니다. 척박한 모래땅에 엎드려 살아가느라 영양가 있는 열매를 맺을 수가 없었던 거죠. 그러니 동물을 맛과 향으로 유혹해 씨앗을 퍼트리게 만들 수 없었고, 대신 갈고리와 가시를 만들어 동물의 몸에 몰래 무임승차할 수밖에 없었죠. 그래서 그들의 열매가 가혹하리만큼 악랄해 보일 수 있지만, 그렇다고 여기에 동물을 헤치려는 의도가 있는 건 아닙니다. 다만 그들은 거대동물들과 함께 살았던 오래전의 모습을 그대로 유지한 채 지금을 살고 있을 뿐입니다. 오히려 거대동물들이 사라진 지금에도 멸종되지 않고 살아남아 있다는 게 대견할 따름입니다.

신기하게도 악마의 발톱과 남가새의 공통점들이 또 있습니다. 우선 남가새도 악마의 발톱처럼 탁월한 효능을 가진 약재로 유명하다는 것입니다. 남가새의 열매와 뿌리에는 인삼에 있는 걸로도 유명한 진세노사이드, 즉 사포닌이 많이 함유되어 있습니다. 그래서 자양강장제로 효과적이며 염증을 제거하고 혈압을 낮추는 효능이 있는 것으로 알려져 있습니다.

또 악마의 발톱처럼 덩이줄기를 뻗지는 않지만 남가새도 척박한 곳에서 살아가기 위해 땅속으로 물을 찾아 2m 이상 깊게 뻗는 뿌리가 있습니다. 더구나 남가새의 뿌리는 다른 식물들에 비해 같은 양의 물이라도 더 효율적으로 흡수할 수 있다고 합니다.

이처럼 비슷한 환경에 처한 식물들은 비슷한 모습과 습성을 갖는 경우가 있습니다. 악마의 발톱과 남가새 모두 척박한 모래땅에서 살아가다 보니 열매에는 갈고리와 가시를 만들어두고, 땅속으로는 물을 흡수하기 위한 덩이줄기나 뿌리를 발달시키는 비슷한 형태를 보이는 것입니다. 결국 이 두 식물은 생존에서 같은 문제에 직면했을 때 같은 해답을 찾은 것이죠.

독한 털 +× 짐피짐피

+ 가장 독한 털을 가진 짐피짐피.
잎을 뒤덮은 털에 닿으면 그 고통이 너무 심해
스스로 목숨을 끊고 싶을 정도라고 한다.

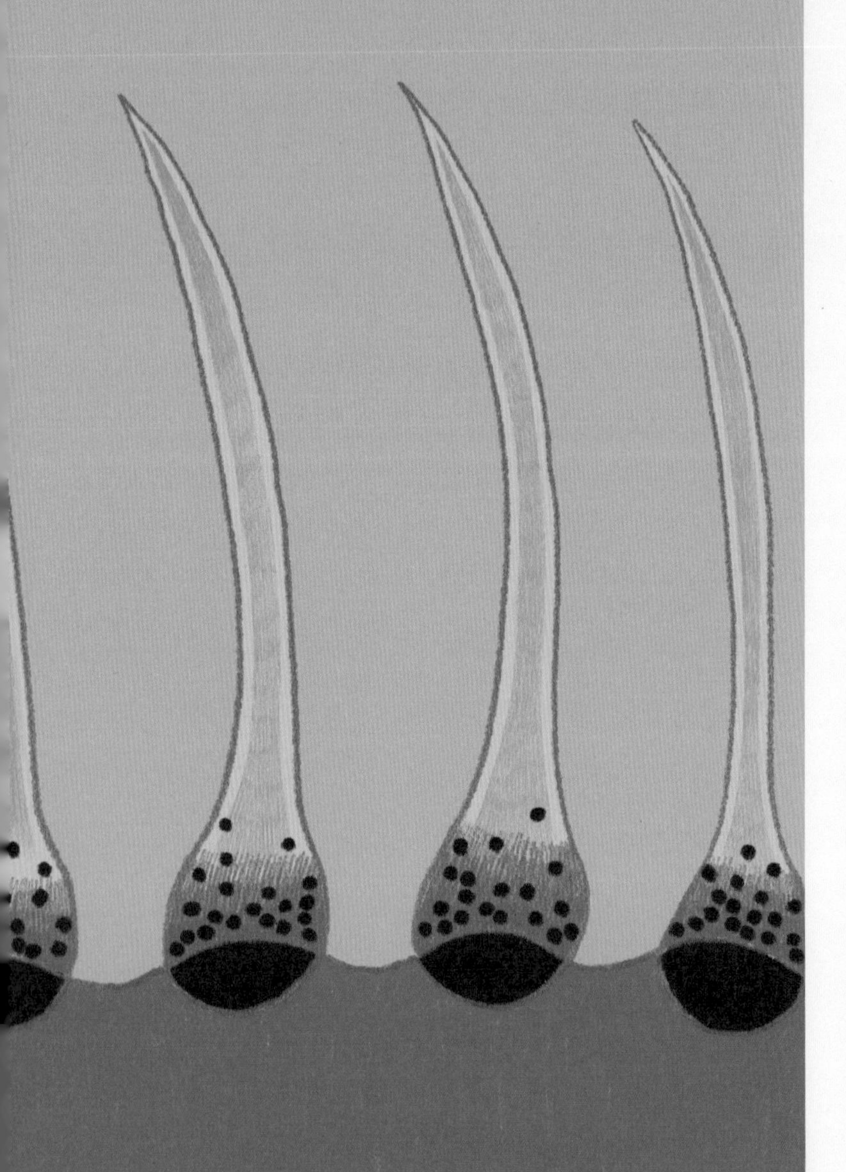

Dendrocnide moroidea

상상할 수 없는 고통을 주는 자살식물

식물에게 줄기와 잎에 있는 털, 가시는 자신을 뜯어먹는 초식동물과 애벌레로부터 움직일 수 없는 스스로를 지키는 무기입니다. 특히 잎에 있는 부드러운 조직과 달리 뻣뻣하고 날카로워서 먹기 불편한 털은 동물의 입맛을 떨어뜨리는 데 효과적이죠. 하지만 지금부터 살펴볼 이 식물이 가진 털은 입맛을 떨어뜨리는 정도가 아니라 동물이 식물 근처에 얼씬도 하지 못하게 만듭니다.

인간의 경우도 예외는 아닙니다. 이 식물의 잎에 있는 털이 피부에 스치기만 해도 그 즉시 비명을 지르며 쓰러지게 될 뿐만 아니라, 어떤 사람은 그 고통을 이기지 못해 스스로 목숨을 끊었다는 얘기까지 전해옵니다. 그래서 이 식물은 '자살식물suicide plant'이라는 별명이 있습니다.

이 자살식물은 오스트레일리아 동부 퀸즐랜드의 열대우림에 자라는 짐피짐피Gympie-gympie라는 식물로, 짐피짐피라는 이름은 그 지역 원주민인 굽비 굽비Gubbi gubbi족이 부르는 이름을 그대로 따온 것입니다. 짐피짐피는 식물체 전체가 아주 미세한 털로 뒤덮여 있습니다. 특히나 너비가 50cm까지도 크는 넓적한 하트 모양의 잎은 벨벳처럼 부드러워 보이는 털이 겉으로 빽빽하게 나 있죠. 하지만 이 털들은 겉보기와는 달리 실수로 피부에 닿기라도 하면 그 즉시 상상할 수 없는 고통을 안겨줍니다.

그 고통은 마치 피부가 타들어 가는 통증과 함께 전기에 감전되는 것과 같다고 합니다. 털에 닿은 부위에 두드러기가 나면서 지독히도 강렬하게 따끔거리며, 심장 박동수가 미친 듯이 증가

하고, 심하면 온몸이 짓눌리는 고통과 함께 관절의 림프절이 부어올라 욱신거리다가 찌르는 듯한 통증으로 이어집니다. 이런 고통은 짐피짐피의 털에 조금이라도 닿는 순간 느껴지기 시작해서 20~30분에 걸쳐 점점 심해지는 것도 모자라 며칠 동안이나 지속됩니다. 고통이 사라지는 데까지는 얼마나 많은 털이 피부에 닿았는지에 따라 며칠에서 몇 년이 걸릴 수도 있으며, 어떤 사람은 털에 쏘인 무릎이 15년이 지나서도 아팠다고 합니다. 더구나 이 털은 식물의 잎에서 떨어져 공기 중으로 날아다니다가 우리의 눈이나 호흡기로 들어갈 수 있기 때문에 짐피짐피의 근처에 가는 것만으로도 고통을 느낄 수 있습니다.

상상을 초월하는 고통을 주는 식물이기에 짐피짐피와 얽힌 일화는 꽤 많습니다. 몇 가지를 살펴보죠. 1866년 짐피짐피의 털에 쏘인 말이 날뛰다가 2시간 만에 죽었다는 오래된 기록이 있습니다. 그로부터 수십 년 뒤인 제2차 세계대전 때는 오스트레일리아의 군인이었던 브롬리라는 사람이 군사 훈련 도중 짐피짐피 나무 위로 넘어져 3주 동안이나 병원 침대에 묶여 있었던 사건도 있습니다. 브롬리가 묶여 있던 이유는 그가 고통 속에 몸통이 잘린 뱀처럼 몸부림쳤기 때문이라고 합니다. 또 브롬리는 자신이 알던 한 장교가 볼일을 본 후 짐피짐피의 넓은 잎으로 엉덩이를 닦았다가 고통을 이기지 못해 자살한 사건이 있었다고 이야기했습니다.

오스트레일리아의 퀸즐랜드 공원 및 야생동물 관리국의 보존 책임자인 에릭 라이더도 1963년에 짐피짐피의 잎에 얼굴과 팔,

가슴을 맞은 적이 있는데, 그 일이 그동안 자신이 겪었던 야생에서의 그 어떤 일보다도 고통스러운 경험이었다고 말했습니다. 그 후 2년 동안이나 샤워를 할 때마다 그 고통이 찾아왔다고 합니다. 또 퀸즐랜드 과학기관의 야생동물 및 생태학 부서 책임자인 레스 무어는 짐피짐피 잎에 얼굴을 맞은 후 입과 혀가 부어올라 숨쉬기가 힘들었으며, 눈에 산성 물질을 붓는 것과 같은 고통을 느꼈다고 합니다. 그의 시력이 원래대로 돌아오는 데까지는 며칠이 걸리기도 했습니다.

고드름 주사기

짐피짐피의 털은 도대체 어떻기에 이런 무시무시한 고통을 가져오는 것일까요? 일반적으로 식물의 털은 표피가 변형되어 길쭉하게 나와 있는 구조로, 털의 생김새는 식물을 구별하는 데에도 쓰일 정도로 식물 종마다 서로 다른 모양을 가지고 있습니다. 짐피짐피의 털도 잎의 표면에서 뾰족하게 솟아 나와 있는데, 그것은 잎의 표피에 있는 세포 하나가 길쭉하게 변형된 것입니다.

그런데 이 털을 현미경으로 자세히 들여다보면 마치 '속이 비어 있는 고드름'처럼 보입니다. 실리카와 탄산칼슘이라는 물질로 이루어져 있어 짐피짐피 털 세포의 벽은 유리처럼 투명하고 단단한 동시에 그 안은 비어 있는 구조인 것입니다. 그리고 털의 아랫부분이자 털과 잎의 표피가 맞닿은 부분은 둥근 모양이며, 이 부분은 윗부분과는 다르게 세포벽이 얇고 유연하게 보입니다. 이 일련의 모습에는 모두 이유가 있습니다.

우선 털 세포 안이 비어 있는 이유는 바로 그 안에 우리에게 극렬한 고통을 주는 독성의 액체를 가득 담아두기 위해서입니다. 그리고 이 '고드름'이 피부에 닿는 순간, 그 끝이 깨지면서 날카로운 주삿바늘로 돌변해 사정없이 피부를 뚫고 들어옵니다. 그리고 상대적으로 유연한 둥근 아랫부분은 털에 가해지는 압력을 이용해서 깨진 끝부분으로 안에 있는 약물을 피부 안쪽으로 주사하는 역할을 합니다. 결국 짐피짐피의 털은 고통의 약물을 우리 몸으로 주사하는 주사기와 같습니다. 더욱이 극도로 작아서 피부에 한번 꽂히면 잡아 뺄 수 없는, 너무나도 정교한 주사기죠.

워낙 맹렬한 반응을 일으키는 식물인지라, 그동안 많은 과학자가 짐피짐피 털에 들어 있는 액체의 성분을 분석하는 연구를 했습니다. 히스타민과 아세틸콜린, 포름산 등이 언급되어왔는데, 드디어 2020년에 고통의 가장 직접적인 원인이 되는 물질이 밝혀졌습니다. 짐피짐피의 이름을 딴 짐피에티드gympietide라는 이름의 단백질입니다. 이 단백질은 피부의 신경 세포막에 작용해 '통증'이라는 신호를 계속 보낸다고 합니다. 이 신호가 지속적으로 뇌로 전달되면서 우리 몸은 끊임없는 통증에 시달리는 겁니다.

그런데 새로이 발견된 짐피에티드 단백질의 구조를 살펴보다 이와 비슷한 모양으로 유사한 작용을 하는 독, 즉 신경 세포에 작용해 지속적인 통증을 일으키는 독이 있다는 걸 발견했습니다. 거미와 원뿔달팽이Cone snail가 먹이를 잡을 때 사용하는 맹독으로, 그들도 주사기와 같은 원리로 독을 주입해 먹이를 잡는 동물들입니다. 그래서 짐피짐피의 털에 닿으면 거미와 원뿔달팽이에 물린 것과 같은 고통을 느끼는 것이죠. 또 주목할 것은 짐피에티드는 쉽게 파괴되지 않는 놀라운 안정성을 가지고 있다는 것입니다. 이는 가히 비정상적인 수준인데요. 백년이 지난 마른 짐피짐피의 표본을 만져도 똑같은 고통을 느낀다고 합니다.

선택적 방어

이렇듯 짐피짐피는 통증 약물이 들어 있는 주사기 같은 털을 두름으로써 초식동물에게 먹히지 않을 수 있었습니다. 그리고 이 방어의 기술은 완벽해 보였죠. 하지만 자연에서 완벽한 방어란 없습니다. 오스트레일리아의 생태학자 마리나 헐리는 끔찍하게도 지독한 이 나무의 잎을 누군가가 뜯어먹은 흔적을 보고 이에 대해 조사하기로 했습니다. 그녀는 짐피짐피에 찔려가며 때로는 병원에 입원까지 하면서 연구를 멈추지 않았고, 마침내 짐피짐피를 먹이로 하는 동물을 발견했습니다. 그것은 야행성의 잎벌레류인 딱정벌레*Prasyptera mastersi*와 주로 식물의 잎을 먹이로 하는 나방*Prorodes mimica*이었습니다. 그리고 놀랍게도 작은 곤충이 아닌 붉은다리덤불왈라비*Thylogale stigmatica*라는 유대류[1]도 짐피짐피

1 유대류는 주로 오스트레일리아에서 살아가는 원시적인 포유동물로, 새끼가 덜 자란 채(미숙아) 태어나 엄마의 배에 있는 주머니 속에서 젖을 먹고 자란다는 특징이 있습니다. 오스트레일리아 대륙에는 풀을 먹고 사는 유대류가 많은데, 이는 초원과 사막이 많고 다른 대륙으로부터 고립되어 있는 오스트레일리아 대륙의 독특한 식생에 적응해온 결과입니다.

잎을 먹어치우는 동물로 밝혀졌습니다.

사실 오스트레일리아에 원래부터 함께 살고 있던 동물들에게는 짐피짐피가 크게 위협적이지 않다고 합니다. 그래서 새들도 털이 달린 짐피짐피의 열매를 먹고 씨앗을 퍼뜨려 주곤 하죠. 하지만 오스트레일리아 대륙으로 새로이 들어온 인간이나 개, 말 등은 짐피짐피의 털에 큰 고통을 느끼게 된다고 합니다. 짐피짐피의 털은 자신의 잎을 먹어버리는 동물이 아닌 자신의 땅을 침입한 침략자들로부터 그곳을 방어하고 있는 것인지도 모릅니다.

현재까지 짐피짐피의 털에 들어 있는 약물에 대한 치료제는 없습니다. 그저 닿은 부위를 문지르거나 긁는 등의 자극을 하지 말고 기다리는 수밖에 없다고 합니다. 만약 긁거나 만지면 피부에 박힌 털이 더 잘 부러지게 되어 약물이 모두 피부로 침투할 수 있기 때문이죠. 다만 닿은 부위에 뜨겁게 데운 왁스를 발라 털을 조금이라도 녹여낼 수는 있습니다. 하지만 이것도 큰 효과를 기대하지는 못합니다. 인간은 이전까지 가보지 못한 새로운 곳에 대해 호기심을 갖곤 합니다. 하지만 여러분이 오스트레일리아 동부의 열대우림을 탐험하게 된다면 호기심보다는 부디 '매우 조심'을 갖기를 바랍니다.

우리나라의 짐피짐피

쐐기풀 *Urtica thunbergiana*

짐피짐피만큼 극심한 고통은 아니지만 우리나라에도 만지면 위험한 털을 가진 쐐기풀이라는 식물이 있습니다. 쐐기풀이라는 이름은 이 풀의 털에 찔리면 쐐기나방의 애벌레인 쐐기벌레의 몸에 난 가시에 찔린 것과 같이 아프다고 해서 지어진 것입니다. 쐐기풀의 털도 짐피짐피의 털처럼 피부를 뚫고 들어와 고통의 약물을 주사하는 주사기와 같습니다.

특히나 봄에 땅 위로 올라온 어린 식물체는 온통 찌르는 털로 단단히 무장되어 있기 때문에 야외활동을 할 때는 쐐기풀의 털에 닿지 않게 조심해야 합니다. 잘못해서 이 털에 닿게 되면 즉각적으로 따끔함을 느끼고 소스라치게 놀라게 됩니다. 마치 벌에 쏘인 것처럼 강렬한 따가움이 느껴지죠. 그 후 쓰리고 아린 통증이 1~2시간까지 이어지며 심할 경우에는 며칠 동안이나 지속됩니다.

그런데도 우리나라를 비롯한 여러 나라에서는 쐐기풀을 다양한 용도로 이용하고 있습니다. 나라마다 주로 사용하는 쐐기풀의 종은 약간씩 다르지만 찌르는 털이 있다는 점은 모두 똑같습니다. 대표적인 용도는 옷감을 만드는 것입니다. 그 줄기를 잘라 으깬 후 끓이고 세척하는 과정을 반복해 얻게 되는 섬유는 질기면서도 부드러워 쐐기풀은 아주 오래전부터 인류가 사용해오던 천연섬유였습니다. 무려 청동기시대의 유물이 발굴된 현장에서도 쐐기풀로 만든 옷감이 나왔을 정도입니다. 쐐기풀로 만든 옷은 동화에도 등장합니다. 안데르센의 동화 〈백조 왕자〉에서 엘리사 공주가 백조로 변한 왕자 오빠들의 마법을 풀어주기 위해 만들었던 옷이 바로 쐐기풀로 만든 것이었습니다. 공주는 묘지와 동굴 주변에 자라는 쐐기풀을 뜯어다가 왕자들의 수대로 11벌이나 지어야 했죠. 마법을 풀기 위해서는 털에 찔리는 고통 정도는 참아야 했던 겁니다.

또 쐐기풀의 어린싹은 데쳐서 음식이나 차로 만들어 먹기도 하고, 비타민과 무기질이 풍부한 잎을 잘게 썰거나 으깨서 다양한 요리에 넣어 먹는데 쐐기풀의 잎은 요리했을 때 시금치와 같은 풍미가 있습니다. 소와 같은 가축들은 야생에 자라는 쐐기풀은 먹지 않지만 역시나 잎을 썰거나 으깨서 털을 무력화한 후 사료로 주면 영양가가 높습니다. 또 쐐기풀은 염증과 알레르기를 줄이는 효능이 있어 약용으로 쓰이기도 합니다.

빅토르 위고의 소설 《레미제라블》의 주인공 장발장은 시골 농부들이 쐐기풀을 뽑아버리고 있는 것을 보고 농부에게 쐐기풀에 대해 이야기합니다. 쐐기풀의 어린순은 나물로, 줄기는 질긴 옷감으로, 잎은 사료로, 씨는 사료 보충제로, 뿌리는 노란색 염료로 쓸 수 있으며, 재배하는 데 아주 적은 수고만 해도 된다고 말입니다. 그러면서 장발장은 "세상에 나쁜 식물은 없다"고 말합니다.

물론 쐐기풀을 다룰 때 조심해야 하는 건 변함이 없습니다. 장갑을 껴야 하는 것은 물론이고, 작업을 하면서 절대 눈을 만져서는 안 됩니다. 하지만 쐐기풀은 털이 주는 고통 때문에 멀리하기에는 너무도 유용한 식물입니다. 더구나 쐐기풀은 남을 해치려는 것이 아닌 연약한 자신을 지키려는 목적으로 털을 갖는 것이기 때문에 장발장의 말대로 나쁜 식물은 더더욱 아니죠.

놀라운 위장술 ＋× 리토프스

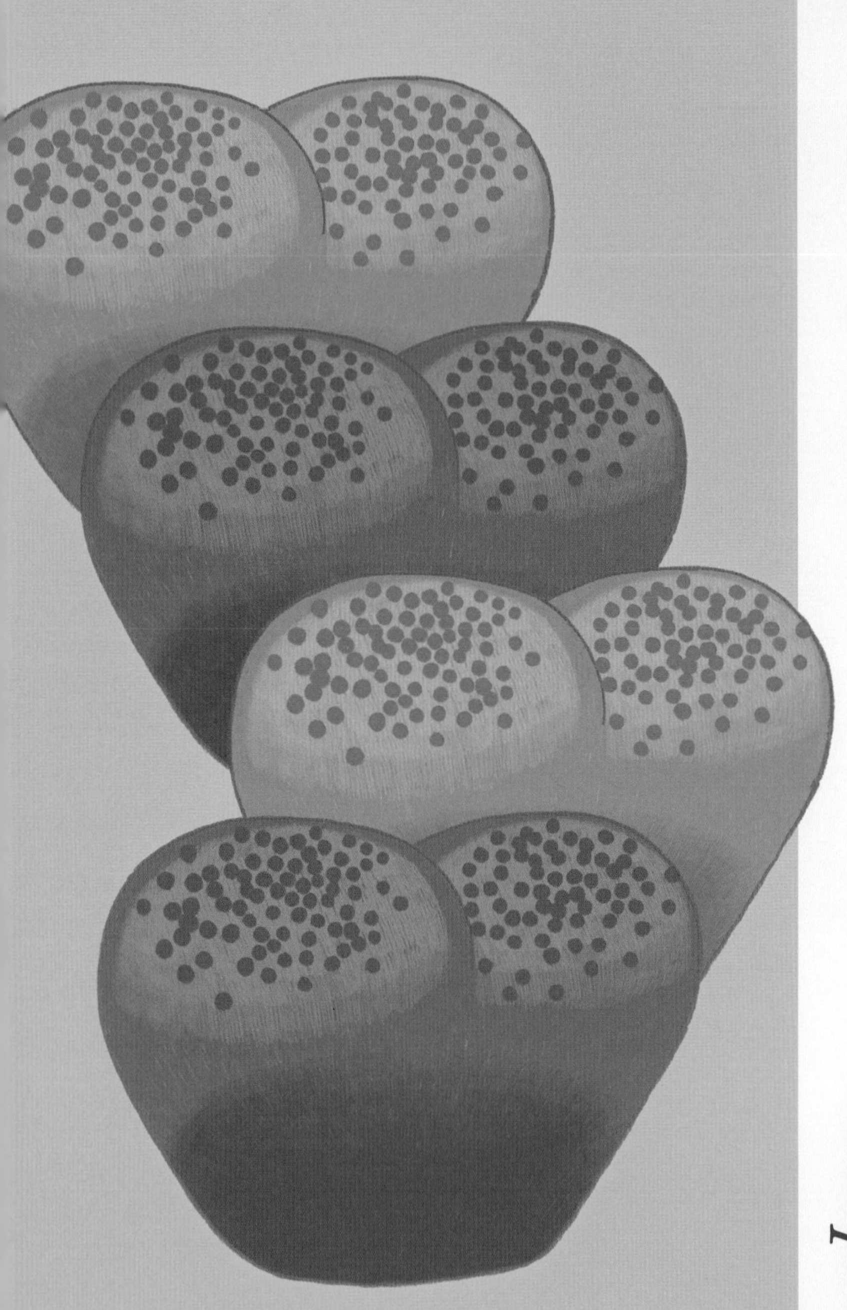

Lithops ssp.

＋ 돌로 위장해 평생을 살아가는 리토프스.
남아프리카의 건조한 돌밭에서 살아남기 위해 기꺼이 돌이 되었다.

살아 있는 돌

1811년 9월 14일, 영국의 탐험가이자 박물학자였던 윌리엄 존 버첼은 남아프리카공화국 서부 노던케이프주에 있는 프리스카 지역의 돌밭을 탐험하던 중 '신기하게 생긴 조약돌curiously shaped pebble' 하나를 발견하게 되었습니다. 표면이 갈라진 듯한 갈색의 돌은 그가 집어 들기 전까지는 완벽한 돌처럼 보였죠. 하지만 그건 돌이 아닌 식물이었습니다. 그것도 돌과 똑같이 생긴 겉모습과는 반대로 속이 물컹한 다육식물[1]이었습니다.

그 식물은 원뿔 모양을 하고 있었으며, 뾰족한 부분이 아래를 향해 땅에 쿡 박혀 있었습니다. 그는 이 신기한 식물의 그림을 그려 식물학자인 에이드리언 하디 하워스에게 주었고, 1821년 하워스는 식물의 모양을 본 따 *Mesembryanthemum turbiniforme*('사철채송화속에 속하며 거꾸로 된 원뿔 모양이다'라는 뜻)이라는 학명으로 이 새로운 식물을 발표했습니다. 하지만 두 사람 모두 이 식물이 그때까지는 보고되지 않았던 새로운 속(Genus, 종보다는 분류 단위가 큰 범위)에 속하는 식물이라는 것을 알지 못했습니다. 결국 버첼은 자신이 식물의 새로운 속을 발견했다는 것을 모른 채 눈을 감고 말았죠.

버첼이 돌처럼 생긴 이 식물을 처음 발견한 후 100년도 더 지

1 건조한 기후에 적응하기 위해 잎이나 줄기에 많은 물을 저장하는 식물로, 선인장이 대표적입니다. 다육식물에는 선인장과, 돌나물과, 쇠비름과 등 40여 개가 넘는 과가 속해 있으며 리토프스는 그중 번행초과에 속합니다.

난 1922년에서야 영국의 식물학자 니컬러스 에드워드 브라운이 이 식물에 리토프스*Lithops*라는 새로운 속명을 부여했습니다(리톱스 또는 리토프스라고 표기하기도 합니다). 리토프스라는 이름은 고대 그리스어로 '돌'을 뜻하는 lithos와 '얼굴, 외모'를 뜻하는 óps가 합쳐진 말로, '돌처럼 보이는 얼굴을 한 식물'이라는 뜻을 가지고 있습니다. 브라운은 이 리토프스속에 속하는 식물들이 기존에 알고 있던 사철채송화속과는 다르며, 돌처럼 보이는 외모를 가지고 있다고 해서 이런 이름을 지어주었습니다.

리토프스속 식물들은 지구에서 1년 내내 비가 가장 적게 오는 곳 중 하나인 남아프리카의 돌밭에서만 살고 있습니다. 그들은 극심한 건조의 땅에서 포식자의 눈을 피해 살아남기 위해 몸 전체를 돌처럼 보이게 진화한 식물인 것이죠. 그래서 맨눈으로 리토프스를 찾기란 매우 어렵습니다. 리토프스를 오랫동안 연구한 학자들도 돌밭에서 리토프스를 찾는 데 꼬박 일주일이 걸리기도 했으며, 결국 먼저 찾은 사람이 막대기로 리토프스를 가리켜도 얼굴을 땅에 바짝 대고 보지 않는 한 알아채기가 어려울 정도였다고 합니다.

리토프스는 그야말로 돌처럼 보이는 데 성공한 식물입니다. 이를 위해 리토프스는 극히 제한된 몸체를 가지고 있습니다. 줄기라곤 하나 없이 뿌리와 다육질의 통통한 잎 한 쌍만이 전부죠. 이마저도 땅 위로는 나와 있지 않고 몸체 대부분이 땅속에 쿡 박혀 있습니다. 잎의 가장 윗면만 땅 위로 노출되어 있는데, 이는 살기 위해 최소한의 햇빛을 받으려는 것입니다. 마치 우리가 모래사장에서 얼굴만 남기고 몸을 모래 속에 묻고 있는 듯한 모습입니다.

땅 위로 보이는 리토프스의 '얼굴'은 정말이지 돌처럼 생겼습니다. 종에 따라 지름이 작은 것은 1cm에서 큰 것은 5cm가 넘는데, 잘게 갈라져 있는 듯한 표면에 주변에 깔린 돌들과 같은 색과 무늬를 띠고 있어 누구 봐도 완벽한 돌처럼 생겼죠. 이런 모습으로 리토프스는 50년 넘게 살아간다고 합니다.

다만 이때 부족한 물을 최대한 끌어모아 저장해두는 한 쌍의 물탱크 같은 잎은 해마다 새로 돋아난다고 합니다. 새로운 잎은 원래 있던 두 개의 잎 사이에서 점점 자라나는데, 이 잎은 외부의 물을 흡수하지 않아도 커나갈 수 있습니다. 그 이유는 기존에 있던 잎에서 새잎으로 물이 이동하기 때문입니다. 이런 현상은 물이 별로 없는 지역에 사는 식물들에게서 볼 수 있는 모습으로, 물이 없더라도 새로운 개체를 성장시킬 수 있는 원리라고 합니다.

그리고 새잎이 커질수록 오래된 잎은 새잎으로 물을 다 보내고 말라서 비늘처럼 변해 새로 난 잎을 감싸게 됩니다. 말라버린 잎이라도 남아서 새잎이 마르지 않도록 감싸주는 역할을 하는 것이죠. 기록에 따르면 한 리토프스의 바깥에는 150겹이나 되는 마른 잎이 붙어 있었다고 하는데, 이것은 이 리토프스가 150년 넘게 살았다는 증거가 되기도 했습니다. 리토프스는 새잎만큼, 마른 잎도 해마다 생기니까요.

특별한 광합성

리토프스는 겉모습만이 아니라, 그 내부도 기온이 높고 건조한 돌밭에서 살아가기에 최적화되어 있습니다. 먼저 잎의 윗부분만을 남기고 몸 대부분이 땅속으로 들어가 있는데, 이렇게 살아감으로써 리토프스는 한낮의 뜨거운 햇볕과 새벽의 추위를 견딜 수 있습니다. 하지만 식물체 대부분이 땅속에 들어가 있게 되면 광합성에 필요한 햇빛을 충분히 받지 못하는 단점이 생깁니다. 이 단점을 극복하고자 리토프스는 외부로 노출되어 있는 잎의 윗면을 햇빛이 투과할 수 있는 유리창처럼 만들어두었습니다. 잎 윗면의 표면은 반투명하고, 그 아래에 있는 세포들은 크기가 크며 물로 가득 차 있어 투명하죠. 그래서 햇빛을 받는 표면적은 적더라도 '유리창'을 통해 들어오는 햇빛은 땅속에 있는 잎의 내부까지 닿을 수 있습니다.

또 리토프스는 건조한 환경에서 살아가기 위해 일반적인 식물들이 하는 광합성과는 약간 다른 형태의 광합성을 합니다. 대개의 식물이 낮에 잎에 있는 기공(식물체 안과 밖의 공기가 이동하는 구멍)을 열어 이산화탄소를 받아들인 후 몸속의 물과 함께 햇빛을 이용해 포도당을 만드는 광합성을 하는 것과는 다르게, 리토프스는 밤에 기공을 열어 이산화탄소를 받아들인 후 이를 저장해 두었다가 햇빛이 있는 낮에 '기공을 닫고' 광합성을 한다는 것입니다.

그 이유는 햇볕이 따가운 낮에 기공을 열었다가는 잎 안에 있던 물이 기공을 통해 증발해버릴 수 있기 때문입니다. 그래서 미리 밤에 기공을 열어 광합성에 필요한 이산화탄소를 공기로부터 가져오는 것입니다. 리토프스를 비롯해 선인장과 같은 사막의 식물들은 이런 식의 광합성을 많이 합니다. 이런 식물들을 CAM(Crassulacean Acid Metabolism: 크래슐산 대사) 식물이라고 합니다. CAM 식물은 사막에서 살아가기 위해 광합성의 방식마저 바꾼 녀석들입니다.

리토프스는 대부분의 시간을 땅속에 숨어 돌처럼 죽은 듯 살아가지만, 기나긴 건기가 지나 짧은 우기가 오면 상황은 달라집니다. 리토프스의 몸체는 부풀어 오르고 눈에 잘 띄게 되죠. 그리고 이때 리토프스는 2개의 잎 사이에서 흰색 또는 노란색의 꽃을 활짝 피웁니다. 더구나 자신의 얼굴을 다 가릴 정도의 크기죠. 자신의 꽃가루를 옮겨줄 곤충의 눈에 띄기 위해 이토록 커다란 꽃을 피우는 것입니다.

꽃이 지고 나면 열매가 맺히는데, 특이하게 다 익은 뒤에도 벌어지지 않고 씨앗을 밖으로 내보내지 않습니다. 그렇게 가만히 씨앗을 품고 있다가 열매에 물이 한 방울이라도 닿게 되면 몇 분 안에 껍질이 벌어지고 안에 있는 씨앗이 드러납니다. 이때 물방울이 다시 한번 떨어지면 안에 있던 씨앗은 밖으로 튕겨 나가게 되죠. 이것은 비가 올 때만 씨앗을 퍼뜨려 수분이 많을 때 싹을 틔우게 하려는 리토프스의 전략입니다.

또한 리토프스는 극심한 가뭄이 든 해에는 꽃도 피우지 않고 전혀 자라지도 않습니다. 잎을 키우고 꽃을 피워 열매를 맺기에 적당한 환경이 오기를 기다리며 몇 년이고 같은 모습을 유지하기도 하죠. 리토프스가 이런 모습과 생활방식을 갖추지 않았다면 남아프리카의 건조한 돌밭에서 살아남기란 어려웠을 것입니다. 생존을 위해 기꺼이 돌이 된 리토프스는 돌밭이 사라지지 않는 한 그 모습 그대로 살아가게 될 것입니다.

버첼의 남아프리카 탐험

버첼은 본격적으로 남아프리카를 탐험한 최초의 유럽인으로 기록되어 있습니다. 그는 1810년에 남아프리카공화국에 도착했고, 그다음 해부터 아프리카 남부의 내륙을 탐험하기 시작해서, 4년 후인 1815년에 영국으로 돌아갔습니다. 마차를 오늘날의 캠핑카처럼 개조해서 총 7,242km를 탐험했다고 하는데, 탐험 후 그가 돌아올 때에는 마차에 표본 상자 48개가 함께 실려 있었다고 하죠. 상자 속에는 씨앗과 덩이뿌리를 비롯한 식물표본과 동물의 가죽, 뼈, 곤충, 물고기 등등의 표본이 무려 6만 3,000점 넘게 들어 있었습니다. 또한 각 표본에는 표본을 채집할 당시의 자세한 상황 기록과 함께 그가 그린 남아프리카의 풍경 및 원주민의 모습, 의상, 동물, 식물 등의 다양한 그림도 있었습니다.

버첼은 남아프리카 탐험에서 돌아온 후 그동안의 탐험 일지를 정리해 책으로 출판했습니다. 그의 책 《남아프리카 내륙 여행Travels in the Interior of Southern Africa》은 총 2권으로 1822년과 1824년에 연이어 출판되었는데, 각각 582쪽과 648쪽으로 되어 있어 그 양이 실로 방대했습니다. 그는 탐험하는 동안 날짜별로 자신이

보고 듣고 느낀 모든 것을 기록했을 뿐만 아니라, 그날의 이동 거리와 위치 및 날씨, 온도까지도 기록했습니다. 이런 기록들은 남아프리카의 자연과 문화를 이해하는 데에 매우 중요한 자료로 인정받고 있죠.

버첼은 남아프리카 탐험 일지를 출판한 후 1825년부터 1830년까지 브라질 원정대를 따라 남아메리카도 탐험했습니다. 그리고 그곳에서도 1만 6,000마리가 넘는 곤충과 817점의 새, 그리고 다른 많은 동물과 식물의 표본을 수집했습니다. 그의 수집품들은 영국의 런던 자연사박물관과 큐 왕립식물원 및 옥스퍼드대학 박물관에 기증되어 지금까지도 많은 연구자에게 중요한 자료로 활용되고 있습니다.

그는 세상에 대한 깊은 호기심과 함께 탁월한 관찰력이 있었습니다. 처음 만나는 대상에 애정을 품고 세심하게 관찰했으며, 그것을 그림과 글로 표현했습니다. 그는 그림 실력이 대단했으며 자연에 대한 이해도 깊었습니다. 또한 탐험지에서 원주민을 대할 때에도 늘 겸손한 자세로 그들을 존중하고 배려했습니다. 그는 진정한 탐험가이자 과학자였으며, 동시에 예술가였습니다.

인간 때문에 돌이 된 식물

사사패모 *Fritillaria delavayi*

남아프리카의 돌밭에서 리토프스의 조상은 돌처럼 보일수록 유리했습니다. 초식동물의 먹잇감이 될 위험에서 더 잘 살아남아 자손을 퍼뜨릴 수 있었으니까요. 그 자손들은 결국 지금의 리토프스가 되어 그들의 조상보다 더 완벽한 '돌'이 되었죠. 마찬가지로 중국의 고산지대에도 자신을 노리는 동물의 눈을 피해 점점 더 돌이 되어가는 식물이 있습니다. 욕심 많은 어느 동물로부터 자신을 지키고자 온몸이 주변의 돌과 같은 색으로 변하고 있는 사사패모입니다.

사사패모는 중국의 쓰촨성과 윈난성에 걸쳐 이웃 나라인 부탄까지 이어지는 헝돤산맥의 해발 3,700m 이상 고지대 바위틈에 자라는 식물입니다. 사사패모는 땅속으로 작은 비늘줄기를 뻗고 있는데 마치 두세 쪽으로 이루어진 마늘처럼 생겼습니다. 이 비늘줄기는 폐에 작용해 기침을 멈추게 하는 효능을 보여 약 2,000년 전부터 약재로 쓰이고 있죠. 하지만 최근 약재로서의 사사패모 가격이 올라감에 따라 자생지에서 사사패모가 모두 뽑히고 있습니다.

사사패모는 어렸을 때는 잎만 달고 있다가 씨앗에서 싹이 튼 지 5년이 지나면 해마다 자주색 반점이 있는 연두색 꽃을 1송이씩 피웁니다. 꽃가루를 옮겨줄 동물의 눈에 띄고자 밝은색 꽃을 피우는 것입니다. 하지만 이 꽃은 곤충이 아닌 인간의 눈에 더 잘 띄고 말았습니다. 꽃을 발견한 인간들은 값비싸진 사사패모를 모조리 캐버렸고, 결국 몇몇 지역에서 사사패모는 완전히 자취를 감추고 말았습니다.

그런데 사사패모는 잎과 꽃이 밝은 연두색인 개체도 있지만, 어두컴컴한 회색이나 갈색을 띠는 개체도 있습니다. 이 개체들은 주변의 돌과 비슷하게 보여 인간의 눈에 쉽게 띄지 않습니다. 2020년 중국과 영국의 과학자들은 사사패모가 돌과 같은 색을 띠는 것이 초식동물로부터 자신을 숨기기 위해서라고 생각했지만, 사사패모를 먹는 동물에 관한 기록이 없을 뿐만 아니라 최근 5년 동안의 관찰에서도 사사패모를 먹는 야생동물을 관찰하지 못했다고 합니다. 또한 사사패모는 동물들이 먹기 꺼리는 알칼로이드 물질[2]을 많이 함유하고 있어, 색보다는 화학물질로 초식동물의 위협으로부터 방어하는 전략을 쓰는 식물입니다. 하지만 아이러니하게도 바로 이 알칼로이드 물질들은 인간의 몸에 좋은 효능을 나타냅니다.

여기서 우리는 짐작할 수 있습니다. 회색이나 갈색을 띠는 사사패모가 어떻게 생겨난 것인지, 자신을 뜯어먹는 초식동물도 없는데 왜 돌처럼 보이도록 진화한 것인지 말입니다. 바로 인간의 눈을 피하기 위한 것이었습니다. 즉 초식동물은 피했지만 인

2 인간을 비롯한 동물의 생리작용에 커다란 영향을 미치는 물질로 주로 식물에서 발견됩니다. 일반적으로 식물은 포식자에게 먹히지 않기 위해 알칼로이드 물질을 만들어내는데, 양귀비의 모르핀이나 담배의 니코틴이 그 예입니다.

간의 타깃이 된 결과입니다. 인간들이 연두색의 사사패모를 많이 캔 지역일수록 그곳에는 돌과 같은 색인 회색이나 갈색의 사사패모만이 살아남아 있었습니다.

앞으로도 인간들이 계속해서 눈에 잘 보이는 연두색의 사사패모를 캔다면 헝돤산맥에는 돌처럼 자신을 위장하며 살아가는 회색과 갈색의 사사패모만이 자손을 퍼뜨리며 살게 될 것입니다. 그리고 결국엔 또 하나의 완벽한 '돌'이 된 사사패모의 후손이 등장하게 되겠죠. 다만 그러기 위해서 사사패모는 돌과 같은 색의 꽃이어도 알아보고 다가와 꽃가루를 옮겨줄 곤충을 찾거나, 꽃의 색을 대신해서 곤충을 불러들이는 향기 같은 무언가를 겸비해야 합니다.

과학자들은 앞으로 돌처럼 보이는 사사패모가 어떻게 꽃가루를 옮기는 것인지, 그리고 인간의 인위적인 활동이 생물의 진화에 얼마나 큰 영향을 끼칠 수 있는지에 대한 연구가 더 이루어져야 한다고 강조합니다. 말린 사사패모 약재 1kg을 얻기 위해서는 살아 있는 사사패모 3,500개체 이상이 필요하다고 합니다. 인간은 늘 예상을 뛰어넘는 영향력으로 생태계 피라미드의 가장 꼭대기에 있는 것이 아닌가 합니다.

원대한 비행술 +× 자바오이
Alsomitra macrocarpa
+ 씨앗 중에서 가장 큰 날개를 가지고
수백 미터를 날아가는 자바오이의 씨앗.
이를 본떠 만든 글라이더는 현대 항공기의 시작이 되었다.

자연이 만든 최고의 글라이더

스스로 움직일 수 없는 식물이 사는 범위를 넓히는 방법은 씨앗을 멀리 퍼뜨리는 것입니다. 그래서 식물은 씨앗을 멀리 보내기 위한 갖가지 장치를 저마다 가지고 있죠. 씨앗을 감싸고 있는 맛있는 과육, 열매에 달린 날카로운 갈고리, 스스로 폭발하듯 터지는 열매껍질이 그런 장치들입니다. 또 열매나 씨앗이 바람에 실려 멀리 날아가도록 하는 장치들도 있습니다. 민들레 열매에 달린 낙하산 모양의 털이나 단풍나무 열매에 달린 프로펠러 모양의 날개가 그런 경우죠.

바람을 이용해서 자손을 퍼뜨리는 식물이 가진 장치들은 열매나 씨앗이 조금이라도 더 오랫동안 비행하는 것을 목표로 설계되어 있습니다. 오랫동안 비행한다는 건 그만큼 더 멀리 이동할 수 있다는 이야기니까요. 자바오이는 이 목표를 위해 가장 진화한 날개가 달린 식물입니다. 자바오이 씨앗에 달린 날개는 그 어떤 식물의 날개보다 크며 더 멀리 날아갈 수 있죠.

자바오이Javan cucumber는 주로 인도네시아 자바섬에 사는데(그래서 '자바'가 이름에 들어갔습니다), 키가 큰 나무의 줄기를 타고 올라가며 자라는 덩굴식물입니다. 자바오이가 덩굴의 위쪽에 맺는 축구공 크기의 열매 안에는 총 길이가 15cm, 즉 한 뼘 길이에 달하는 날개를 가진 씨앗 수백 개가 차곡차곡 쌓여 있습니다. 열매가 다 익으면 열매의 아랫부분이 열리는데, 그 안으로 바람이 불어 들어오면서 소용돌이가 생겨 안에 있던 씨앗이 하나둘 밖으로 떨어지듯 나옵니다. 그리곤 천천히 커다란 원을 그리며 우아한 모습으로 무려 수백 미터를 날아갑니다.

그 모습은 마치 커다란 나비나 새가 날개를 활짝 펴고 날아가는 것처럼 보입니다. 그냥 아래로 단번에 떨어지는 것이 아니라 때로는 위로 다시 올라갔다가, 수평으로 한참을 날아갔다가, 살짝 내려왔다 다시 위로 올라가는 등 살아 있는 나비나 새가 바람의 흐름을 이용해 활공하는 것과 같습니다. 활공gliding이란 엔진이나 프로펠러 같은 추진 장치가 없는 상태에서, 물체가 높은 곳에서 낮은 곳으로 비행하는 것을 뜻합니다. 이때 활공하는 물체는 엔진의 힘 없이도 상승기류나 맞바람 등을 이용해 다시 위로 올라갈 수 있는 등의 정교한 공기역학적 구조를 가지고 있어야 합니다.

우리가 높은 곳에서 종이 한 장을 뭉쳐서 던지면 그 종이는 얼마 못 가 땅으로 떨어져버리지만, 그 종이로 종이비행기를 접어 날리면 종이 뭉치보다 한참을 날아서 땅으로 떨어지게 됩니다. 종이비행기는 종이를 뭉쳐놓은 것보다 공기의 흐름을 이용해 날아갈 수 있는 구조를 갖추고 있는 것이죠. 자바오이의 씨앗도 마찬가지입니다. 눈에 보이지 않는 바람의 상승이나 교차 등을 이용해서 새가 활공하듯 오래, 그리고 멀리 날아가도록 치밀하고도 정교한 구조로 설계되어 있습니다.

지금까지 이 씨앗이 품고 있는 활공 능력의 비밀을 풀고자 많은 과학자가 씨앗의 생김새와 날아가는 모습을 분석했는데, 그들의 결론은 모두 자바오이 씨앗은 식물에서 볼 수 있는 최고의 글라이더(활공기)라는 것이었습니다.

정교한 설계자

그렇다면 자바오이 씨앗은 어떤 구조를 가지고 있는 것일까요?

먼저 자바오이 씨앗의 전체적인 모양은 굴곡이 살짝 있는 부메랑처럼 생겼습니다. 그리고 이 씨앗은 날개를 가진 여느 식물의 씨앗 중에서도 가장 큽니다. 그러나 무게는 아주 가벼워서 1g에 훨씬 못 미치는 0.2g밖에 되지 않습니다. 씨앗 중앙의 약간 앞쪽 부분은 어린싹이 들어 있어 다른 곳에 비해 두껍고, 그 외 부분은 씨앗 껍질이 늘어져 반투명한 아주 얇은 날개로 되어 있습니다.

날개의 두께는 0.01mm로 일반적인 종이 두께의 10분의 1보다 얇습니다. 하지만 이렇게 얇은데도 날개를 잘라 단면을 살펴보면 엄청나게 가느다란 빨대처럼 생긴 구조물들이 여러 겹 쌓여 있는 형태입니다. 이로 인해 각 빨대 안쪽이 공기로 가득 차 있어 씨앗의 무게를 가볍게 만들어 멀리 날아갈 수 있게 해주죠. 그러면서도 어린싹이 있는 부분이 날개보다는 무겁기 때문에 그곳이 무게 중심이 되어 씨앗이 바람에 아무렇게나 이리저리 날아다니는 것이 아니라 씨앗의 앞쪽 방향으로 비행하게 됩니다.

또한 날개는 바깥쪽과 뒤쪽으로 갈수록 더 얇아서 비행할 때면 이 부분이 위쪽으로 살짝 굽어집니다. 이렇게 끝이 위로 굽은 날개는 날개가 앞으로 나아가지 못하게 하는 힘인 항력을 줄여주어 더 멀리 날아갈 수 있게 해줍니다. 앞에서 똑바로 들어오던 공기가 날개의 끝에 다다르면 소용돌이처럼 변하게 되어 날개를 아래로 당기게 만드는데, 끝이 굽어진 날개는 이런 현상을 줄여 그렇지 않은 날개보다 더 멀리 날아갈 수 있다고 합니다. 실제로 우리가 타는 비행기 날개를 보면 자바오이 씨앗처럼 끝이 위로 꺾여 있는 모습을 볼 수 있습니다.

이러한 공기역학적 이점을 가지고 자바오이 씨앗은 다른 식물에 비해 3.7의 큰 활공비(앞으로 나아가는 거리와 아래로 떨어지는 거리의 비)와 0.4㎧의 느린 하강 속도를 갖게 되었습니다. 즉, 자바오이 씨앗이 40m 높이에 있는 열매에서 떨어져 나왔다고 한다면, 1초에 1.5m를 이동하는 속도(1.5㎧)로 100초 동안 비행하면서 150m 거리의 땅에 착륙하는 셈입니다. 이때 만약 초속 10m의 바람이 분다면 씨앗은 100초 동안 1km의 거리만큼 더 멀리 날아갈 수 있게 됩니다(10m×100초=1,000m=1km). 이것은 우리가 흔히 보는 단풍나무 열매가 1초에 1m의 하강 속도를 가지고 땅으로 떨어지는 것과 비교해도 무척이나 오래, 그리고 멀리 날아가는 것이 됩니다.

하지만 아무리 섬세한 구조로 만든 글라이더라도 높은 곳에서 떨어지지 않으면 멀리 날아가지 못하고 바로 땅바닥에 닿을 것입니다. 그래서 자바오이는 최선을 다해 키가 큰 나무를 타고 올라갑니다. 그리고 가장 위쪽에 열매를 맺으려 하죠. 그래서 자단*Pterocarpus indicus*이나 메란티*Shorea leprosula*와 같은 키가 큰 나무를 타고 올라 지상으로부터 30~50m 높이에 열매를 맺습니다. 그렇게 건물 10~16층 높이에서 비행을 시작한 자바오이 씨앗은 느리고도 우아한 모습으로 먼 거리를 날아가 새로운 터전이 될 땅으로 착륙하게 되는 것입니다.

자바오이의 이러한 비행은 초기의 항공기 개발자들에게도 깊은 인상을 주었습니다. 그중에서도 현대 비행기 개발의 선구자라 일컫는 오스트리아의 이고 에트리히는 자바오이 씨앗의 모양을 연구해 이를 본따 1904년 처음으로 글라이더를 만들었습니다. 자노니아(*Zanonia*: 자바오이의 옛 속명)라고 이름 지어진 이 글라이더는 안정적인 날개로 약 900m를 활공하면서 성공적인 비행을 했습니다. 에트리히는 그 후에도 여러 항공기를 설계할 때 자바오이 씨앗의 구조를 참고했습니다. 2007년 오스트리아의 기념 주화에는 에트리히와 자노니아 글라이더가 새겨지기도 했습니다.

인간은 지구상의 모든 생물 중에서 가장 지능이 높다고 알려져 있지만 식물이 만든 정교한 구조를 아직도 다 파악하지 못하고 있을 뿐만 아니라, 파악했다고 하더라도 그것과 완벽하게 똑같이 만드는 기술을 갖기란 어렵습니다. 우리가 식물에서, 더 나아가 자연에서 배울 수 있는 것은 무궁무진합니다. 자연 속에서 어떤 일들이 일어나는지 호기심을 가지고 자세히 들여다보면 우리 앞에 놓인 어려운 일들을 해결할 힌트를 찾을 수도 있지 않을까요.

속임수로 씨앗을 퍼뜨리는 사기꾼

케라토카리윰 아르겐테움 *Ceratocaryum argenteum*

자바오이는 정교한 구조의 씨앗을 만들어둔 덕에 움직일 수 없다는 핸디캡을 극복하고 바람을 이용해 자손을 멀리까지 퍼뜨릴 수 있습니다. 이 자바오이처럼 자손을 멀리 퍼뜨리기 위해 씨앗을 정교하게 만든 식물이 또 있습니다. 하지만 이 식물은 누군가를 속임으로써 자신의 씨앗을 퍼뜨리는 사기꾼이죠. 이 식물이 누구한테 어떤 속임수를 쓰는지 남아프리카공화국의 남쪽으로 가봅시다.

전 세계에서 이 지역에만 사는 케라토카리윰 아르겐테움은 전체적인 모습이 삐쭉삐쭉한 잎 여러 개로 이루어진 식물입니다. 이 식물이 맺는 씨앗은 진한 갈색으로, 1cm가 살짝 넘는 작고 동글동글한 모양입니다. 그런데 이 씨앗이 땅에 떨어지면 몇 분 내로 접근하는 곤충이 있습니다. 바로 똥을 찾아 굴리고, 땅에 묻고를 반복하는 습성을 가진 쇠똥구리입니다. 그중에서도 케라토카리윰 아르겐테움의 씨앗을 찾아온 쇠똥구리는 남아프리카공화국에만 서식하는 에피리누스 플라겔라투스*Epirinus flagellatus*라는 쇠똥구리입니다.

이 쇠똥구리는 케라토카리윰 아르겐테움의 씨앗을 보고 부지런히 달려와 뒷다리 사이에 끼우고는 물구나무서기를 한 채로 굴려가 땅에 묻습니다. 이 씨앗이 자신이 찾아다니던 초식동물인 일런드영양*Taurotragus oryx*의 똥과 똑같이 생겼기 때문입니다. 심지어 색깔과 냄새[1]까지 똑같습니다. 쇠똥구리는 원래 초식동물의 배설물을 굴려서 가져간 뒤 땅에 묻고는 먹거나 그 안에 알을 낳기 때문에 자신이 좋아하는 똥과 똑같이 생긴 이 씨앗도 열심히 굴려 땅에 묻는 것입니다.

하지만 땅에 묻은 그것을 먹거나 안에 알을 낳으려는 순간 쇠똥구리는 그것이 냄새만 같을 뿐 부드럽고 영양가 있는 똥이 아닌, 너무 딱딱해서 먹거나 알을 낳을 수 없는 다른 것임을 깨닫게 됩니다. 그리고 다시 땅 위로 올라와 또 다른 똥을 찾아 똑같은 행동을 하죠. 케라토카리윰 아르겐테윰은 쇠똥구리의 습성을 이용해 자신의 씨앗을 퍼뜨리는 사기꾼인 셈입니다. 쇠똥구리가 즐겨 찾는 일런드영양의 똥과 모양은 물론 색, 냄새를 똑같이 따라 한 씨앗을 만들어 쇠똥구리가 최대 2m나 먼 곳으로 씨앗을 옮기고 땅에 묻어버리게 만들죠.

하지만 케라토카리윰 아르겐테윰이 쇠똥구리를 속이는 것만을 목표로 똥과 같은 모양과 냄새를 흉내 낸 것은 아닙니다. 근처에는 딱딱한 씨앗을 부수어 먹는 쥐처럼 같은 작은 동물이 많이 살고 있는데, 그런 동물들은 똥과 같은 모양과 냄새를 풍기는 씨앗은 건들지 않기 때문에 케라토카리윰 아르겐테윰의 씨앗은

1 앞서 자이언트 라플레시아도 파리와 딱정벌레를 유인하기 위해 시체 썩는 냄새를 풍긴다고 이야기했습니다. 그런데 식물이 풍기는 냄새가 악취로 느껴진다는 건 사실 인간의 관점에서 본 것입니다. 똥파리는 악취를 맛있는 냄새로 인식하니까요. 반대로 동물이나 곤충이 악취라고 느껴 기피하게 하는 식물의 냄새가 인간에게는 상쾌하고 좋은 향기로 느껴지기도 합니다.

먹히지 않고 살아남을 수 있죠. 다른 동물들에게 자신의 씨앗을 똥처럼 보이게 만들어 무사히 자손을 퍼뜨릴 수 있었던 케라토카리윰 아르겐테윰은 앞으로도 쇠똥구리를 속이는 일을 멈추지 않을 것 같습니다.

Ficus ssp.

죽음에 이르게 하는 힘 ✢ 교살자 무화과나무

✢ 다른 나무를 목 졸라 죽이는 교살자 무화과나무.
땅에 뿌리가 닿는 순간, 무서운 속도로 기이한 성장을 시작한다.

어두운 숲의 제왕

식물은 살아남기 위해 어쩔 수 없이 다른 식물과 경쟁해야 합니다. 때로는 그 경쟁이 상대방을 죽음으로 몰고 가더라도 자신의 생존을 위해서라면 경쟁은 피할 수 없는 것입니다. 생존을 위한 식물들의 경쟁은 열대우림에서부터 사막과 습지 할 것 없이 전 세계 식물이 있는 모든 곳에서 이루어지고 있으며, 식물의 성장과 번식에 중요한 영향을 미칩니다. 특히 식물은 햇빛을 이용한 광합성으로 양분을 만들어 생명을 이어가기 때문에 '빛을 향한 경쟁'은 그 어떤 경쟁보다 치열하다고 할 수 있습니다.

그런 의미에서 보면 이제 막 씨앗에서 새싹을 키워낸 식물은 이미 많은 나무로 거대한 그늘을 만들어낸 숲이라는 환경이 암담하기만 할 것입니다. 덩치 큰 나무들의 줄기와 잎에 막혀 땅바닥에 햇빛이 거의 들지 않는 상황에서 그들과의 경쟁은 사실 무리죠. 시작부터 너무 차이가 나니까요. 이런 상황에서 별다른 특기 없이는 살아남기가 쉽지 않습니다.

울창한 숲에서 이제 막 새싹을 키워낸 식물이 생존하기 위한 방법에는 몇 가지가 있습니다. 먼저 잎이나 줄기를 덩굴손으로 변형시켜 다른 나무를 타고 올라 해가 잘 보이는 자리를 차지하는 방법이 있습니다. 덩굴손이 아니더라도 줄기에서 흡착 뿌리를 내어 다른 나무의 줄기를 따라 올라가 살아가는 방법도 있죠. 또 아예 광합성을 포기하고 햇빛이 필요하지 않은 상태로 살아가는 방법도 있습니다. 이 경우 식물은 다른 식물의 뿌리나 줄기에 기생해 그 식물이 만든 양분을 빨아먹으며 살아갑니다.

그리고 지금 소개할 식물은 어두운 숲에서 살아남기 위해 다른 식물의 줄기나 가지 위에서 싹을 틔워 살아가는 방법을 씁니다. 이런 방법을 쓰는 식물을 착생식물이라고 합니다. 다른 식물에 붙어 자라는 것은 착생식물과 기생식물이 같지만, 착생식물은 기생식물과는 달리 자신이 붙어 자라는 식물을 침투해 양분을 빼앗지는 않습니다. 단지 그 식물의 표면에만 붙어 자라는 것이죠. 착생식물은 이미 자라 키가 큰 식물의 줄기 위에 자리를 잡고 삶을 시작하기에 땅에서보다 더 많은 햇빛을 받을 수 있습니다. 그리고 땅이 아닌 빗물로부터 광합성에 필요한 물을 얻으며, 부착하고 있는 식물 위에 모인 낙엽이나 유기물로부터 성장에 필요한 영양분을 얻습니다.

착생식물은 크게 두 가지로 나눌 수 있습니다. 하나는 전 생애를 땅에 닿지 않은 채로 다른 물체에 붙어사는 종류이고, 다른 하나는 뿌리가 자라서 땅에 닿을 때까지만 다른 물체에 붙어사는 종류입니다. 화원에서 흔히 볼 수 있는 호접란이나 풍란 같은 난초, 플랜테리어로 인기인 틸란드시아가 전자의 경우입니다. 이들은 평생을 다른 식물의 줄기나 바위에 붙어살며 땅으로는 내려오지 않습니다.

그리고 후자의 대표적인 예는 교살자 무화과나무Strangler fig입니다. 이 나무는 다른 물체 표면에서 싹을 틔워내지만 빠르게 성장한 뿌리가 이윽고 땅에 닿으면 기이한 모습으로 성장합니다. 그 모습을 보고 사람들은 이 나무에 '교살자'라는 이름을 붙였습니다. 교살자란 '목을 졸라 죽이는 사람'을 가리킵니다. 대체 어떤 모습으로 자라기에 이런 무시무시한 이름이 붙었을까요?

그것은 이 무화과나무가 달라붙어 있던 식물을 서서히 옥죄어 가다가 결국 죽게 만들기 때문입니다. 그 모습이 마치 나무를 목 졸라 죽이는 것처럼 보였던 것이죠. 단지 햇빛을 더 많이 받기 위해서는 다른 식물의 줄기에 붙어 자라는 것으로 충분할 텐데, 왜 목을 졸라 죽이기까지 할까요?

이를 자세히 알아보기 위해 교살자 무화과나무의 생애를 한번 따라가 봅시다. 교살자 무화과나무의 생은 다른 나무의 줄기 틈새에 붙은 씨앗에서 시작합니다. 새나 원숭이와 같은 숲의 동물들이 높은 나뭇가지에 앉아 무화과나무의 열매를 먹고 배설하면 소화되지 않은 씨앗이 나무줄기의 틈새에 붙게 되는 것이죠. 이때 씨앗에는 끈적끈적한 물질이 있어 땅으로 떨어지지 않고 줄기에 붙을 수 있습니다. 이로써 교살자 무화과나무는 울창한 숲에서 어두운 바닥이 아닌 햇빛이 잘 드는 자리를 차지합니다. 그 후 무화과나무는 위로는 햇빛을 받으며 잎을 키워내고 아래로는 뿌리를 내립니다. 이 뿌리가 땅에 닿기 전까지 교살자 무화과나무는 다른 착생식물들처럼 떨어지는 빗방울과 틈새에 쌓인 낙엽에서 물과 영양분을 얻으며 살아갑니다.

하지만 교살자 무화과나무가 부착식물의 줄기를 따라 아래로 내리뻗은 뿌리들이 땅에 닿는 순간, 기이한 상황이 벌어집니다. 땅에 닿은 뿌리는 땅을 파고들어 주변의 모든 물과 영양분을 흡수해버리며 폭발적으로 성장합니다. 동시에 자신이 붙어 있던 나무의 줄기를 점점 둘러싸기 시작합니다. 처음에는 가느다랗던 뿌리가 점점 두꺼워지면서 부착식물의 줄기는 옴짝달싹 못하는 처지가 되고, 차츰차츰 무화과나무의 뿌리에 점령당하고 맙니다. 결국 교살자 무화과나무의 뿌리는 처음 돋아났던 자리를 비롯한 부착식물의 줄기 전부를 덮어버립니다.

또한 교살자 무화과나무의 뿌리가 성장함에 따라 줄기와 잎도 무성하게 자라 부착식물에게로는 햇빛도 가지 못하게 만듭니다. 이로써 어린 교살자 무화과나무에게 자신의 일부를 내어줬던 나무는 몸통을 서서히 조여오는 뿌리와 햇빛마저 가려버린 잎에 더 이상 살지 못하고 죽어서 썩어버립니다. 그러면 교살자 무화과나무는 속이 텅 빈 기이한 모습으로 혼자 남게 됩니다. 착생한 나무의 숨통을 조여 결국 죽음에 이르게 하는 이 같은 모습 때문에 무화과나무에 교살자라는 이름이 붙은 것이죠.

천년의 사원을 움켜쥐다

사실 교살자 무화과나무라는 이름은 단 한 종의 식물을 지칭하는 것은 아닙니다. 다른 나무의 표면에 붙어살다가 그 나무를 뒤덮어 죽게 만드는 속성이 있는 100여 종의 무화과나무 전부를 이르는 이름입니다. 이 나무들은 주로 열대우림의 울창한 숲에 살고 있으며, 키가 최대 45m(건물 15층 높이)까지 자라는 거대한 식물입니다.

교살자 무화과나무 중에서도 전 세계적으로 유명한 것은 캄보디아 앙코르 와트의 건물을 뒤덮고 있는 나무들입니다. 이들은 '반얀트리Banyan tree'[1]라고도 부르는 벵갈고무나무*Ficus benghalensis*와 피쿠스 팅크토리아*Ficus tinctoria* 등의 교살자 무화과나무들로, 마치 거대한 문어 다리처럼 생긴 이들의 뿌리는 앙코르 와트 전체를 집어삼키는 듯한 모습으로 뻗어 있습니다. 이 나무들은 사원의 돌 틈에서 자라기 시작해 뿌리가 건물의 벽을 파고들면서 지금의 모습이 되었습니다.

나무든 건물이든 교살자 무화과나무에 한번 걸리면 살아남지 못하는 것처럼 보입니다. 오랜 시간이 지나면 결국 그렇게 되는 것도 사실입니다. 하지만 교살자 무화과나무가 다른 나무를 죽이기만 하는, 생태계의 악당은 아닙니다. 오히려 태풍이 오거나 홍수가 날 경우에는 교살자 무화과나무가 튼튼한 뿌리로 부착식물이나 건물을 보호해주기도 합니다. 실제로 2013년 오스트레일리아의 래밍턴 국립공원에 사이클론이 강타했을 때 수많은 나무가 쓰러졌지만 교살자 무화과나무에 둘러싸인 나무들은 살아남을 수 있었다고 합니다.

다른 나무를 죽이기만 하는 교살자 무화과나무가 숲에서는 환영받지 못할 것 같지만 사실 이 나무들은 열대우림 생태계에서 없어서는 안 되는 가장 중요한 식물 중 하나입니다. 무엇보다도 무화과나무의 열매는 숲속의 다양한 동물의 주요 먹이입니다. 새와 원숭이, 박쥐와 같은 동물들이 무화과에 전적으로 기대

1 반얀트리라는 이름은 유럽인들이 이 나무의 그늘에 인도의 상인들(반얀, banian)이 자주 있는 것을 보고 붙인 것입니다.

어 살아갑니다. 더구나 교살자 무화과나무는 1년에도 여러 번 열매를 맺기 때문에 다른 식물들이 열매를 거의 맺지 않는 기간에 숲속의 동물들을 먹여 살립니다. 또 부착식물이 사라지고 비어 있는 교살자 무화과나무의 중심부는 새와 박쥐, 도마뱀, 쥐 등 여러 동물이 살아가는 공간이 됩니다. 그들은 그곳에 둥지를 틀거나 천적을 피해 숨습니다.

생태계는 그것을 이루고 있는 여러 생명체가 복잡하게 얽혀 있는 무대입니다. 그리고 그 안에서는 절대적인 악당도 피해자도 없습니다. 순간적으로는 피해자가 있는 상황이라도, 멀리 떨어져서 길게 바라보면 거대한 생태계를 받쳐주는 하나의 과정일 뿐입니다. 한정된 자원을 놓고 벌이는 식물들의 경쟁도 마찬가지입니다. 그리고 이런 경쟁은 식물 진화의 원동력이 됩니다. 더 나아가서는 생태계의 진화로도 이어지는 것이겠죠.

우리나라에서 가장 유명한 기생식물

겨우살이 *Viscum album* var. *coloratum*

우리나라에는 햇빛 경쟁에서 이기고자 다른 나무의 가지에 붙어서 살아가는 동시에 그 가지를 뚫고 뿌리를 내려서 양분을 빨아먹는 식물이 있습니다. 햇빛을 받을 수 있도록 자리를 내어주는 고마운 식물의 양분까지 빼앗아 먹는 이 얄미운 식물의 이름은 겨우살이입니다. 겨우살이라는 이름은 '겨울에도 살고 있다'는 뜻으로 추운 겨울에도 푸른 잎을 달고 살아가는 상록성인 겨우살이의 속성에서 유래했습니다.

그렇다면 식물의 가장 큰 특징이라고 할 수 있는 '광합성을 통해 스스로 양분을 만들어내는 일'은 겨우살이에게는 해당이 안 되는 것일까요? 사실 겨우살이는 엽록소도 가지고 있으며 광합성도 합니다. 하지만 자신이 만들어내는 양분보다는 숙주식물(기생식물의 대상이 되는 식물)이 가진 양분을 더 탐내는 탓에 겨우살이는 착생식물을 넘어서 기생식물이 되어버렸습니다. 이렇게 자신도 광합성을 하지만 다른 식물이 만든 양분도 빼앗는 식물을 '반기생식물'이라고 합니다.

겨우살이도 교살자 무화과나무처럼 동물이 열매를 먹고 씨앗을 옮겨줍니다. 특히나 새가 열매를 먹고 씨앗을 퍼뜨려 주죠. 겨우살이의 씨앗은 무척이나 끈적이는 액체로 둘러싸여 있어서 새가 열매를 먹고 씨앗을 배설하면 그대로 나뭇가지에 붙게 됩니다. 그 후 씨앗은 흡기haustoria라는 기생뿌리를 내밀어 숙주로 삼을 식물의 줄기를 뚫고 들어가 자신의 관다발과 숙주식물의 관다발을 이어붙입니다. 이 관다발을 통해 숙주식물이 가지고 있는 물과 양분을 빼앗아 오죠.

우리나라에서 가장 악랄한 기생식물

새삼 *Cuscuta* ssp.

한편 겨우살이와는 다르게 자신에게 필요한 모든 양분을 오로지 숙주식물에만 의존해서 살아가는 '전기생식물'도 있습니다. 서울 마포구의 하늘공원에 가을이면 장관을 이루는 억새의 뿌리에 기생해 살아가는 야고*Aeginetia indica*, 세계에서 가장 큰 꽃으로 알려진 자이언트 라플레시아*Rafflesia arnoldii*가 그런 식물이죠. 하지만 전기생식물 중에서도 가장 악랄하다고 알려진 식물은 씨앗이 삼(麻:마)과 비슷하게 생겼다는 뜻으로 지어진 이름의 새삼입니다.

새삼 중에서도 미국실새삼*Cuscuta campestris*은 처음에는 땅에 뿌리를 내리고 싹을 틔우지만 숙주가 될 만한 식물을 발견하면 무서운 속도로 그 식물의 줄기를 감아 올라갑니다. 동시에 이때 새삼의 줄기에서도 흡기라는 변형된 뿌리가 나와 숙주식물의 줄기를 사정없이 파고들어 가죠. 그리고 숙주식물로부터 안정적으로 물과 양분을 얻을 수 있게 되면 새삼은 자신의 뿌리를 없애버리고 오로지 숙주식물의 줄기만을 휘감으며 살아갑니다. 더구나 새삼은 광합성을 하지 않으니 엽록소도 없고 잎도 없습니다. 그저 숙주식물이 열심히 빨아들인 물과 광합성으로 만든 양분을 고스란히 빼앗으며 평생을 살아가죠.

놀라운 사실은 새삼의 유전자 중 일부는 숙주식물의 것이라는 점입니다. 과학자들은 새삼의 유전자를 분석해 그중 일부가 숙주식물로부터 유래되었다는 것을 밝혀냈습니다. 이것은 새삼이 흡기를 통해 숙주식물의 물과 양분뿐만 아니라 유전자까지 빼앗아 온다는 것을 의미합니다. 여기에 더해 새삼의 유전자가 숙주식물로 이동한다는 것도 밝혀졌습니다. 새삼과 숙주식물 간에 양방향으로 이동되는 유전자는 지금까지 알려진 바로 '자극에 대한 반응'과 '양분 대사,' '신호 전달'에 관여하는 유전자들이 주를 이룬다고 합니다. 하지만 아직까지 이러한 유전자 이동의 결과로 새삼과 숙주식물에 어떤 결과가 나타나는지에 대한 것은 명확하게 밝혀진 바가 없습니다. 아마도 새삼과 숙주식물은 단순히 물과 양분만을 빼앗고 뺏기는 관계가 아니라 서로 유전자까지 주고받으며 상호작용하는 관계일 것이라는 추측만 할 뿐이죠. 다만 확실한 것은, 자연은 겉으로 보기에 평화로움이 느껴지는 한 장의 그림 같지만 자세히 들여다보면 그 안에서는 액션 영화와 같이 엄청난 일들이 벌어지고 있다는 것입니다.

+ 착생식물의 끝판왕 틸란드시아.
햇빛을 많이 받고자 하는 욕망은
틸란드시아를 뿌리도 없이 떠돌게 만들었다.

착생식물 끝판왕

다른 식물이나 물체의 표면에 붙어서 살아가는 착생식물은 햇빛이 들지 않는 땅바닥에서 자라는 것보다 많은 햇빛을 받을 수 있지만, 이 점을 제외하고는 물도 흡수하기 어려울 뿐만 아니라 토양과 같은 영양공급원이 없기 때문에 살아가는 게 쉽지 않습니다. 대부분의 착생식물은 빗물이나 안개로부터 물을 얻으며, 뿌리를 내린 곳의 틈에 모인 낙엽이나 동물의 배설물로부터 영양분을 얻습니다. 그래서 이들은 일반적으로 땅에 뿌리를 내리고 사는 식물보다 더 효율적으로 물과 양분을 흡수할 수 있도록 진화했습니다.

착생식물계의 끝판왕으로 통하는 틸란드시아를 보면 이를 알 수 있습니다. 틸란드시아는 파인애플과의 틸란드시아속에 속하는 상록성 식물로 500여 종이 있으며, 주로 아메리카 대륙에 살고 있습니다. 이들은 나무의 줄기와 바위, 심지어 전깃줄이나 전화선, TV 안테나 등 부착할 수 있는 곳이면 어디든 달라붙어 살아갑니다. 땅이 아닌 어디에서든 자랄 수 있는 능력 때문에 틸란드시아를 흔히 공중식물air plant이라고 부르기도 하죠.

틸란드시아는 식물체의 모든 부분이 착생식물에 적합하도록 진화했습니다. 먼저 뿌리는 물리적 지지를 위해 한자리에 부착하고 유지하는 역할만 합니다. 즉, 뿌리로는 물이나 양분을 흡수하지 않으며 오로지 식물체를 단단히 고정시키는 데만 쓰입니다. 대신 잎이 물과 영양분을 흡수하는 역할을 합니다. 잎으로만 물과 영양분을 흡수하는 게 가능할지 의아하게 들릴 수 있지만,

틸란드시아의 잎 표면에 있는 무수히 많은 트리콤trichome이 그 일을 해냅니다.

은회색의 마법사

식물의 잎에 있는 표피 세포가 변형되어 만들어진 트리콤은 주로 흰색의 가는 털처럼 보이는데, 이를 현미경으로 들여다보면 그 모양이 뭉툭한 못처럼 생겼습니다. 그리고 못의 머리 가장자리를 따라 위아래로 유연하게 움직이는 얇은 날개가 둘러싸여 있습니다. 큐티클로 코팅되어 반들반들한 틸란드시아 잎 표면에는 이 미세한 트리콤 못이 무수히 박혀 있습니다. 바로 이 못을 통해 공기 중에 있는 수분이 잎 안쪽으로 들어가게 됩니다.

못의 머리처럼 생긴 부분이 빗물이나 안개에 있는 수분을 직접적으로 빨아들여 부풀어 오르고, 그 안에 모인 물은 잎 내부까지 못의 꼬리를 통해 이동하게 됩니다. 이런 물의 이동은 언제나 잎 외부에서 내부 방향으로 이루어지는데, 그 이유는 대기가 건조해지면 트리콤 못이 잎에 깊이 박히는 동시에 못의 머리가 수축되어 물이 이동하는 통로를 막기 때문입니다. 그러면 잎 내부에서는 외부로 물이 나가지 않죠.

그렇다면 트리콤의 날개 부분은 어떤 역할을 할까요? 이 날개는 직접적으로 물을 흡수하지는 않지만 틸란드시아 잎 표면에 있는 물을 가두는 역할을 합니다. 대기 중에 수분이 많은 상태에서는 날개가 아래로 처지면서 잎 표면을 덮기 때문에, 물이 마르지 않고 젖어 있게끔 하는 것이죠. 틸란드시아의 잎 표면이 큐티

클로 덮여 있어 매끈한 탓에 물을 가두지 못하고 흘려보내기 때문에 이 날개로 물을 붙잡아 두는 것입니다. 마치 잘 닦은 유리창에 분무기로 물을 뿌리면 그대로 흘러내리지만, 얇은 종이 한 장을 덮고 물을 뿌리면 유리 표면이 젖은 상태로 유지되는 것과 같습니다. 이렇게 갇힌 물은 잎 표면과 날개 사이로 흘러 결국 트리콤 못의 머리로 흡수되어 잎 내부로 이동합니다.

반대로 대기가 건조할 때 트리콤의 날개는 위를 향해 올라가 있습니다. 잎 표면을 계속 덮고 있으면 아예 물이 스며들지 못하기 때문이죠. 이렇게 대기 중의 수분 함량에 따라 트리콤의 날개가 움직이는 덕분에 틸란드시아는 효과적으로 물을 흡수할 수 있습니다. 그래서 마른 틸란드시아의 잎은 서 있는 트리콤의 날개에 빛이 반사되어 은회색으로 보입니다. 반대로 물에 젖어 있는 잎은 날개가 내려와 잎 표면에 달라붙어 밝은 녹색으로 보입니다. 결국 일반적인 식물의 경우 뿌리가 물을 흡수하는 일을 하지만 틸란드시아의 경우에는 잎에 있는 트리콤이 그 일을 하는 것이죠.

그렇다면 영양분은 어떨까요? 영양분 역시 트리콤을 통해 대기 중의 수분과 함께 흡수됩니다. 공기 중에는 황사를 비롯해 작아서 눈에 보이지 않는 여러 물질이 있습니다. 이 물질들이 수분과 함께 트리콤으로 흡수되어 틸란드시아의 내부로 들어옵니다. 틸란드시아는 공기 중에 떠다니는 질산과 칼슘, 철, 마그네슘, 구리, 망간, 납, 아연 등의 금속성 미네랄을 흡수하며, 포름알데하이드와 같이 인간에게 해로운 물질도 흡수합니다. 틸

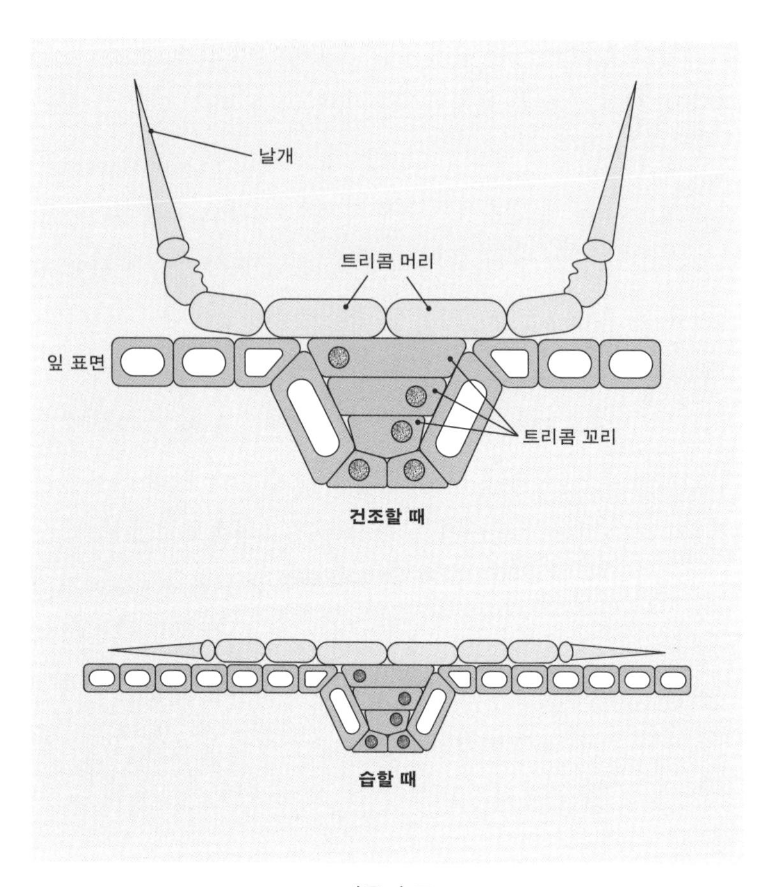

트리콤의 구조

란드시아의 이런 능력 때문에 과학자들은 틸란드시아 잎에 있는 중금속을 측정해 대기의 오염 정도를 알아보기도 하고, 사람들은 미세먼지로부터 실내 공기를 정화하기 위해 틸란드시아를 키우기도 합니다. 더구나 흙 없이 공중에 매달기만 해두어도 잘 자라서 많은 사람에게 사랑받는 화초가 되었습니다.

그중에서도 전체적인 모양이 산타할아버지의 수염처럼 생겨 '수염 틸란드시아'라고도 부르는 틸란드시아 우스네오이데스 *Tillandsia usneoides*는 특히나 인기가 많습니다. 이 식물은 줄기와 잎이 온통 트리콤으로 덮여 있어 은빛이 나며, 이 트리콤 덕분에 뿌리 없이 공중에 매달아도 잘 살아갑니다. 얼핏 보면 실뭉치나 이끼처럼 보이기도 하지만 틸란드시아 우스네오이데스는 엄연히 꽃을 피우고 열매를 맺어 번식하는 속씨식물입니다. 다만 바람에 떨어진 줄기 한 가닥으로도 번식이 가능하죠. 키우기 쉬우면서 번식도 쉽고, 거기다 미세먼지까지 효과적으로 먹어버리는 틸란드시아 우스네오이데스가 사람들의 사랑을 받는 것은 당연한 일입니다.

피마자

피마자의 씨

피마자의 열매

홍두

맨치닐

악마의 발톱

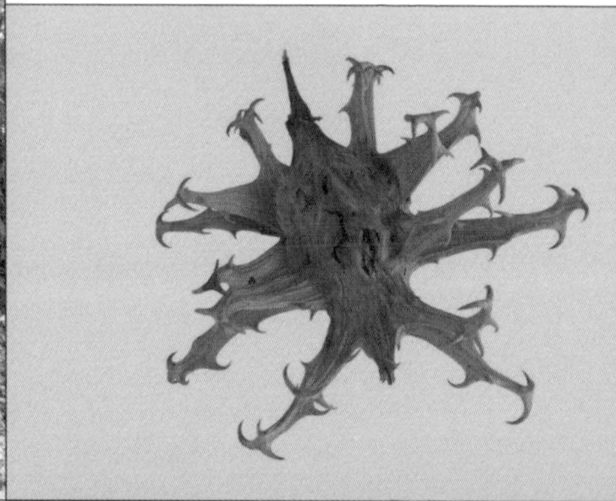

악마의 발톱의 열매

맨치닐의 열매

남가새

짐피짐피 잎의 털

짐피짐피

쐐기풀

리토프스

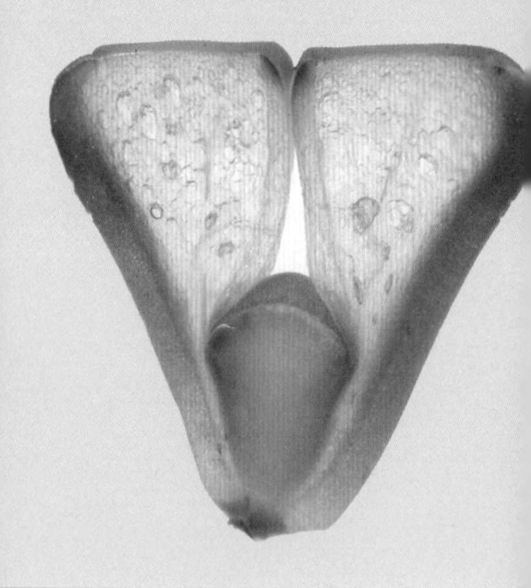

리토프스를 자른 단면

리토프스의 꽃

뿌리와 잎으로만 이루어진 리토프스

사사패모(좌: 일반적인 연두색, 우: 보호색인 갈색)

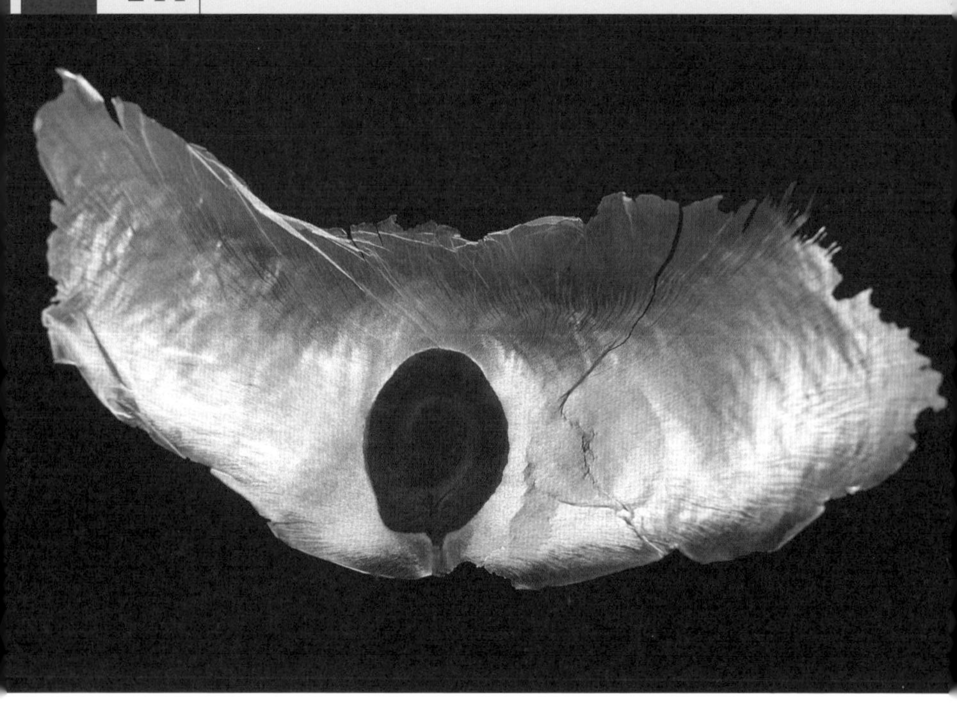

자바오이의 씨앗

케라토카리윰 아르겐테윰
(위: 일런드영양의 실제 배설물, 아래: 씨앗)

교살자 무화과나무

속이 텅 빈 교살자 무화과나무

교살자 무화과나무가 집어삼킨 앙코르 와트

겨우살이

미국실새삼

틸란드시아

끈적이는 액체로 둘러싸인 겨우살이의 씨앗

틸란드시아 세로그라피카

수염 틸란드시아

Chapter 4

환경

지나치거나
열악하거나

극한의 메마름 ÷× 야레타

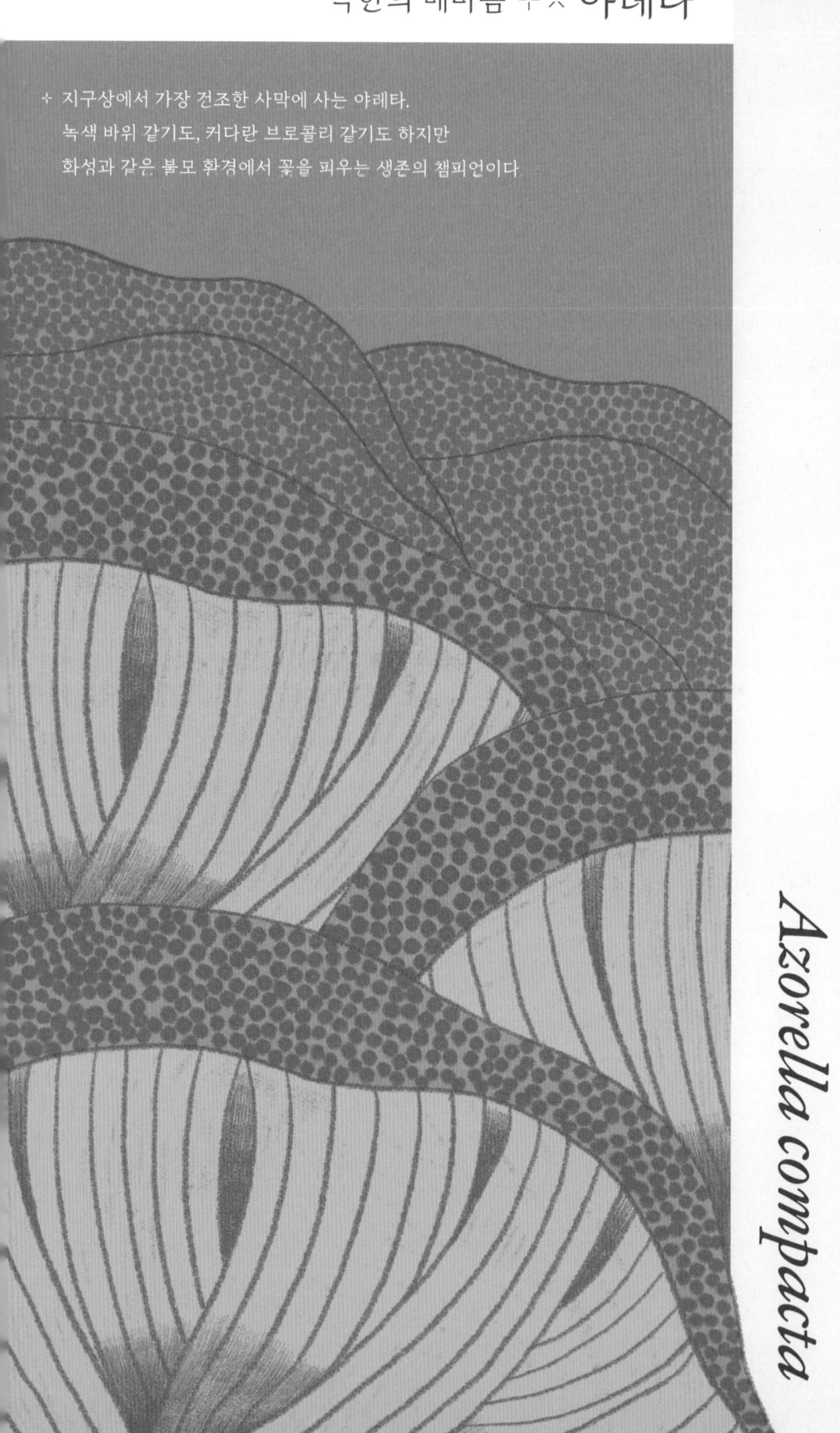

÷ 지구상에서 가장 건조한 사막에 사는 야레타.
녹색 바위 같기도, 커다란 브로콜리 같기도 하지만
화성과 같은 불모 환경에서 꽃을 피우는 생존의 챔피언이다.

Azorella compacta

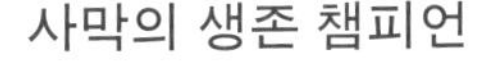

사막의 생존 챔피언

전 세계에서 가장 메마른 곳으로 알려진 아타카마 사막은 남아메리카의 칠레 북쪽에 위치한 곳으로 우리나라 국토 면적과 비슷한 크기입니다. 이곳은 1년 동안 비가 1cm 남짓밖에 오지 않으며, 때로는 비가 땅에 닿기도 전에 증발해버려 실질적으로 비가 오지 않는 것과 다름없는 진정한 사막이죠. 아타카마 사막의 이런 건조한 환경은 화성과 가장 비슷하다고 해서 이곳은 화성 탐사 장비를 테스트하는 장소로 사용되기도 합니다.

아타카마 사막은 예전에 바다였던 곳이 융기하여 생성된 지형으로 그로 인해 땅에는 소금 덩어리가 돌아다닐 정도로 염분이 많습니다. 게다가 이곳은 해발 2,000m가 넘는 고도에 분포하고 있어서 매일 낮은 여름처럼 덥지만 반대로 밤은 겨울처럼 춥습니다. 따라서 1년 중 계절에 상관없이 밤 기온이 영하로 떨어질 수 있습니다. 그런데 식물이 도저히 살 수 없을 것만 같은 이곳에 극도의 건조함과 온도 차를 견디며 살아가는 식물 야레타가 있습니다.

야레타는 바위 근처에 붙어살며 너비가 6m까지도 달하는 거대한 반구형의 모습을 한 식물입니다. 마치 사람 서너 명이 올라타도 자리가 남을 정도의 크기인 초대형 브로콜리처럼 생겼습니다. 그래서 멀리서 야레타를 본 사람들은 이것이 식물일 거라고는 생각하지 못합니다. 그저 신기하게 생긴 녹색 바위로 생각하죠. 또 어떤 이들은 이 식물을 바위 위를 덮으며 자라는 이끼라고 생각하기도 합니다. 하지만 야레타는 물이 많은 곳에 살면서 포자로 번식하는 이끼가 아니라 놀랍게도 극도의 건조함 속에서도 꽃을 피워 열매를 맺는 속씨식물입니다.

야레타는 아타카마 사막의 동쪽인, 안데스산맥과 가까운 해발 3,800m에서 5,250m까지 이르는 높은 고도에 살며, 식물체 가운데에서부터 반원형을 그리며 뻗어 나오는 무수히 많은 줄기로 이루어져 있습니다. 그 줄기 끝에는 아주 작고 두꺼우며 1년 내내 녹색인 잎이 빽빽하게 달려 있죠. 1885년 칠레의 식물학자 페데리코 필리피가 칠레와 볼리비아의 국경을 여행하다 이 식물을 발견했습니다. 그리고 6년 후 필리피의 아버지가 아조렐라 컴팩타*Azorella compacta*라는 학명으로 세상에 발표했는데, '아조렐라속에 속하며 뭉쳐놓은 듯한 모양의 식물'이라는 뜻입니다. 이 이름에는 조밀하게 뭉쳐 있는 줄기를 가진 야레타의 특징이 잘 나타나 있습니다.

과학자들의 연구에 따르면 야레타는 1년에 겨우 1.4mm에서 4mm까지 자란다고 합니다. 이 성장 속도라면 우리가 아타카마 사막에서 볼 수 있는 야레타는 수백 년 동안 살아오고 있는 것들이죠. 그중에는 3,000년도 넘게 살고 있는 개체도 있을 것입니다. 그렇다면 야레타는 극강의 건조함만 존재하는 아타카마 사막에서 어떻게 이토록 오랫동안 살아올 수 있었을까요?

야레타의 생존 전략은 다음과 같습니다.

먼저 야레타는 큰 돌이나 바위 근처에 붙어삽니다. 돌과 바위는 물이 없는 환경 조건에서 아주 유리한 장소입니다. 흙과 달리 돌 위는 물이 스며들지 않고 흐를 수 있기 때문이죠. 야레타

는 이 물을 전부 흡수해버립니다. 그런데 야레타가 흡수하는 물은 하늘에서 떨어지는 빗물이 아닙니다. 앞에서도 언급했듯이 아타카마 사막에는 비가 오지 않기 때문에 야레타가 흡수하는 물은 가끔씩 피어나는 안개에 포함된 수분입니다. 안갯속 수분은 높은 해발에 있는 돌 위에 닿으면 식어서 물방울로 변하는데 야레타는 이를 놓치지 않고 흡수하는 것이죠. 또 바위와 돌이 만들어낸 그늘은 아무리 좁다고 해도 야레타가 수분을 보존하는 데 도움을 줍니다. 게다가 큰 돌과 바위는 밤이 되면 찾아오는 급격한 변화로부터 야레타를 보호합니다. 낮에 강렬한 햇빛으로 데워진 돌이 밤의 추위 속에서 야레타를 따뜻하게 해주기 때문이죠.

돔의 비밀

아타카마 사막에서 살아가는 야레타의 또 다른 생존 전략은 독특한 생김새에 있습니다. 야레타는 씨앗으로 번식하는데 씨앗이 땅에 떨어지면 아주 튼튼한 뿌리를 내립니다. 그리고 위로는 짧은 줄기에 두꺼운 가죽질의 잎을 키워내죠. 야레타 줄기는 사방으로 뻗으며 반복적으로 가지를 칩니다. 그래서 어느 정도 자란 야레타의 모습은 바닥에 깔린 녹색 카펫처럼 보이다가 더 자라면 몽글몽글한 브로콜리처럼 보입니다.

이런 반구형(돔 형태) 모습은 주로 높은 산이나 북극과 같은 극한 환경에 사는 식물들에게서 볼 수 있는 형태로, 이는 식물의 표면 대비 부피의 비율을 줄여 수분 손실을 줄이고 열을 보존하기에 적합합니다. 반구형 내부에 자체적으로 만들어지는 공간이 낮에는 주변 공기의 온도보다 더 차갑게, 그리고 밤 동안에는 더 따뜻하게 열을 보존해주죠. 더구나 반구형은 그 어떤 형태보다 태양의 강렬한 자외선으로부터 내부를 보호하는 데 알맞습니다. 이것은 마치 우리가 혹독하게 추운 환경에서 서로 떨어져 있지 않고 옹기종기 모여 부둥켜안고 체온을 나누는 것과 같습니다. 한라산 백록담 주변에 살고 있는 암매도 이렇게 살아가죠. 참고로 브로콜리나 콜리플라워는 반구형 형태의 식물이 아닙니다. 이들은 꽃이 피기 전 꽃봉오리가 몽글몽글해 보일 뿐 전체적인 모습은 일반 식물과 같습니다.

또 반구형으로 자라는 야레타를 반으로 잘라보면 나무의 줄기를 자른 것과 같은 단면이 나옵니다. 이 단면에서는 빈틈을 찾아볼 수가 없는데, 그 이유는 줄기 끝에서 새로 돋아난 잎에 자리를 내어주고 밀려난 오래된 잎들과 빽빽하게 가지를 친 줄기가 서로 얽혀 있기 때문입니다. 이렇게 단단하게 뭉쳐진 내부는 축축하며 죽은 조직이 많아서 선명한 풀빛과 녹색을 띠는 표면과는 다르게 칙칙한 갈색입니다. 이 조직들은 아주 느리게 분해되며 수분과 함께 여러 가지 물질을 함유하고 있습니다. 이것은 마치 일반적인 나무줄기의 심재(중심부에 있는 단단한 부분)가 죽은 물관 조직으로 이루어져 있으면서 송진, 타닌, 페놀 등과 같은 물질을 포함하고 있는 것과 같다고 볼 수 있습니다. 야레타는 풀이지만 반구형의 내부에 여러 물질을 함유하고 있을 뿐만 아니라, 내부의 죽은 조직들이 식물체를 물리적으로 지탱하는 역할을 하여 나무처럼 그 위로 사람이 올라가도 부서지지 않는 아주 단단한 식물이 되었습니다.

또한 나무의 심재에 들어 있는 물질들이 높은 항균성으로 곰팡이를 비롯한 병원균을 물리치는 것처럼 야레타 내부에 들어 있는 물질들도 비슷한 역할을 합니다. 특히 야레타 내부에는 테르펜이라고 하는 물질이 많은데, 이 물질은 휘발성의 화학물질로 균과 박테리아의 침입을 막을 뿐만 아니라 야레타를 먹으려는 초식동물도 막아줍니다. 사실 척박한 아타카마 사막에서 수분과 영양분을 해결함과 동시에 햇빛을 피하고 온도를 유지할 수 있는 야레타 내부는 많은 미생물이 탐내는 장소입니다. 또 초식동물에게 야레타는 1년 내내 푸릇푸릇한 맛있는 먹이로 보이죠. 하지만 다행히도 야레타는 내부에 가득한 테르펜 덕분에 균과 초식동물을 물리치고 수백 년을 살아올 수 있었습니다.

또 야레타 내부에는 소나무의 송진과 같은 수지(레진)가 들어 있어 테르펜과 함께 미생물과 초식동물을 막는 역할을 합니다. 그런데 이런 물질들이 야레타에게 장점만 가져다준 것은 아니었습니다. 이 물질들은 불에 잘 타는 성질이 있어 땔감이 별로 없는 아타카마 사막 주변의 인간들에게 야레타는 더없이 좋은 연료가 된 것이죠. 또한 이 물질들이 가진 항균, 항염, 진통의 효능은 야레타가 무분별하게 훼손된 데에도 한몫을 했습니다. 결국 야레타는 인간의 연료와 약재로 사용되며 사라져갔습니다. 이에 1941년 칠레 정부는 야레타를 불법으로 채취해 옮기는 것을 규제했고, 2008년부터는 이를 엄격하게 관리하고 있습니다.

과학자들은 기후변화로 점점 더 건조하고 척박해지는 환경에서도 잘 자랄 수 있는 작물을 만들기 위해 오늘도 아타카마 사막의 식물들을 연구하고 있습니다. 그런 의미에서 야레타는 그야말로 극한의 조건에서 수백 년을 살아오고 있는, 아타카마 사막의 진정한 챔피언이라고 할 수 있죠. 야레타의 유전자를 여러 작물에 도입해 척박한 환경에서도 잘 자랄 수 있는 작물을 만들어낸다면 이 세상에서 굶주림에 고통받는 인간과 동물은 사라질지도 모르겠습니다.

아타카마 사막의 꽃밭

아타카마 사막은 지구상에서 가장 건조하면서도 오래된 사막으로 알려져 있습니다. 약 2,000만 년 동안 유지되고 있는 건조 상태는 지금으로부터 약 2,300년 전인 기원전 300년경에 고대의 나스카인들이 그린 것으로 알려진 초대형 지상화를 온전한 상태로 보존해주었죠. 너무도 거대해서 하늘에서만 그 전체 모습을 파악할 수 있다는 이 지상화들은 아타카마 사막의 건조함 덕분에 수천 년을 지워지지 않고 존재할 수 있었습니다.

이런 환경에서는 아무리 안개에 수분이 포함되어 있다고 하더라도 식물이 자신의 서식 범위를 크게 넓혀가며 살아가기가 힘든 법입니다. 그런데 아타카마 사막에 아름다운 꽃으로 뒤덮인 넓디넓은 꽃밭이 있다면 믿겨지나요? 그것도 끝도 없이 펼쳐진 광활한 대지에 말입니다.

그 꽃밭은 아타카마 사막의 일부 지역에 5년에서 7년마다 한

번씩 비정상적으로 많이 내리는 비로 인해 생겨납니다. 몇 시간 동안 예고 없이 찾아온 폭우는 불모지였던 사막을 아름다운 정원으로 완전히 바꾸어놓죠. 비가 지나간 후 약 열흘이 지나면 시간 차를 두고 색깔별로 꽃들이 한꺼번에 폭발적으로 피어나 아타카마 사막에는 믿기지 않는 장관이 펼쳐집니다. 눈이 닿는 자리마다 일제히 피어난 꽃들로 땅이 제대로 보이지 않을 정도입니다. 대체 어떻게 이런 일이 생기는 것일까요?

그것은 씨앗의 놀라운 능력 때문입니다. 생명의 기운이라곤 아무것도 없는 것 같은 사막의 땅속에 언젠가 자신을 틔워줄 비를 기다리며 몇 년 동안 잠들어 있는 씨앗들의 휴면 능력이 그런 장관을 만드는 것이죠. 식물의 '휴면'이란 특수한 환경 조건에서 생장이나 활동이 정지하는 현상을 말합니다. 아타카마 사막의 꽃밭을 이루는 대표적인 식물인 키스탄테 롱지스카파*Cistanthe longiscapa*와 로도피알라 바그놀디*Rhodophiala bagnoldii*의 씨앗은 물이 닿지 않는 한 싹을 틔우지 않고 잠들어 있을 수 있습니다. 그러다가 몇 년에 한 번씩 비가 내리면 기회를 놓치지 않고 재빠르게 꽃을 피워 씨앗을 맺죠.

그렇다면 씨앗은 비가 온 것을 어떻게 알까요? 비밀은 씨앗 안에 들어 있는 식물 호르몬인 아브시스산(Abscisic acid: ABA)에 있습니다. 씨앗 안에 있는 아브시스산은 씨앗이 익어갈수록 농도가 진해져 씨앗이 발아하지 않게 붙잡는 동시에 씨앗이 극한의 건조를 견딜 수 있도록 도와주는 단백질을 만들어냅니다. 그러다가 비가 씨앗에 닿을 정도로 오게 되면 아브시스산이 씻겨나가고 씨앗의 휴면은 끝이 나면서 싹이 틔고 꽃이 피는 것이죠.

하지만 한 가지 의문이 더 생깁니다. 아무리 싹이 돋아난 뒤라 하더라도 그 많은 식물이 한꺼번에 꽃을 피울 수 있는 양분은 어디에서 오는 것일까요? 식물의 성장에 필요한 다양한 영양분을 척박한 사막의 토양에서 전부 얻을 수 있는 걸까요? 해결사는 뿌리박테리아였습니다. 사막의 꽃밭 식물들의 뿌리에는 여러 가지 박테리아가 사는데, 이들은 빠르게 성장해 꽃을 피우고 열매를 맺어야 하는 사막의 식물이 질소를 비롯한 영양분을 이용할 수 있도록 바꾸어줍니다. 이 뿌리박테리아 덕분에 식물들은 싱싱하고 아름다운 꽃을 피워 씨앗을 남길 수 있습니다. 그리고 이렇게 피어난 꽃은 사막의 배고픈 동물들에게 소중한 먹이가 되고, 그 생태계는 건강하게 유지되죠.

자연自然은 '인간의 힘을 더하지 않은 저절로 된 그대로의 현상'을 뜻합니다. 사람의 눈에는 신기하고 놀라운 현상도 자연 속에서는 원래 그러한, 너무나도 당연한 일이죠. 불모지의 아타카마 사막이 화사한 꽃밭으로 변하는 현상도 그 안에서 벌어지는 일을 가만히 들여다보면 너무나도 자연스러운 현상입니다.

극한의 추위 ✢× 이끼

Bryophyte

✢ 남극대륙에서 얼음이 없는 땅은 2%에 불과하다.
이끼는 그 2%를 점령한 남극대륙의 진정한 주인이다.

2개의 극, 2퍼센트의 땅

남극과 북극을 떠올리면 모두 차디찬 얼음과 눈으로 뒤덮인 하얀 세상이 그려집니다. 이 두 곳은 지구상에서 가장 춥고 생명체가 살기 어려운 땅으로, 각각 지구 최남단과 최북단 지점에 위치하고 있습니다. 그래서 영어로 남극을 뜻하는 the Antarctic은 북극을 뜻하는 the Arctic에 '반대편'을 나타내는 접두어 ant-를 붙여서 만들어졌죠.

하지만 남극과 북극에는 큰 차이가 있습니다. 북극이 여러 주변 국가의 육지와 섬으로 둘러싸인 '바다'인 반면, 남극은 남극해라는 광활한 바다로 둘러싸인 '땅'이라는 점입니다. 그것도 세계에서 다섯 번째로 큰 대륙이자, 우리나라 국토 면적의 140배에 달하는 크기의 땅입니다.

다만 북극의 바다와 남극의 대륙 위로 모두 두꺼운 얼음과 눈이 덮여 있으니 두 곳이 모두 얼음만 존재하는 세상으로 느껴집니다. 특히 남극대륙은 평균 두께가 2,160m나 되는 두꺼운 얼음으로 덮여 있는데, 이는 1,950m인 한라산의 높이보다도 높은 수준입니다. 그러니 그 깊은 얼음 밑에 땅이 존재한다고 상상하기 어려울 수 있습니다. 하지만 다른 대륙과 마찬가지로 남극 대륙에는 산과 계곡이 있으며, 심지어 화산과 온천도 있고 지진도 일어납니다.

반대로 흔히 북극을 북극권(7월의 온도가 10°C를 넘지 않는 지역)으로 정의하기 때문에 북극에도 땅이 있다고 생각하기 쉽습니다. 실제로 북극권은 북극점을 가운데로 두고 북극과 인접한 국가들의 섬과 육지 일부를 아우르고 있어, 얼음으로 연결된 이 전체의 모습을 보고 북극도 남극대륙과 비슷한 지형이라고 착각할 수 있습니다.

남극과 북극은 땅과 바다라는 차이 때문에 추위의 정도에도 차이가 납니다. 북극은 춥더라도 얼음 아래에 북극해라는 바다가 있어서, 얼음보다 온도가 높은 바닷물 때문에 북극의 공기는 남극보다 약간 따뜻합니다. 하지만 남극은 얼음이 남극대륙이라는 땅 위에 쌓여 있기 때문에 북극보다 공기가 더 차갑습니다. 더구나 지구에 있는 얼음의 86%가 몰려 있는 남극은 그만큼 얼음의 두께가 높아 평균 고도도 북극보다 훨씬 높고 따라서 기온이 더 낮습니다. 북극의 평균 기온은 영하 35℃에서 영하 40℃이고, 남극은 그보다 더 낮은 영하 55℃입니다. 지구상에서 기록된 가장 낮은 온도도 남극에서 측정된 영하 93.2℃였습니다.

남극은 그야말로 전 세계에서 가장 추운 곳이며 바람이 많이 불고 건조한 곳입니다. 얼음과 눈이 많은데 왜 건조한 건지 의아할 수도 있지만, 얼음과 눈은 물과는 달라서 공기 중에 습기를 더해주지 못합니다. 그래서 남극은 추운 사막이라고도 할 수 있습니다. 더구나 남극대륙은 땅의 98%가 얼음으로 덮여 있으며, 단 2%만이 얼음 밖으로 노출되어 있습니다. 이러한 남극의 조건에서 과연 식물이 살아갈 수 있을까요?

놀라우면서도 당연하게 남극에도 식물이 살고 있습니다. 먼저 꽃을 피우는 식물인 남극좀새풀*Deschamsia antarctica*과 남극개미자

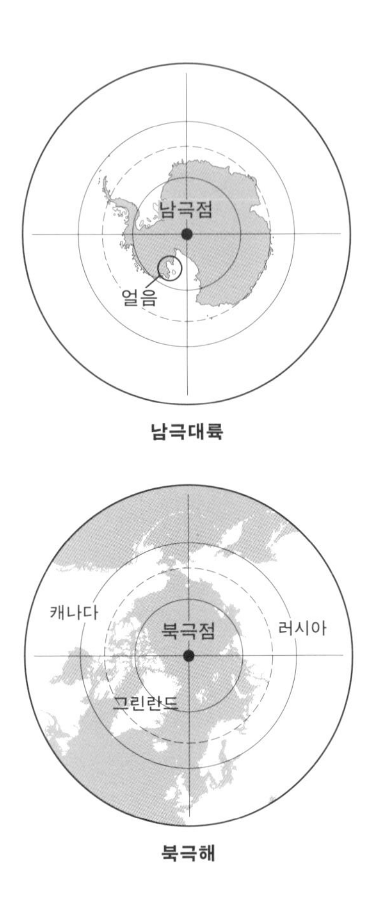

남극대륙과 북극해

리*Colobanthus quitensis*가 있습니다. 이들은 모두 풀, 즉 속씨식물로 이 두 종을 제외하고는 다른 속씨식물이나 고사리식물, 나무 등의 겉씨식물은 남극에서 찾아볼 수 없습니다. 이 두 종 말고는 모두 이끼식물입니다. 이끼식물은 관다발이 없어 축축한 바닥에 엎드려 물을 흡수하며 살아가는 가장 원시적인 식물이죠.

남극에는 낫깃털이끼*Sanionia uncinata*와 남방구슬이끼*Bartramia patens*, 남극참바위이끼*Schistidium antarctici*를 비롯한 130여 종의 이끼가 살고 있습니다. 이들은 모두 동결과 해동이 반복되는 남극의 극심한 환경에 따른 스트레스를 버티며 살고 있죠. 사람들은 대개 남극에 사는 식물들 중 '꽃이 피는' 남극좀새풀과 남극개미자리 두 종에 더 많은 관심을 둡니다. 물론 극한의 조건에서 꽃을 피워 씨앗을 남긴다는 건 무척 대단한 일이지만, 여기서는 그동안 사람들의 관심 밖이었던 이끼에 대해 더 들여다보고자 합니다.

남극대륙의 진정한 주인

남극좀새풀과 남극개미자리는 주로 남극대륙의 북서쪽 끝이자 가장 따뜻한 곳인 남극반도에 살고 있습니다. 남극대륙 전체가 쉼표처럼 생겼다면 남극반도는 쉼표의 꼬리에 해당하는 지역으로, 남극반도 북쪽에 있는 사우스셰틀랜드 제도에서 가장 큰 섬인 킹조지섬에는 1988년 우리나라가 세운 세종기지가 있습니다. 그곳에는 이 두 식물과 함께 이끼들이 살고 있죠. 이끼는 남극반도 외에도 남극해와 맞닿은 대륙의 해안을 따라 분포합니다.

고생대에 바다에서 가장 먼저 육지로 올라온 식물인 이끼는 오늘날까지 지구의 곳곳에서 살아오며 강인한 생명력을 이어왔습니다. 그래서 이끼는 그 후에 진화한 고사리식물과 겉씨식물, 속씨식물이라면 모두 가지고 있는 관다발이 없음에도 남극이라는 혹독한 환경에서 130여 종이나 번성할 수 있었지요.

그렇다면 이끼는 남극의 환경을 어떻게 이겨내며 사는 것일까요? 그 첫 번째 비결은 '낮게, 그리고 느리게'입니다. 남극의 이끼들은 빨리 성장할 수 없으며 그럴 필요도 없습니다. 휘몰아치는 바람을 피해 땅에 바짝 엎드린 채로 아주 천천히 자라나는 것으로 충분합니다. 과학자들에 따르면 남극의 이끼는 여름인 1~3월 동안 1mm도 채 안 되게 자란다고 합니다. 또 남극좀새풀과 남극개미자리가 얼음이 녹는 여름에 재빨리 꽃을 피워 씨앗을 퍼뜨리는 것과는 달리 이끼는 포자보다는 식물체의 일부분(무성아[1])을 떼어내어 자신과 똑같은 개체를 만들어내곤 합니다. 이렇게 번식하는 방법을 무성생식이라고 합니다. 무성생식을 하는 이끼는 서두를 필요가 없습니다. 그저 새로운 개체를 만들어낼 수 있는 상황이 오면 그때마다 천천히 개체를 늘려갈 뿐입니다. 그 증거로 남극 이끼의 약 75%에 속하는 종이 포자를 만들지 않습니다. 그들은 포자를 만드는 데 드는 에너지를 줄이고 무성생식을 통해 극한의 환경에서 살아오고 있는 것이죠.

남극에서 이끼가 살아가는 두 번째 비결은 '인내심'입니다. 남극에서는 인내하는 식물에게만 삶을 허용하기 때문입니다. 일반적인 식물들이 그렇듯 남극 이끼도 생존하려면 물이 필요합니다. 하지만 남극대륙에는 비가 거의 내리지 않기 때문에 물은

1 무성아는 식물체의 일부(세포나 세포 덩어리)가 떨어져 나와 별도의 개체가 된 것을 말합니다. 생식세포끼리의 결합 없이 자손이 만들어져 무성생식이라고 합니다.

얼음과 눈이 녹아야만 생깁니다. 그리고 얼음과 눈이 녹아 물이 생길 수 있는 날은 1년 중 고작 20일에서 100일 남짓입니다. 이끼는 물이 없는 나머지 기간 동안 추위와 더불어 건조함까지 견뎌내야 하는 것이죠. 이를 위해 그 긴 시간 동안 이끼는 완전히 건조된 상태로 죽은 듯 살아갑니다. 바로 휴면 상태가 되는 것입니다. 이 휴면 상태는 얼음이 녹아 물이 될 때까지 유지됩니다. 영국의 과학자들이 보고한 바에 따르면 최소 1,530년 동안 빙하 아래에 잠들어 있던 이끼가 휴면을 깨고 살아난 경우가 있다고 합니다. 무려 천년이 훌쩍 넘는 시간을 남극 이끼는 끈질기게 기다릴 줄 아는 식물입니다.

남극 이끼의 생존을 위한 또 다른 비결은 '협동심'입니다. 인내심에 이어 협동심이라니, 다분히 인간적인 표현이죠? 하지만 인간의 눈으로 극한의 추위를 견디는 이끼를 보고 있자면 그 경이로움에 달리 표현하기가 어려운 정도입니다. 남극의 이끼는 수분 손실을 막고 생존에 적절한 온도를 유지하기 위해 매우 촘촘하게 붙어 자랍니다. 이렇게 여러 개체가 서로 뭉쳐서 살아가면 가장 바깥에 있는 층을 제외한 그 안쪽은 따뜻하게 유지될 수 있죠. 또 추운 남극에서는 미생물이 일으키는 분해가 매우 느리게 일어나기 때문에 이끼층의 내부는 죽은 세포들이 분해되지 않은 채로 있습니다. 즉, 살아 있는 세포들로 이루어진 바깥층의 맨 윗부분만 계속 자라나서 전체적인 모습이 여러 층으로 이루어진 쿠션이나 두꺼운 카펫 모양이 됩니다. 이런 형태는 내부에 많은 물을 흡수할 수 있으며, 그만큼 춥고 건조한 환경에 잘 살아남을 수 있습니다.

1991년에 과학자들은 남극에서 2~3m 두께의 이끼층을 발견했는데, 생성연대를 측정해보니 5,400~5,500년 전이었다고 합니다. 그 이끼층은 무려 5,000년도 더 전에 만들어지기 시작해서 그때까지 이어오고 있었던 것이지요. 남극에는 이런 이끼층을 여러 곳에서 볼 수 있습니다. '이끼 은행moss bank'이라고 부르는 이러한 두꺼운 이끼층은 수백 또는 수천 년에 걸쳐 형성되기 때문에 그동안의 환경에 대한 기록 보관소라고 할 수 있습니다. 지금도 많은 과학자가 이끼층에 기록된 환경 데이터를 분석하고 있죠.

초대륙의 증거

이끼는 어쩌다 남극에서 살게 되었을까요? 간단하게 말하자면 이끼가 남극으로 이동한 것이 아니라 남극대륙이 지금의 위치로 이동한 것입니다. 지구상의 6개 대륙은 고생대 말인 2억 4,000만 년 전에는 하나의 커다란 대륙이었습니다. 이것을 초대륙 판게아Pangea라고 부르죠. 이 초대륙은 중생대(2억 년 전)에 분열하기 시작해 중생대 말에는 북쪽의 로라시아와 남쪽의 곤드와나 대륙으로 갈라지게 됩니다. 이러한 지각의 움직임은 계속되어 신생대에는 곤드와나 대륙에서 남극대륙이 분리되었고, 남극대륙은 지금의 남극점 자리에 위치하게 되었습니다.

결국 남극대륙은 먼 옛날 곤드와나 대륙에서, 그보다 더 먼 옛날에는 초대륙 판게아에서, 지금은 서로 떨어져 있는 여러 다른 대륙과 하나로 이어져 있었습니다. 현재 지구의 식물들도 지금은 각각 다른 대륙으로 떨어져 있어 왕래가 없을 것 같지만, 초대륙 때는 대륙을 가로지르며 번성했던 적이 있었죠. 즉 현재 남극의 식물들은 남극대륙이 지금의 자리로 오기 전에 초대륙에 살았던 조상으로부터 이어져온 것입니다. 그래서 남극대륙의 땅속에는 여전히, 지금보다 더 따뜻했던 과거에 번성했던 식물의 화석이 많이 있습니다. 이 화석들은 한때 남극대륙의 울창한 숲을 이루던 고사리식물과 겉씨식물, 속씨식물의 모습을 그대로 보여주고 있죠.

이런 이유로 남극에 사는 이끼 중 많은 종을 남극이 아닌 지역에도 볼 수 있습니다. 우리나라에도 살고 있는 큰철사이끼*Bryum pseudotriquetrum*와 지붕빨간이끼*Ceratodon purpureus*, 산솔이끼*Polytrichastrum alpinum*, 낫깃털이끼*Sanionia uncinata*는 남극이 아닌 다른 대륙에서도 살아가고 있는 이끼들입니다. 또 남극과 북극 모두에 똑같이 살고 있는 이끼 종도 50여 개나 됩니다.

남극대륙이 지금의 위치로 이동하면서 과거 이 땅에 살았던 많은 식물이 극도의 추위와 건조를 견디지 못하고 사라져갔습니다. 특히 나무는 다 전멸했으며, 꽃을 피우는 식물은 단 2종만 남았죠. 그리고 현재 남극에는 130여 종의 이끼가 살아남아 있습니다. 이들의 생명력 덕분에 이끼는 남극 생태계에서 중요한 생산자 역할을 하고 있습니다. 극한의 땅 남극에서도 꿋꿋하게 살아남은 이끼는 지구상에 가장 먼저 나타난 식물이자 아마도 가장 늦게까지 남을 식물일 것입니다.

죽지 않는 부활초

바위손 *Selaginella tamariscina*

식물은 움직일 수 없기 때문에 자신이 뿌리내리고 살아가는 환경에 민감할 수밖에 없습니다. 그래서 식물은 자신이 처한 환경에 따라 그곳에서 겪는 스트레스를 견디기 위해서 다양한 전략을 개발해왔습니다. 이끼가 남극의 추위와 건조를 견디는 방법도 그 예시 중 하나죠. 특히 얼음이 녹아 다시 물이 생길 때까지 모든 생명 활동을 정지한 채 휴면 상태를 유지할 수 있는 이끼의 특징은 남극 환경에 살아남기 위한 최고의 전략이라고 할 수 있습니다.

이끼에서 진화한 고사리식물 중에서도 남극의 이끼처럼 적당한 때가 올 때까지 죽은 듯 살아가는 식물이 있습니다. 바위손이라는 이름을 가진 이 고사리식물은 바위틈에 뿌리를 고정하고 가운데에서 나오는 여러 개의 잎을 활짝 펼쳐 광합성을 하며 사는 식물입니다. 바위손은 봄과 여름에 내리는 비로 바위에 물이 흐르거나 대기 중에 수분이 많을 때는 잎을 펼치고 광합성을 합니다. 그러나 가을과 겨울에 비가 오지 않고 대기가 건조해지면 잎이 말라서 회갈색으로 변하는 동시에 끝에서부터 가운데로 말려 들어가 흡사 공 모양이 됩니다. 그리고 다시 봄이 되어 물을 만나면 마치 주먹 쥔 손을 펼치듯 금세 잎을 펼치며 녹색을 되찾습니다.

사실 식물들은 환경에 대응한 여러 적응 전략을 펼치지만 그

럼에도 유난히 불리한 조건, 특히 특히 광합성에 필수적인 물이 부족한 상황을 힘들어합니다. 대부분의 식물은 식물체 안의 수분이 30%에서 59% 이하로 떨어지면 죽습니다. 물은 광합성으로 양분을 만드는 데 쓰이는 것 외에도 물관을 따라 흐르면서 식물체 곳곳으로 영양분을 보내기도 하고, 조직에 적절한 압력을 주어 식물체의 구조가 유지되도록 하기 때문이죠. 결국 식물체 안에 일정하게 수분이 존재하지 못하면 식물은 마르게 되고, 식물의 조직들은 양분을 얻지 못해 파괴되고 맙니다. 이런 경우 식물에 물을 주어도 이미 파괴된 조직을 복구하는 것은 어렵습니다. 이는 한번 물 주기를 놓쳐 시들어버린 식물을 되살리기 힘든 이유죠.

그렇다면 바위손은 식물체 안의 수분 함량이 극도로 낮아지는 데에 따른 피해를 왜 받지 않는 것일까요? 그리고 겨울 동안 완전히 마른 모습으로 죽은 것만 같던 바위손은 봄이 오면 어떻게 다시 푸르게 살아날 수 있는 것일까요? 그것은 바위손이 남극의 이끼와 마찬가지로 물이 없는 시기가 되면 아무런 생명 활동 없이 휴면 상태에 돌입했다 물을 만나면 다시 살아나기 때문입니다. 이런 작용은 바위손의 내부에서 일어나는 다양한 현상에 의해 일어납니다.

그 첫 번째 현상은 아브시스산Abscisic acid: ABA이라는 호르몬을 다량으로 만드는 것입니다. 아브시스산은 식물의 휴면을 유도하는 호르몬으로 겉씨식물과 속씨식물의 씨앗이 적당한 때가 올 때까지 싹을 틔우지 않고 휴면하도록 만드는 호르몬이기도 합니다. 또 이 호르몬은 식물에 가해지는 다양한 스트레스에 대항해 식물을 보호하는 역할을 합니다. 바위손의 경우에는 생장을 일시적으로 멈추거나 광합성이 불가능한 상황에서는 기공을 닫게 하는 등의 일을 하지요. 결국 아브시스산은 바위손의 잎을 죽은 것처럼 시들게 해 바위손이 건조한 시기를 버티도록 합니다.

두 번째 현상은 식물 조직에 자당(설탕)을 아주 많이 축적하는 것입니다. 자당은 바위손이 광합성으로 만든 포도당으로부터 만들어지는 것으로, 자당은 물이 없는 조건에서 식물 세포벽이 무너지지 않도록 구조를 안정화하는 성질을 가지고 있습니다. 또한 자당은 바위손에 물이 다시 공급될 때 잎이 펴지고 엽록소가 새로 만들어지는 과정에 에너지로 사용됩니다.

세 번째 현상은 활성 산소active oxygen로부터 세포를 보호하고자 항산화 효소를 만드는 것입니다. 세포를 파괴하는 활성 산소는 물이 없어 광합성을 할 수 없는 엽록소에 의해 생겨나기 때문에 가뭄을 겪는 식물들에게서 특히 많이 만들어지는 물질입니다. 그래서 바위손은 물이 없어지는 상황이 오면 활성 산소를 없애기 위해 항산화 효소를 만들어냅니다. 다시 말해 대개의 식물 세포는 가뭄이 오면 활성 산소에 의해 파괴되고 말지만, 바위손은 항산화 효소를 만들어 활성 산소의 공격을 방어합니다.

이 밖에도 바위손에는 부활할 힘을 갖게 만드는 여러 현상이 식물체 내부에서 일어납니다. 다양한 유전자가 발현되고 여러 가지 단백질이 만들어지는 등의 현상들이 조화롭게 작용해 바위손은 죽지 않고 사는 '부활초resurrection plant'가 되었습니다. 부활초란 바위손처럼 식물체 내부의 수분이 95~99%까지 손실되는 극한 조건에서도 생존하며, 다시 물을 만나면 원래의 상태로 회복하는 식물을 말합니다.

전 세계적으로 많은 이끼식물이 부활초에 속하며, 바위손과 같은 고사리식물과 속씨식물에 속하는 부활초도 300여 종이 넘습니다. 이들은 모두 물이 없는 척박한 시기에도 살 수 있도록 진화한 식물입니다. 극한의 건조를 견디면서도 죽지 않고 다시 살아나는 부활 능력은 이들에게 자연이 주는 진화의 선물일 것입니다.

극한의 땅 ✢× 오히아 레후아

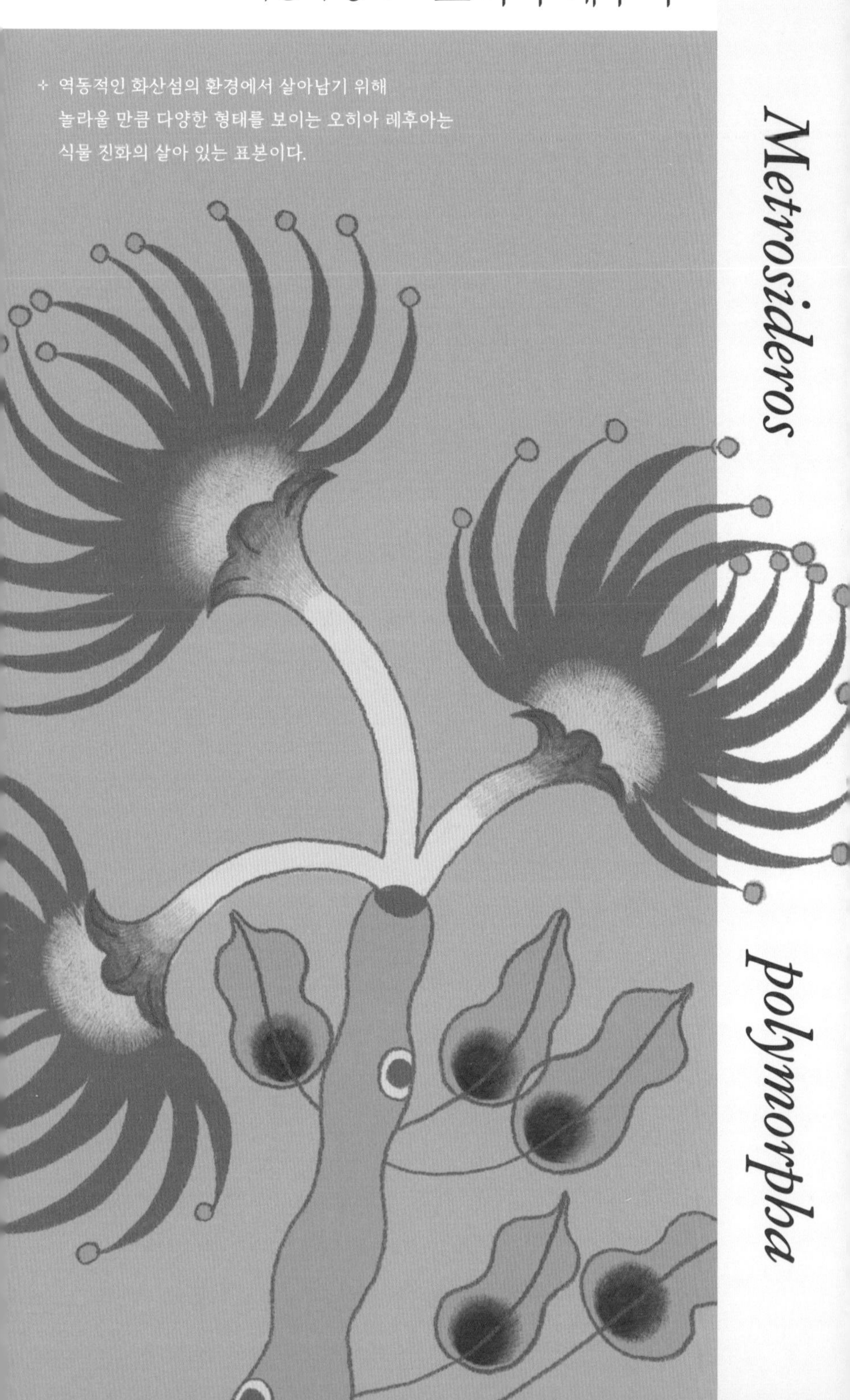

✢ 역동적인 화산섬의 환경에서 살아남기 위해
놀라울 만큼 다양한 형태를 보이는 오히아 레후아는
식물 진화의 살아 있는 표본이다.

Metrosideros polymorpha

화산섬에 적응한 나무

미국의 하와이주는 가장 큰 섬이라고 해서 빅 아일랜드Big island라고도 부르는 하와이섬을 비롯한 주요 섬 8개와 작은 섬과 암초 100여 개로 이루어져 있습니다. 이 섬들을 일컬어 하와이 제도라고 합니다. 하와이 제도는 지구 내부에서 형성된 마그마가 지표면을 뚫고 밖으로 분출하는 화산 활동에 따라 만들어진 것으로, 오늘날 지구상에서 가장 활동적인 화산으로 알려진 킬라우에아산이 있는 하와이섬에는 지금도 활발한 화산 활동이 일어나고 있습니다. 그래서 제주도의 5배가 넘는 면적을 가진 하와이섬은 계속 넓어지고 있는 상황이죠. 2018년과 2020년에 이어 2021년에도 킬라우에아산은 용암을 뿜어내면서 폭발했으며, 그 결과 수많은 집과 도로가 파괴되기도 했습니다.

화산이 폭발하며 터져 나오는 화산재나 땅 위로 시뻘겋게 흘러내리는 용암을 보면 화산 활동은 정말이지 무서운 재앙처럼 느껴집니다. 실제로 화려했던 로마의 휴양 도시 폼페이는 한순간에 사라지기도 했으며, 인도네시아와 필리핀, 뉴질랜드 등 여러 나라의 도시도 막대한 피해를 입었습니다. 더구나 용암과 화산재가 휩쓸고 지나간 자리는 아무것도 살아남지 못하는 죽음의 땅이 된 것처럼 보입니다. 그 때문에 우리에게 화산 폭발은 가장 두려운 자연재해로 다가옵니다.

하지만 파괴적으로만 보이는 화산 활동이 주변 생태계를 이롭게 만들기도 합니다. 물론 화산이 폭발한 직후에는 600℃에서 1,200℃에 이르는 용암과 모든 것을 뒤덮어 버리는 화산재가 인간을 포함한 살아 있는 모든 생명에게 치명적인 영향을 줍니다. 하지만 장기적으로 보면 용암과 화산재에 있는 유황과 칼륨, 인산염, 규소, 철, 마그네슘 등의 풍부한 미네랄과 영양소가 토양을 비옥하게 만들기 때문에 생태계는 이전보다 더 풍요로워질 수 있습니다. 특히 비옥한 토양에서 식물은 빠르게 성장해 생태계를 재건하는 데 큰 역할을 합니다. 그래서 식물에게 화산 활동은 재앙이기도 하고 축복이기도 합니다. 단 화산 활동이 일어난 땅에 다시 뿌리를 내릴 수 있는, 화산섬에 적응한 식물들에 한해서 말이지요.

하와이 제도에는 이러한 화산섬의 환경에 완벽하게 적응한 나무가 있습니다. 하와이 제도를 여행할 때 어디에서나 가장 쉽게 만날 수 있는 오히아 레후아'Ōhi'a lehua라는 상록수입니다. 이 나무는 하와이 제도에서 가장 풍부하고 널리 자라는 토종 나무로, 새로운 용암이 흐르고 나면 그곳에 가장 먼저 자리를 잡는 나무입니다. 그래서 용암이 흘러 식은 후의 장소를 촬영한 장면에 자주 등장하죠.

그렇다면 오히아 레후아가 화산섬에 특별히 잘 적응할 수 있었던 이유는 무엇일까요? 그것은 무엇보다 이 나무가 환경에 따라 놀랍도록 다양한 형태를 보인다는 것입니다. 그 예로 용암이 흘러내린 지 얼마 되지 않은 높은 고도에서 볼 수 있는 오히아 레후아는 바닥을 기며 자라는 관목의 형태로, 흰 털로 덮인 두껍고 작은 잎을 달고 있습니다. 이와 반대로 오래전 용암이 흘렀던 낮은 고도에서 볼 수 있는 오히아 레후아는 아파트 10층 높이인

30m나 되는 교목의 형태로, 털이 없이 반짝이면서 얇고 큰 잎을 달고 있습니다.

왜 이런 차이를 보이는 걸까요? 용암이 밖으로 흐른 지 얼마 되지 않은 고지대에서는 토양에 습도가 적고 낮과 밤의 기온 차가 심하기 때문에 오히아 레후아는 건조와 추위를 이겨내기 위해 키를 낮추고 빽빽한 털로 덮인 작고 두꺼운 잎을 키워낸 것입니다. 반면 오래전에 용암이 흘렀던 저지대에서는 물도 풍부하고 기온이 높으니 크게 자란 것이죠. 그리고 극단적인 이 두 가지 환경 사이에 있는 아주 다양한 환경에 따라 이 나무 또한 무척이나 다양한 모습을 보여줍니다.

진화의 다양성을 몸소 보여주다

오히아 레후아는 이런 다양성을 가지고 있었기 때문에 하와이 제도에 있는 여러 섬의 다양한 토양 조건과 온도 및 강수량을 견딜 수 있었습니다. 더불어 오히아 레후아는 해발 0m에서 2,700m에 이르는 폭넓은 지역에 걸쳐 살아갑니다. 이 말은 즉, 해수면에서부터 백두산의 천지에 달하는 높은 곳에서까지 살아간다는 뜻입니다. 또한 연평균 강수량이 적게는 400mm에서 많게는 1만mm에 이르는 지역에서도 살아갑니다. 그야말로 가리는 환경이 없다고 해야 할 정도죠.

게다가 오히아 레후아는 같은 지역에서 서로 가까운 지점에 사는 개체 간에도 다양한 변이를 보입니다. 일반적인 꽃의 색은 빨강인데 이 외에도 노랑, 주황, 분홍을 띠는 개체들이 있으며,

잎의 모양과 잎에 있는 털의 많고 적음에도 조금씩 차이가 있습니다. 아마도 오히아 레후아보다 더 다양한 모습을 가진 하와이의 토종 식물은 없을 것입니다. 오히아 레후아의 이런 특징은 이 나무의 학명에 고스란히 반영되어 '여러 가지 형태의'라는 뜻의 폴리모르파*polymorpha*라는 단어로 표현되어 있습니다.

사실 대개의 식물은 종마다 서식할 수 있는 환경의 범위가 제한적이기 때문에 생김새도 종마다 비슷합니다. 하지만 오히아 레후아는 다양한 변이를 만들어낸 덕분에 살아 있는 화산섬이라는 매우 역동적인 환경에서 가장 폭넓게 살아올 수 있었습니다. 그러니 과학자들에게 이 나무는 한 종의 식물이 다양한 환경 조건에서 얼마나 다양한 모습으로 진화하는지 그 과정을 직접 관찰할 수 있는 훌륭한 표본이 됩니다.

또 한 가지, 오히아 레후아가 화산섬에 잘 적응할 수 있었던 이유가 있습니다. 자유자재로 조정할 수 있는 기공이 있다는 것입니다. 기공이란 잎에 있는 공기 구멍으로, 식물은 기공을 열어 광합성에 필요한 이산화탄소를 받아들이고 광합성의 산물인 산소를 내보냅니다. 그래서 거의 모든 식물은 햇빛이 있는 낮에 기공을 열고 밤에는 기공을 닫죠. 그런데 오히아 레후아의 기공은 평소에는 다른 식물들처럼 기공을 열고 닫지만, 화산 분화구에서 나오는 이산화황 같은 유독한 가스를 감지하면 낮에도 기공을 닫아버립니다. 그러니 다른 식물들이 유해 가스에 죽어갈 때도 오히아 레후아는 살아남을 수 있었던 것입니다.

마지막으로 오히아 레후아는 씨앗으로도 번식할 수 있지만 오래된 나무의 줄기에서 새싹이 나와 번식할 수도 있습니다. 또 물이 부족한 지역에서는 줄기에서 공중으로 뿌리가 나와 공기 중의 수분을 흡수하기도 합니다.

이렇듯 오히아 레후아는 다양한 변이를 만들어내어 자신이 처한 변화무쌍한 환경에서 살아남을 수 있었습니다. 어떤 시련이 닥칠지 모르는 화산섬에서 살아가려면 일관성, 항상성, 불변성보다는 다양성, 유동성, 가변성이 중요하다는 것을 이 나무는 보여주고 있죠.

하와이 제도의 수호신

은검초 *Argyroxiphium sandwicense*

7,000만 년 전 바닷속의 화산이 분화하면서 형성되기 시작한 하와이 제도에는 당연히 처음에 생명이라고는 아무것도 없었습니다. 하지만 화산 활동으로 바다 위로 섬이 만들어지고 바람과 물의 흐름에 따라, 그리고 새의 이동에 따라 육지에 있던 식물들의 씨앗이 화산섬으로 들어오면서 오늘날의 다양한 식물이 생겨나게 되었습니다. 이런 이유로 하와이 제도에는 전 세계에서 오직 그곳에서만 살아가는 특산 식물[1]이 많이 있습니다. 그들은

1 고유 식물이라고도 합니다. 우리나라의 특산 식물로는 개나리, 구상나무, 금강초롱꽃, 미선나무, 동강할미꽃 등이 있습니다.

하와이 제도의 독특한 환경에 맞게 적응에 성공해온 식물이죠.

하지만 안타깝게도 하와이 제도의 특산 식물들은 인간들이 이주하며 함께 들여온 외래종과 초식동물이 가져온 위협에 직면해 있습니다. 오랜 시간을 살아온 이 식물들이 빠르게 멸종되고 있는 상황이죠. 그중에서도 은빛이 나는 검처럼 생긴 잎을 가졌다고 해 은검초라고 부르는 식물은 하와이 제도에서도 가장 큰 섬인 하와이섬과 그 옆에 있는 마우이섬에만 살고 있으며, 현재 심각한 멸종위기에 처해 있습니다.

은검초는 500만 년 전에서 600만 년 전에 아메리카대륙에서 4,000km의 거리를 넘어 하와이 제도로 건너온 조상으로부터 진화한 것으로 알려져 있습니다. 과학자들은 그 조상의 씨앗이 새의 깃털에 묻어 하와이 제도로 왔을 거라고 추측합니다. 그 후 은검초는 다른 식물들은 웬만해서 자라기 힘든, 해발 2,000m가 넘는 고지대의 환경에 적응해 진화했습니다. 한라산의 백록담보다 높은 고도에서 살아가기 위해 은검초는 특별한 잎을 가지고 있습니다.

이 잎은 극단적인 건조함과 강렬한 햇빛, 급격히 낮아지는 밤 기온을 견딜 수 있도록 설계되어 있습니다. 잎 전체를 덮고 있는 은빛의 긴 털은 태양으로부터 오는 강렬한 햇빛을 반사할 수 있으며, 밤이면 영하로 떨어지는 기온을 견디게 해줍니다. 또 잎의 내부에는 물을 저장할 수 있는 물질이 들어 있어서 공기 중의 수분을 잎에 저장해둘 수 있습니다. 이와 같은 특성으로 과거 하와이 제도에서 은검초는 수천 개체가 넘을 정도로 번성했습니다.

평균 수명이 20년에서 90년에 이를 정도로 오래 살며, 꽃대가 나오면 사람의 키만큼 높이 자라는 모습에 은검초는 하와이섬을 지키는 수호신처럼 여겨졌었죠.

하지만 은검초가 수백만 년 동안 하와이 제도의 자연환경에 적응하며 이루어냈던 것들은 인간들이 육지에서 초식동물을 데려오며 무너졌습니다. 인간들은 육지에서 하와이 제도로 소와 염소, 양 등을 들여왔으며 이들을 과도하게 방목하는 과정에서 은검초는 그들의 먹이가 되어 거의 멸종에 이르게 되었습니다. 하와이 제도에는 초식동물들이 없었기 때문에 은검초는 이들을 방어해 스스로를 지킬 수 있는 그 무엇도 가지고 있지 못했던 것입니다.

현재 은검초는 멸종위기종으로 지정되어 엄격한 보호를 받고 있습니다. 사람들은 방목하던 동물들을 모두 잡아들였으며, 화산을 구경하려는 관람객의 발에 밟힐 것을 우려해 은검초에 보호용 울타리를 치기도 했습니다. 또 은검초를 재배해 야생에 식재하는 등 복원에도 노력을 기울이고 있습니다. 은검초가 다시 예전의 번성을 누릴 수 있을지는 아직 확실하지 않지만, 사람들의 관심과 노력이 지속된다면 적어도 멸종은 되지 않으리란 점은 확실하겠죠. 은검초가 수백만 년 동안 변화무쌍한 하와이 제도를 지킨 토종 수호신이었다는 것을 생각한다면 말이죠.

극한의 양분 ÷× 식충식물

÷ 무려 동물을 포획하는 경이로운 식충식물.
양분이 부족한 습지에서 살아남기 위해
고도의 기술을 가진 형태로 진화했다.

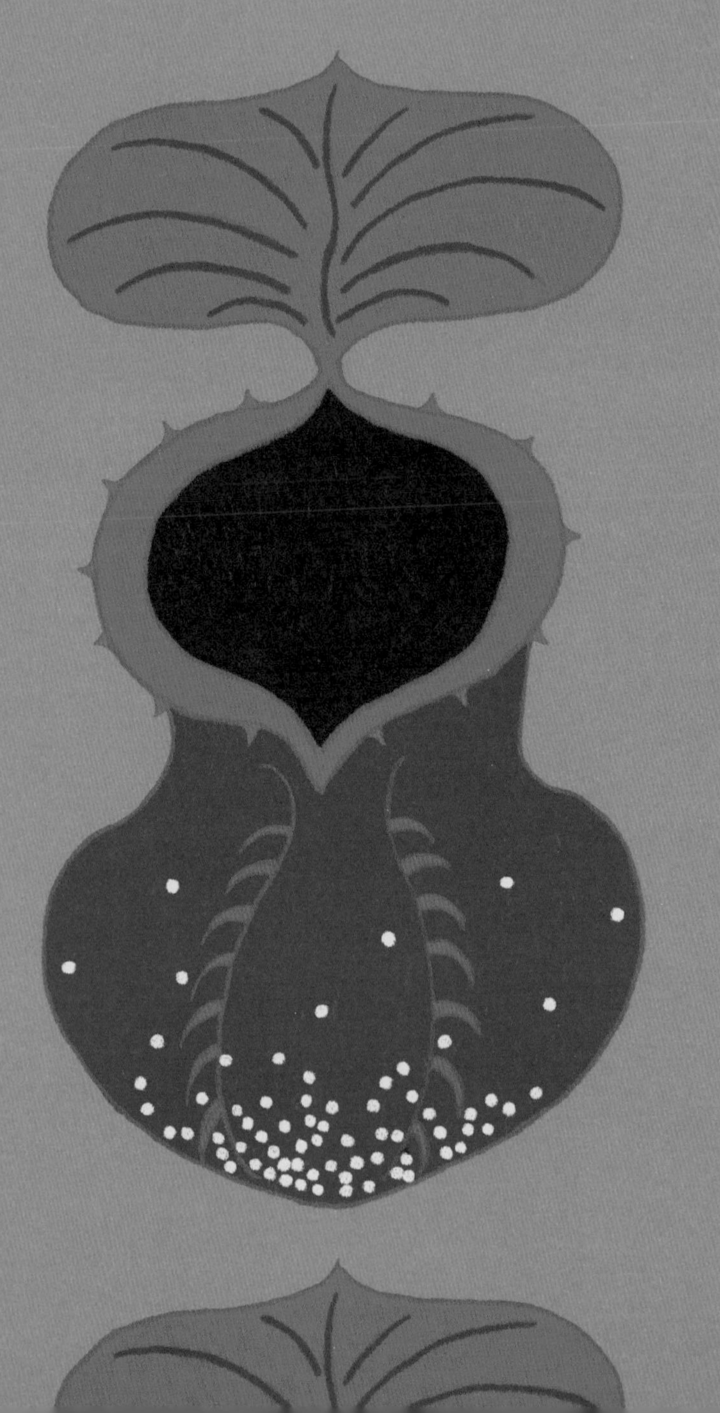

Carnivorous plant

질소가 부족할 때

일반적으로 햇빛과 물, 양분은 식물이 건강하게 자라는 것을 결정하는 중요한 자원이기 때문에 식물은 이 세 가지를 두고 다른 식물과 경쟁합니다. 물론 광합성에 필요한 이산화탄소도 식물의 성장에 중요합니다. 그러나 이산화탄소는 대기 중에 널리 퍼져 있기 때문에 대체로 이를 두고 다른 식물과 경쟁할 일은 거의 없죠.

식물이 건강하게 자라기 위해 필요한 양분은 그럼 정확히 무얼 가리키는 걸까요? 식물에게 필요한 양분이란 우선 포도당($C_6H_{12}O_6$)을 구성하는 탄소(C)와 수소(H), 산소(O)가 있는데, 이는 식물이 광합성을 통해 스스로 만들 수 있습니다. 그리고 질소(N)와 인(P), 칼륨(K), 칼슘(Ca), 마그네슘(Mg), 황(S) 등은 주로 토양으로부터 얻을 수 있습니다. 이 양분들은 식물의 성장과 생존에 중요한 역할을 합니다. 예를 들어 인은 식물의 뿌리와 꽃의 성장을 돕고 씨앗의 형성에 기여하죠. 칼륨은 식물을 튼튼하게 해서 질병을 이겨낼 수 있게 해줍니다. 식물은 대개 뿌리를 통해 이런 양분을 흡수합니다. 따라서 양분이 풍부한 토양에서 식물은 건강하게 잘 자라게 되고, 튼튼한 열매와 씨앗을 키워낼 수 있습니다.

하지만 전 세계의 모든 토양에 양분이 풍부한 것은 아닙니다. 또 모든 식물에게 똑같은 양의 양분이 필요한 것도 아닙니다. 이런 이유로 자연적인 상태의 토양에서는 그 토양이 가진 양분에 적합한 식물들이 자랍니다. 그리고 인위적으로 만들어진 밭에는 사람이 원하는 농작물을 키워야 하기에 그 식물에게 필요한 양분을 토양에 비료로 주는 것이죠.

밭에 뿌리는 비료에는 대표적으로 질소와 인산, 칼륨이 포함되어 있습니다. 그중에서도 질소는 식물에게 아주 중요한 양분이라고 할 수 있습니다. 질소는 식물의 단백질(아미노산)과 DNA(핵산)를 구성하는 물질이며, 뿌리와 잎과 줄기의 성장을 촉진하는 물질이기 때문입니다. 또한 질소는 광합성을 수행하는 엽록소의 필수 구성성분이기도 합니다. 그래서 질소가 부족하면 식물이 잘 자라지 못합니다. 그런데 사실 질소는 대기의 78%를 이루고 있을 정도로 우리 주위에 많습니다. 하지만 대기 중의 질소를 비롯한 토양에 있는 질소는 물질의 크기가 너무 커서 식물이 바로 이용할 수가 없습니다.

이때 필요한 게 바로 미생물입니다. 토양에 있는 박테리아와 같은 미생물은 질소를 식물이 뿌리로 흡수할 수 있는 형태로 변환합니다. 결국 식물은 미생물의 도움으로 질소를 흡수해 단백질과 DNA, 엽록소를 만들 수 있는 것입니다. 강낭콩, 완두콩 같은 콩과 식물들은 이런 미생물을 아예 뿌리에 살게 해 질소를 안정적으로 흡수합니다. 그래서 그렇게 단백질이 풍부한 열매를 주렁주렁 맺을 수 있는 것입니다.

그렇다면 토양과는 달리 축축한 습지는 식물이 살기 어떨까요? 습지는 질소를 비롯한 여러 양분이 물에 씻겨 내려가 부족한 상태이며, 이로 인해 토양이 산성을 띱니다. 산성화된 토양에서는 질소를 식물이 이용할 수 있게 만드는 미생물이 살지 못합

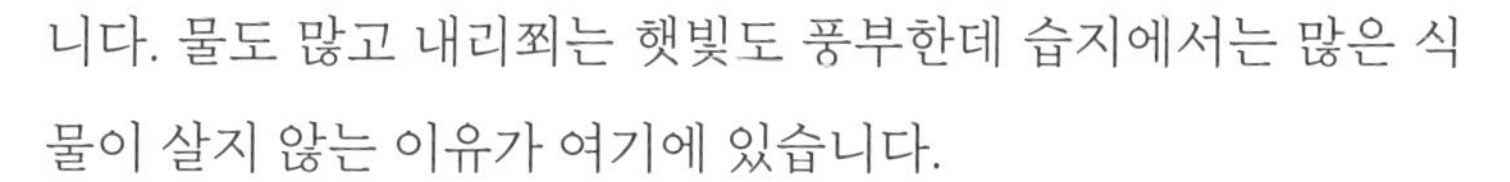

니다. 물도 많고 내리쬐는 햇빛도 풍부한데 습지에서는 많은 식물이 살지 않는 이유가 여기에 있습니다.

습지에 사는 식물이 토양이 아닌 다른 곳에서 질소 같은 양분을 얻을 수 있다면 어떨까요? 그렇게만 된다면 양분이 없는 축축한 습지도 식물에게 천국이 될 수 있습니다. 이 일을 해낸 것이 바로 식충식물입니다. 식충식물은 양분이 없는 척박한 환경을 천국으로 만들었죠. 그리고 이들이 성장과 생존에 필요한 양분을 얻는 곳은 놀랍게도 동물입니다. 다만 식충식물이라는 말은 '곤충을 잡아먹는 식물'이라는 한정된 뜻이기 때문에, 곤충을 비롯한 지네와 물벼룩(절지동물), 심지어 개구리(파충류)와 같은 동물을 잡아먹어 부족한 양분을 얻는 식물을 총칭하는 말은 육식성식물(식육식물, Carnivorous plant)이라고 하는 게 더 정확합니다. 그러나 우리에게는 육식성식물보다는 식충식물이 이러한 식물을 지칭하는 말로 더 많이 알려져 있기에 여기서는 식충식물이라고 부르겠습니다.

습지에서 발견한 새로운 생존 방식

식충식물은 전 세계적으로 600종이 넘습니다. 이들은 광합성을 통해 스스로 양분을 만들어내기는 하지만 주로 산성화된 습지같이 질소나 인, 칼륨이 부족한 곳에 살고 있기 때문에 동물을 포획해 소화한 후 이 부족한 양분들을 흡수합니다.

식충식물들은 크게 다섯 가지 형태의 덫으로 변형된 특수한 잎인 '포충엽'을 가지고 있습니다.

함정식 빌레삽이통	벌레잡이풀*Nepenthes*(네펜데스)
	사라세니아*Sarracenia*
점착식 잎	끈끈이주걱*Drosera rotundifolia*
	벌레잡이제비꽃*Pinguicula vulgaris* var. *macroceras*
올가미식 포충엽	파리지옥*Dionaea muscipula*
	벌레먹이말*Aldrovanda vesiculos*
흡입식 벌레잡이주머니(포충낭)	통발*Utricularia japonica*
유도식 땅속 잎	겐리세아속*Genlisea* 식물

'함정식 벌레잡이통'을 가진 포충엽은 마치 물 주전자처럼 생겼는데, 그 안으로 먹이가 빠지면 서서히 소화시켜 흡수합니다. 벌레잡이통 입구는 축축하게 젖어 있어 이 통의 화려한 색상과 달콤한 냄새에 이끌린 먹이가 입구에 도달하면 미끄러져 안으로 떨어지고 맙니다. 벌레잡이통 안에 빠진 먹이는 탈출하려고 안간힘을 써보지만 통 안에 있는 점액성의 소화액과 미끌미끌한 내부의 벽 때문에 탈출하지 못하고 익사합니다. 그 후 소화액에 분해된 먹이는 통 내부로 흡수됩니다.

벌레잡이풀 중에서 가장 큰 벌레잡이통을 가진 식물은 '네펜데스의 왕'으로 일컬어지는 네펜데스 라자*Nepenthes rajah*입니다. 전 세계에서 오직 말레이시아에만 사는데, 덩굴을 뻗는 이 식물은 높이 41cm에 너비 20cm까지 자라는 거대한 벌레잡이통이 있는 것으로 유명합니다. 이 통은 3.5L에 달하는 물이 들어갈 정도로 크며, 실제로 2.5L가 넘는 소화액이 담겨 있습니다. 벌레잡이

통의 크기가 큰 만큼 이 통으로 포획할 수 있는 동물의 크기도 큽니다. 그래서 주요 먹이인 개미 말고도 도마뱀이나 쥐도 통 안에서 발견되었다고 합니다. 심지어 새도 발견된 적이 있는데, 이런 경우는 아마도 다치거나 병든 새가 빠진 것으로 생각됩니다.

그렇다고 네펜데스 라자가 닥치는 대로 동물을 먹어치우는 건 아닙니다. 오히려 말레이시아 보르네오섬의 토착종인 산지나무두더지에게는 달콤한 꿀을 주는 고마운 식물이지요. 벌레잡이통의 입구에 달린 뚜껑은 원래 빗물이 통 안으로 들어가 소화액이 희석되는 것을 방지하는 역할을 하는데, 네펜데스 라자는 뚜껑 안쪽에 꿀을 만들어 산지나무두더지가 먹게 합니다. 물론 네펜데스 라자에게도 이득이 되는 일이죠. 꿀에 이끌려 벌레잡이통을 찾아온 산지나무두더지가 통 입구에 발을 디디고 꿀을 먹으면서 통 안으로 배설을 하기 때문입니다. 일종의 영역 표시인 셈인데 산지나무두더지의 이 행동 덕분에 통 안으로 들어간 배설물은 네펜데스 라자에게는 좋은 질소 공급원이 됩니다.

'점착식 잎'은 끈끈한 점액을 분비하는 털로 표면이 가득 덮인 형태의 포충엽을 말합니다. 이 잎이 분비하는 점액 방울은 달콤하고 이슬방울처럼 반짝이면서 끈적입니다. 먹이가 이 점액 방울에 걸리면 달라붙어 옴짝달싹 못 하게 되고, 결국 탈진이나 질식해서 죽음에 이르게 됩니다. 그 후 먹이는 소화액에 분해되어 잎으로 흡수되죠.

끈끈이주걱속*Drosera* 식물들은 일반적으로 포충엽에 세 종류의 털을 가지고 있습니다. 먼저 잎 가장자리에 가장 긴 자루를 가지

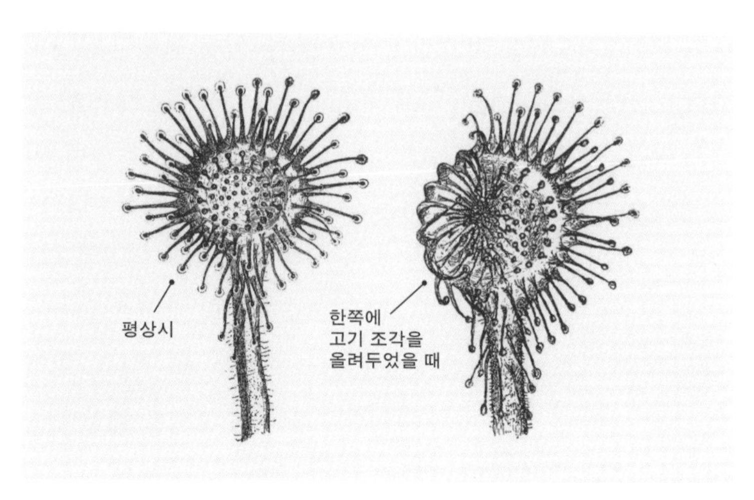

찰스 다윈의 아들 조지 다윈이 그린 끈끈이주걱

고 먹이를 포획하는 털과 이보다 짧은 자루를 가지고 포획한 먹이를 더 단단히 옭아매는 털이 있습니다. 이 털들의 자루는 주로 빨간색이어서 먹이를 유혹하는 데에도 쓰입니다. 그리고 자루의 끝에서는 반짝이는 점액 방울이 나오는데, 이 역시 달콤한 냄새로 먹이를 유인합니다. 또 점액 방울에는 소화 효소가 들어 있어 먹이를 분해하죠. 마지막으로 자루 없이 잎 표면에 붙어 있는 털이 있습니다. 이 털은 끝에서 점액을 내보내 잎 표면에 막을 형성하는데, 먹이가 분해된 후 잎 표면에 존재하는 양분을 흡수하는 역할을 합니다.

먹이를 유인해 잡아서 소화한 후 흡수까지 하는 끈끈이주걱속 식물 중에서 오스트레일리아에 사는 드로세라 글란둘리게라*Drosera glanduligera*의 털은 움직임이 빠르기로 유명합니다. 이 식물의 잎 가장자리에는 마치 지뢰처럼 밟으면 폭발적으로 반응하는 기다란 털 12~18개가 둘려 있습니다. 지나가던 먹이가 이 털의 끝을 밟으면 순식간에 안으로 접히면서 먹이를 잎 가운데로 던져버리죠. 이렇게 한 번 접히는 속도가 놀랍게도 0.075초, 즉 1초에 130번 접힐 수 있는 속도라고 합니다. 그래서 걸린 먹이는 도망칠 겨를도 없이 잡히고 맙니다. 그 후 점액 방울이 달린 주위의 털들이 먹이를 더 강력하게 점착시켜 잎 안쪽으로 끌어당기고, 결국 먹이는 잎 가운데에서 소화되어 흡수됩니다.

'올가미식 포충엽'은 서로 포개지는 잎 2개가 쌍으로 이루어져 있으며, 그 안으로 들어온 먹이를 순식간에 가두는 덫입니다. 특히나 파리지옥은 과일 향이 나는 물질을 잎에서 분비해 먹이를 유인한 후, 먹이가 각 잎의 안쪽 표면에 있는 털(평균 3개)을 15~20초 안에 두 번 건드리면 양쪽의 두 잎을 0.1초 내로 빠르게 닫아 먹이를 가둡니다. 이때 잎 가장자리에 있는 가시들이 엇갈리며 먹이가 도망가지 못하도록 만드는데, 이는 반대로 이 가시의 틈보다 작은 먹이는 빠져나가도록 하는 역할도 합니다. 먹이를 포획하고 소화하는 데 드는 에너지와 비교해 양분을 더 많이 얻을 수 있는 먹이만 잡는 것이죠. 그 후 탈출을 시도하는 먹이가 털을 세 번 이상 더 건드리면 두 잎으로 먹이를 더 단단히 조이면서 소화 효소를 분비해 먹이를 분해합니다. 1~2시간가량 소화액이 분비된 뒤에는 12시간에서 10일에 걸쳐 서서히 먹이에 있는 양분이 파리지옥으로 흡수됩니다. 파리지옥이 단 한 번의 자극만으로 잎을 닫거나 소화액을 분비하지 않는 건, 낙엽이나 빗방울이 주는 자극과 살아 있는 먹이가 주는 자극을 구분하려는 것입니다. 파리지옥의 입장에서는 한 번 잎을 닫으면 다시 펼치는 데까지 12시간이나 걸리기 때문에 함부로 잎을 닫을 수 없는 것이죠.

'흡입식 벌레잡이주머니(포충낭)'는 우리나라 연못이나 습지에서 볼 수 있는 통발이라는 식물에 있는 포충엽입니다. 통발은 뿌리도 없이 연못이나 늪의 수면 바로 아래 둥둥 떠서 살아가는 식물로, 여러 갈래로 갈라지는 줄기에 물속의 작은 동물을 흡입해 잡아먹는 주머니를 주렁주렁 달고 있습니다. 입구가 닫혀 있는 이 주머니는 안쪽의 압력이 바깥쪽보다 낮아서 양쪽이 눌린 모양인데, 그 이유는 주머니 안에 있는 물이 주머니 벽을 통해 바깥쪽으로 계속 빠져나가기 때문입니다. 이런 상태에서 먹이가 입구 안쪽 문에 있는 감각털을 건드리면 닫혀 있던 문이 안쪽으로 열리면서 주머니가 둥글게 부풀어지고, 진공청소기에 빨려들어 가듯 먹이와 물이 주머니 안으로 흡입됩니다. 이때 먹이가 흡입되는 데에 걸리는 시간은 무려 0.5ms(밀리초=2,000분의 1초)로, 이는 1초에 2,000장의 사진을 찍는다고 할 때 먹이가 빨려들어가는 순간은 단 1장의 사진에만 찍힌다는 것을 의미합니다. 그 후 0.03초 안에 문이 닫히면 먹이는 소화 효소에 분해되어 흡수되고, 1시간에 걸쳐 물이 다시 주머니 바깥으로 나가면서 벌레잡이주머니는 다음 먹이를 잡을 준비를 합니다.

통발의 벌레잡이주머니에도 다양한 종류의 털이 있습니다. 주머니 입구 양쪽에는 먹이를 유인하는 역할을 하는 기다란 털들이 있으며, 입구 안쪽의 문 가운데에는 먹이가 건드렸을 때 빠

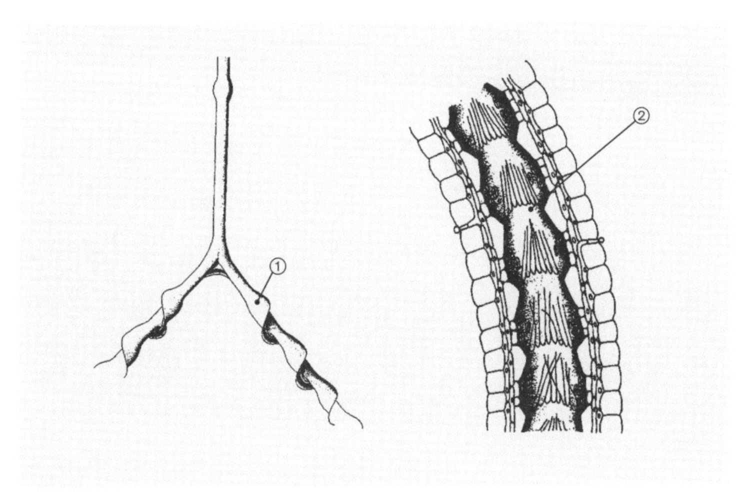

겐리세아의 포충엽

르게 문을 열게 하는 감각털이 4개 있습니다. 또 주머니 안쪽 벽에는 소화 효소를 분비하고 분해된 먹이를 흡수하는 털들이 있죠. 크기가 고작 3mm에서 5mm밖에 되지 않을 정도로 작은 벌레잡이주머니에는 이토록 다양하고도 전문화된 털들이 들어 있는 것입니다.

'유도식 땅속 잎'은 겐리세아속 식물들에게서 볼 수 있습니다. 겐리세아는 땅 위로는 광합성을 하는 녹색 잎과 땅속으로는 작은 동물을 잡아먹는 흰색 포충엽을 가지고 있는 식물입니다. 이 땅속 잎은 크게 세 부분으로 이루어져 있습니다. 식물체에서 땅속으로 연결된 가장 윗부분에는 불룩하게 부풀어 속이 비어 있는 부분이 있으며, 아래로 내려가면 좁은 관 모양으로 된 부분과 그 끝에는 두 갈래로 갈라지며 마치 리본을 나선형으로 꼬아

놓은 듯한 부분이 있습니다.(①) 그리고 나선형으로 꼬인 부분의 안쪽에는 오직 식물체 안쪽 방향으로 늘어선 털이 있습니다.(②)

땅속을 기어 다니는 아주 작은 동물들이 잎의 안쪽에서 나오는 물질에 이끌려 나선형으로 꼬인 잎의 틈새로 진입하면 안쪽 방향으로만 놓여 있는 털 때문에 계속해서 안으로 들어갈 수밖에 없는 형국이죠. 결국 계속 깊숙이 들어간 먹이는 잎의 불룩한 부분에 다다르게 되는데, 그곳에 있는 소화액에 분해되어 흡수되고 맙니다. 겐리세아의 땅속 잎은 생김새뿐만 아니라 물과 양분을 흡수하는 뿌리가 하는 일 전부를 하는 고도로 특수화된 잎이라고 할 수 있습니다. 그래서 겐리세아는 뿌리를 가지고 있지 않습니다.

식충식물들은 이렇게 다섯 가지로 특수화된 잎을 가지고 동물을 포획하고 소화, 흡수해 양분이 부족한 서식지, 특히 질소가 결핍된 축축한 땅에서도 살아올 수 있었습니다. 그리고 이들의 능력을 가장 처음 연구해 체계적으로 기록한 사람은 '진화론의 아버지'라 부르는 찰스 다윈이었습니다. 그는 1875년에 《식충식물Insectivorous Plants》이라는, 400쪽이 넘는 책에서 끈끈이주걱과 파리지옥을 비롯한 여러 가지 식충식물을 연구한 결과를 발표했습니다. 이 책에서 다윈은 1860년 여름에 끈끈이주걱의 잎에 곤충들이 우글우글 달라붙어 있는 것을 발견하고 놀라워하며 식충식물을 연구하기 시작했다고 얘기합니다.

다윈은 식충식물들이 '질소가 부족한' 환경에서 번성한다는 사실을 알고 있었으며, 그들이 질소를 보충하기 위해 동물을 어떻게 잡는지에 대한 실험을 했습니다. 그는 끈끈이주걱의 포충엽에 날고기나 달걀, 우유, 콩과 같이 단백질이 풍부한 먹이를 올려두고 그 반응을 살피기도 했으며, 포충엽에서 나오는 소화액의 성질에 대해서도 연구했습니다. 또 포충엽이 암모니아나 니코틴, 소금, 심지어 코브라 독 등의 독성 물질이나 뜨거운 물에 어떻게 반응하는지도 실험했습니다. 이러한 그의 주의 깊은 관찰과 다양한 실험은 식충식물에 대한 현대 연구의 토대가 되었죠.

식충식물에 매료된 다윈은 파리지옥에 관해 설명할 때 첫 문장을 이렇게 적었습니다.

> "흔히 '비너스의 파리지옥'이라고 부르는 이 식물은 빠른 움직임과 힘으로 세계에서 가장 경이로운 식물 중 하나입니다.
> This plant, commonly called Venus' fly-trap, from the rapidity and force of its movements, is one of the most wonderful in the world."

파리지옥에 대한 다윈의 생각처럼 식충식물들은 보통의 식물과는 다른, 또 다른 생존 방식을 개발한 경이로운 식물이라고 할 수 있습니다. 스스로 양분을 만드는 생태계의 생산자라는 범주를 넘어서, 생존을 위해 소비자가 되기도 하는 그들은 한계를 정하지 않고 도전하는 멋진 식물입니다.

극한의 물 ✢× 거머리말

✢ 바다로 돌아간 해초, 거머리말.
필요 없는 것들을 과감히 버리고 바다의 식물로 새롭게 살아간다.

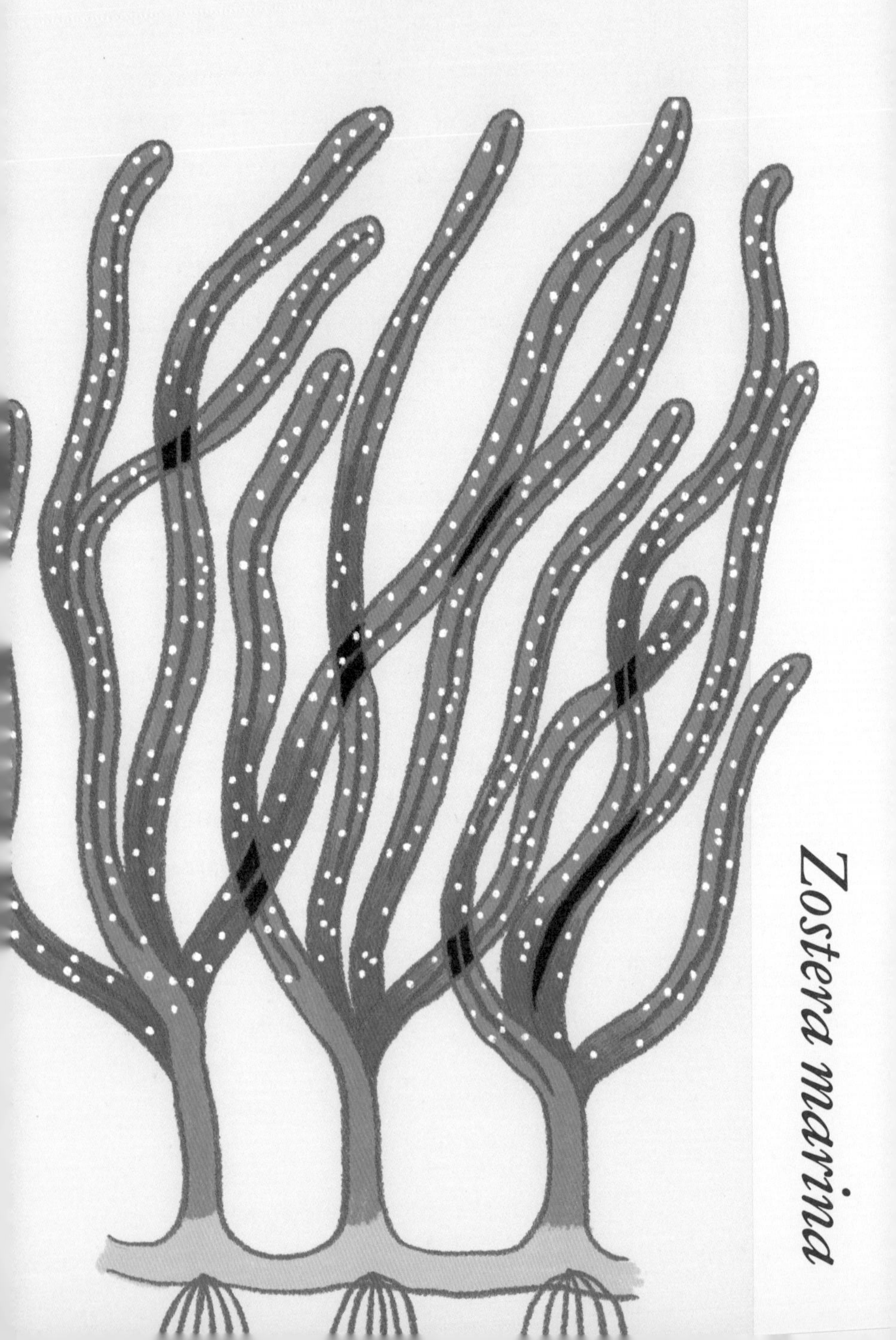

바다로 돌아간 식물

해초[海草, seagrass]는 바다에 잠겨 사는 속씨식물을 말합니다. 땅이 아닌 바다에 살지만 평범한 속씨식물처럼 꽃을 피우고 열매를 맺어 번식하죠. 미역이나 다시마, 톳, 김, 우뭇가사리처럼 바다에 살면서 풀 모양을 하고 있는 해조[海藻]류를 해초와 혼동하는 경우가 있는데 이 둘은 전혀 다른 종입니다. 해조류는 식물이 아닌 조류[藻類, algae]로, 조류 중에서도 바다에 사는 종을 일컫습니다. 조류란 광합성을 하는 생물로 식물과 비슷하지만 기공을 비롯한 물관, 체관과 같은 식물 고유의 세포나 조직이 없어 식물과는 다른 생물입니다.

식물은 바다에서 육지로 올라온 이끼식물에서 고사리식물, 겉씨식물, 속씨식물 순으로 진화했으며, 이들은 모두 육지의 생활에 적응했기 때문에 육상식물이라고 부르기도 합니다. 그런데 육상식물 중에서도 가장 진화한 속씨식물이 다시 바다로 돌아간 사건이 있었습니다. 이 사건은 벌인 존재들이 바로 해초입니다. 해초는 육지 생활에 이미 적응한 속씨식물이 바다로 돌아가 다시 바다의 환경에 적응하도록 진화한 식물이죠.

왜 해초는 다시 바다로 돌아갔을까요? 물론 그들이 바다로 돌아가겠다는 목표를 두고 실행에 옮긴 것은 아닙니다. 그저 해초의 조상들에게 생긴 어떤 돌연변이가 바다에서도 적응해 살아갈 수 있게 되었기 때문에 그들은 바다에 살게 된 것이죠. 특히나 넓디넓은 바다는 육지의 다른 식물 경쟁자들, 끈질기게 해를 입히는 곤충, 그리고 자신을 먹어치우는 초식동물이 없으니 살

수만 있다면 바다는 왜 살기 좋은 곳이었을 겁니다.

하지만 모든 개척자가 그러하듯 해초의 조상들에게 바다는 새로운 도전이었습니다. 그들은 육지의 삶에서 획득한 몇몇 전략을 완전히 뒤바꿔야 했으니까요. 그 예로 육지에서 식물체를 똑바로 서 있을 수 있게 해주던 단단한 세포벽을 버리고, 물의 흐름에 따라 유연하게 움직이는 줄기와 잎으로 바꾸어야 했죠. 또 땅속의 물을 힘껏 빨아들이는 역할을 하던 뿌리는 더는 필요가 없었습니다. 대신에 어딘가에 식물체를 단단히 정박시켜줄 뿌리가 필요했습니다.

이런 과정을 시작으로 바다의 삶에 완전히 적응하게 된 해초는 전 세계적으로 60여 종이 있습니다. 이들은 주로 얕은 바다에 살며 물의 흐름에 따라 유연하게 움직이는 길고 좁은 잎을 가지고 있습니다. 그중에서도 거머리말은 우리나라를 비롯해 전 세계적으로 가장 넓게 분포하는 해초 중 하나로, 바다의 모래 속에 뿌리를 뻗으며 1cm 정도 너비의 긴 테이프처럼 생긴 잎을 가지고 있습니다. 해안을 거닐다 모래사장이나 바위틈에서 초록색 긴 끈을 본 적이 있다면, 그것은 바다에 살던 거머리말이 파도에 떠밀리어 해안까지 온 것일 수 있습니다.

기공도 보호막도 버리고

거머리말은 다른 해초들이 그러하듯 바다의 삶에 적응하기 위해 육지 식물과는 다른 구조와 생활양식을 가지고 있습니다. 그들은 바다 생활에 필요한 것이라면 무엇이든 습득했고, 필요가 없어진 것들은 과감히 버렸습니다. 먼저 물속에서는 육지보다 식물에게 닿는 햇빛의 양이 현저히 줄어들기 때문에 거머리말은 적은 양의 빛으로도 광합성을 할 수 있는 능력을 키웠습니다. 반대로 자외선에 따른 손상을 감지해 이에 반응하도록 하는 유전자는 사라졌죠. 또 거머리말은 때로 썰물에 밀려 식물체가 공기 중에 노출되더라도 세포 안의 물이 밖으로 나가지 않게 막아주는 세포벽을 가졌습니다. 이 세포벽은 바닷물에 들어 있는 염분으로부터 자신을 보호하는 장벽으로 작용하기도 합니다.

거머리말은 육지의 식물에게는 반드시 필요한 기공도 가지고 있지 않습니다. 물에 잠겨 사는 거머리말에게 공기 중의 이산화탄소와 산소가 드나드는 구멍인 기공은 필요하지 않죠. 또 광합성에 필요한 탄소를 공기 중의 이산화탄소가 아닌 물속에 풍부한 중탄산염(HCO_3^-)에서 얻을 수 있게 되었습니다. 중탄산염은 탄산수소염이라고도 하며 토양과 암석의 풍화작용(암석이 오랜 시간에 걸쳐 서서히 성분이 변하거나 잘게 부서지는 현상)에서 자연적으로 만들어지는 광물에서 발생합니다. 물속이라는 이산화탄소가 제한된 환경에서 거머리말은 이산화탄소 대신 중탄산염에서 탄소를 추출해 광합성에 사용하게 된 것입니다. 이때 거머리말은 기공이 아닌 잎 전체로 중탄산염을 흡수하고, 광합성으로 만든 산소 역시 기공이 아닌 잎 전체로 밖에 내보냅니다.

육지에서 살다 바다로 가면 번식 방법도 바뀌어야겠죠. 거머리말은 육지에서 온도와 건조로부터 꽃가루를 감싸 지켜주던 엑신exine이라는 보호막(외벽층)을 없애고 실처럼 가느다란 꽃가루를 만들어냈습니다. 엑신은 꽃가루 알갱이를 가장 바깥에서 보호해주고 있는 층으로, 꽃가루가 바람과 동물을 따라 암술로 운반되는 동안 그 안의 세포를 보호하기 위해 존재하는 단단한 보호 껍질입니다. 바다에서 꽃가루가 암꽃에 있는 암술을 만나러 가는 길은 단순히 물의 흐름에 따르기 때문에 엑신과 같은 보호막보다는 물의 흐름에 몸을 맡길 수 있는 실 모양이 더 적합했던 것이죠. 또 거머리말은 곤충을 유혹하는 꽃잎이나 꿀도 만들지 않습니다.

이렇듯 우리가 바닷가에서 만났던 원시적인 모습의 거머리말은 생존을 위해 필요한 것과 필요하지 않은 것을 정확히 알고 그에 맞게 적응해온 결과물이라고 할 수 있습니다. 육지에 살던 포유류가 바다로 돌아가 고래가 되었던 것처럼, 바다로 돌아간 속씨식물은 해초가 되었습니다. 그들은 이끼식물에서 시작된 육상으로의 진출을 과감히 접고 식물의 시조가 살았던 바다로 돌아갔습니다. 이 과정은 쉽지 않았습니다. 하지만 결국 해초는 식물이라는 이름표를 달고 바다라는 새로운 서식지를 개척했습니다. 그리고 현재 그들은 거대한 해초 숲을 이루어 열대우림만큼이나 엄청난 양의 탄소를 흡수하고 산소를 내보내며, 물고기를 비롯한 수많은 해양 동물의 먹이가 되고 그들이 살아가는 터전이 되고 있습니다. 이는 맨 처음 바다라는 환경에 적응하기 위해 사라져간 수많은 식물과 그럼에도 끈질기게 생존했던 식물들의 결과물이라고 할 수 있겠습니다.

물속에 잠긴 식물

수생식물 *Aquatic plants*

수생식물이란 식물체의 전부 또는 일부가 물 안에 잠겨 사는 식물을 말합니다. 앞에서 보았던 거머리말도 수생식물에 속합니다. 다만 거머리말은 수생식물 중에서도 바다에 살기 때문에 해초라고 따로 부르기도 하죠. 전 세계 식물의 약 2%가 수생식물이며, 이들은 광활한 바다보다는 주로 연못이나 냇가, 강 등 좁은 민물에 사는 경우가 더 많습니다.

수생식물은 크게 식물체가 모두 물속에 푹 잠겨 사는 검정말*Hydrilla verticillata*과 같은 '침수식물', 물 위에 둥둥 떠서 사는 개구리밥*Spirodela polyrhiza*과 같은 '부유식물', 뿌리는 물속 땅에 박힌 채 잎과 꽃은 물 위에 띄우고 사는 수련*Nymphaea tetragona*과 같은 '부엽식물', 그리고 뿌리는 물속 땅에 있지만 잎과 꽃이 모두 물 위로 높이 자라는 갈대*Phragmites australis*와 같은 '정수식물'로 나뉩니다. 이들은 물의 흐름을 낮춰 물속에 있는 오염물질을 가두고 이를 빨아들여 물을 정화합니다. 또 광합성을 통해 만든 산소를 공급해 물속 생태계를 건강하게 유지하는 데에 큰 도움을 줍니다. 무엇보다도 수생식물은 물속에 사는 동물들의 은신처가 되어주기도 하고, 그들의 먹이나 알을 낳는 장소로 활용되기도 합니다.

광합성에 꼭 필요한 물은 식물이 살아가는 데 없어서는 안 되는 것이지만 너무 많으면 오히려 식물을 죽게 만들기도 합니다. 그 이유는 식물은 이산화탄소를 흡수하고 산소를 내보내는 광합성만 하는 것 같지만, 식물 역시 살아 있는 생명체이기에 산소를 흡수하고 이산화탄소를 내보내는 '호흡'을 하기 때문입니다. 그래서 뿌리 주변에 물이 너무 많으면 산소 공급이 힘들어져 뿌리가 호흡을 하지 못하고 썩어버리는 경우가 생깁니다. 집에서 기르는 화초에 물을 너무 많이 줘도 안 되는 게 이 이유 때문이죠. 그렇다면 수생식물들은 어떤 전략을 쓰기에 물이 넘쳐나는 환경에서 살 수 있는 걸까요?

먼저 수생식물들은 물이 많은 환경에서 호흡하기 위해 뿌리나 줄기에 '산소탱크'를 가지고 있습니다. 연꽃*Nelumbo nucifera*의 경우 땅속으로 이어지는 뿌리줄기(연근)를 잘라보면 그 안에 여러 구멍이 난 걸 볼 수 있는데, 이 구멍에 산소를 담아두고 호흡에 사용합니다. 연잎에 있는 기공을 통해 들어온 산소가 연잎 가운데에 있는 잎자루를 통해 연근에 있는 산소탱크에 저장되는 것이죠. 또 연잎에는 잎의 윗면에만 기공이 있는데, 이것은 물이나 진흙이 닿을 수 있는 아랫면이 아니라 윗면에만 기공을 둠으로써 안정적으로 산소를 빨아들이도록 한 것입니다. 그래서 연잎의 윗면은 항상 깨끗하게 유지되어야 합니다. 먼지나 이물질로 기공이 막히면 연근에 있는 산소탱크에 산소가 모자라게 되기 때문이죠. 이를 위해 연잎의 표면에는 왁스로 덮인 아주 작은 돌기들이 돋아나 있어 물이 떨어져도 그대로 흘러내리는데, 이때 잎 표면에 있는 먼지나 이물질이 물방울과 함께 씻겨집니다. 이러한 연잎의 탁월한 방수 작용을 '연잎 효과'라고 합니다.

또 물에 떠서 살아가는 수생식물은 물에 가라앉지 않도록 잎

자루나 잎에 '공기주머니'를 달고 있습니다. 부레옥잠*Eichhornia crassipes*의 경우에는 잎자루가 둥글게 부풀어 공기를 가득 담고 있기 때문에 물에 떠서 살아갈 수 있죠. 자라풀*Hydrocharis dubia* 같은 경우도 잎 뒷면에 불룩한 공기주머니를 달고 있어 잎이 물에 뜰 수 있습니다.

그다음으로 물 위에 떠서 사는 수생식물들은 '기공'을 잎 윗면에 두고 있습니다. 호흡에 필요한 산소뿐만 아니라 광합성에 필요한 이산화탄소를 흡수하기 위해 물과 닿은 아랫면이 아닌 잎 윗면에 기공을 두는 것입니다. 더욱이 기공을 낮과 밤의 구별이 없이 언제나 열리도록 만들어두었습니다. 사막의 식물들이 몸속에 있는 물을 빼앗기지 않기 위해 햇빛이 강렬한 낮에는 기공을 닫아두는 것과는 달리, 수생식물들은 주변이 물이 워낙 많아 기공을 닫을 필요가 없습니다. 대신 이산화탄소를 충분히 흡수하기 위해서 언제나 기공을 열어둡니다.

또 물속에 완전히 잠겨 살아가는 수생식물의 경우에는 해초처럼 광합성에 필요한 탄소 공급원으로 이산화탄소 대신 중탄산염을 사용하기도 합니다. 또 어떤 수생식물은 뿌리에서 호흡 과정을 거치며 나온 이산화탄소를 재활용해 잎에서 광합성에 사용하기도 합니다.

이렇듯 수생식물은 생존에 필요한 물이 생존을 가로막는 독이 되지 않도록 여러 가지 전략을 갖추고 있습니다. 이 전략들이 갖춰지기까지는 우리가 가늠할 수 없을 만큼 오랜 시간이 걸렸을 것입니다. 물속이라는 환경에 완벽히 적응하기까지 수많은 식물이 사라지고 또 새로 생겨나며 진화를 이어왔겠죠. 현재 우리가 만나는 모든 식물은 그렇게 만들어진 진화의 결과입니다. 중요한 건 이것이 끝이 아니라 또 다른 시작이라는 것입니다.

극한의 열기 +× 유칼립투스

Eucalyptus ssp.

+ 산불을 부추기는 유칼립투스.
그에게 산불은 파괴자가 아니라 해방자였다.

산불을 지르는 나무

시작은 아무리 작은 불씨였더라도 산불은 산에 있는 모든 것을 태워버립니다. 더구나 한곳에 뿌리를 내리고 사는 식물에게는 불길로부터 도망칠 수 있는 방법이 없으므로 산불이 휩쓸고 지나간 자리엔 처참한 모습의 식물들만이 남습니다. 그래서 식물에게 산불은 너무도 가혹한 재해이며, 식물은 화재에 무력하게만 보입니다. 하지만 산불이 식물에게 죽음만을 의미하지는 않습니다.

놀랍게도 식물은 산불 후에도 살아남을 수 있습니다. 땅위로 나와 있는 부분은 거의 타버렸다고 해도 대체로 땅속의 뿌리와 새싹, 두꺼운 나무껍질 속에 있는 새싹은 산불 후에도 죽지 않고 남을 수 있습니다. 물론 강아지풀과 같은 한해살이풀들은 산불에 속수무책으로 괴멸을 당하고 말지만 여러 해를 살아가며 땅속에 큰 뿌리나 두꺼운 줄기를 만든 식물은 살아남을 수 있죠.

과학자들은 산불이 자주 발생하는 지역의 식물이 산불을 겪고 나면 땅속에 살아 있는 조직을 많이 만들어둔다는 것을 밝혀내기도 했습니다. 그래서 또다시 산불이 나더라도 그 식물은 죽지 않고 땅속에 저장된 조직으로부터 더 빨리 자라날 수 있다고 합니다. 또 이런 식물은 꽃과 씨앗을 많이 생산해 다음 산불이 나기 전에 더 많은 후손을 남기는 경향이 있다고 합니다. 이렇듯 식물은 산불에 무력하게 당하지만은 않으며, 그 나름의 생존 전략을 갖춰 화재 후에도 살아남고 있습니다.

사실 산불을 일으키는 것이 인간이 만든 불씨만은 아닙니다.

화석 연구에 따르면 산불은 인간이 지구에 나타나기 훨씬 전인 약 4억 2,000만 년 전 고사리식물이 나타난 직후에 시작되었다고 합니다. 그 당시 고사리식물들은 나무처럼 덩치가 큰 것도 많았기 때문에 그런 고사리식물이 불에 탄 채로 화석으로 발견된 것이 그 증거입니다. 그렇다면 인간의 간섭이 아닌 자연적으로 발생하는 산불의 원인은 무엇일까요? 가장 큰 원인은 번개입니다. 건조한 초목이 있는 곳에 번개가 치면 화재가 발생하죠. 번개 말고도 건조하고 바람이 많이 부는 지역은 바람 때문에 마른 나무줄기가 서로 마찰을 일으키며 불씨가 생기기도 하고, 화산 활동이나 유성 때문에도 산불이 발생합니다. 이렇듯 자연적으로 발생하는 산불은 자연 생태계의 일부이기도 합니다.

신기한 사실은 오래전부터 산불이 자주 일어났던 지역의 식물들은 산불을 생존에 이용하기도 한다는 것입니다. 예를 들어 북아메리카 동부에 사는 방크스소나무*Pinus banksiana*는 불에 타지 않는 두껍고 단단한 솔방울을 만들어 그 안에 씨앗을 숨겨두는데, 산불로 주위의 식물들이 타버리면 그제야 솔방울을 벌려 씨앗을 퍼뜨립니다. 산불을 이용해 경쟁자가 사라진 뒤에 자손을 번성시키는 전략이죠. 더구나 산불이 난 뒤에는 잎을 갉아먹던 곤충과 초식동물, 오랫동안 자신을 괴롭히던 미생물이 사라진 데다 어린싹이 자라는데 훌륭한 양분이 되는 식물이 타고 남은 재가 도처에 풍부하니 이보다 더 좋을 수가 없습니다.

이와 비슷하게 미국의 캘리포니아주에 사는 케아노투스 벨루티누스*Ceanothus velutinus*는 강렬한 산불의 열기에 노출된 후에야 싹이 트는 씨앗을 맺습니다. 씨앗을 휴면 상태로 유지하던 단단한 씨껍질이 뜨거운 열기에 파괴되어야 물을 흡수할 수 있게 되면서 싹이 트는 원리입니다. 또 이 지역에는 화재로 나는 연기에만 씨앗에 싹이 트는 엠메난테 펜둘리플로라*Emmenanthe penduliflora*라는 식물도 있습니다. 이 식물의 씨앗은 깊은 휴면 상태를 유지하다가 식물이 탈 때 나오는 연기에 노출되면 싹을 틔우는데, 이 신기한 상황은 연기 속에 있는 이산화질소 같은 연소 생성물이 씨앗의 발아를 촉진하는 원리라고 합니다.

이렇게 산불이 자주 발생하는 지역의 식물들은 산불을 번식의 기회로 만들어 살아가는 방법을 진화시켰습니다. 그런데 이들처럼 산불을 이용하는 것에서 나아가 마치 산불이 나도록 부추기는 것처럼 보이는 식물이 있습니다. 식물 중에서 가장 '산불 친화적'이라고 할 수 있는 이 식물은 바로 코알라가 즐겨 먹는 잎을 가진 유칼립투스입니다.

불은 해방자였다

유칼립투스속은 600종이 넘을 정도로 많은 수를 차지하고 있는 상록수이자 속씨식물 무리로 대부분 오스트레일리아가 원산지입니다. 오스트레일리아 대륙은 극도로 건조하고 기온이 높은 지역이 많아 산불이 자주 발생합니다. 오스트레일리아의 유칼립투스속 식물들은 주로 키가 10m가 넘을 정도로 큰데, 그중에서도 유칼립투스 레그난스*Eucalyptus regnans*는 속씨식물 중에서 가장 큰 100.5m의 키를 기록하기도 했습니다. 또 유칼립투스는 오스트레일리아에 있는 숲의 4분의 3에 달하는 면적을 차지하고 있을 정도로 아주 빠르게 자라는 나무입니다. 이런 이유로 인간들은 오일과 목재, 펄프 등 상업적으로 이용도가 높은 유칼립투스를 대량 재배하고 있으며, 숲을 조성하기 위해 생장 속도가 빠른 유칼립투스를 들여와 심곤 했습니다.

1900년대 미국의 캘리포니아주에서도 산림을 조성하고 경관을 꾸밀 목적으로 유칼립투스를 꾸준히 식재했습니다. 잎이 길쭉해서 넓지도 좁지도 않는 적당한 그늘을 만들고, 잎에서는 모기와 각종 벌레를 쫓는 효과까지 있는 향기가 나는 데다, 빠르게 큰 키로 성장해 바람을 막아주니 유칼립투스는 산과 언덕, 공원, 그리고 집 뒷마당 등 어디든 심기에 안성맞춤인 듯 보였습니다. 하지만 100여 년이 지난 지금 캘리포니아 주민들은 지역에 드넓게 자리 잡은 유칼립투스를 어떻게 제거해야 할지 고민하고 있습니다. 유칼립투스는 화재에 취약할 뿐만 아니라 산불을 일으키는 원인으로 지목되고 있기 때문입니다.

유칼립투스는 사실 산불에 최적화된 식물이라고 할 수 있습니다. 유칼립투스는 식물체 안에 가연성 물질을 많이 함유하고 있는데, 특히 주로 잎에 있는 오일은 휘발성이 강하고 불이 붙기 쉽습니다. 날씨가 건조하고 더운 날에는 잎에 있던 오일이 공기 중으로 내뿜어져 아주 작은 불씨에도 큰 산불이 일어날 수 있습니다. 또 이 오일에는 살균 효과가 있어서 바닥에 떨어진 잎은 썩지 않고 남아 불이 붙기 쉬운 상황을 만듭니다. 넓적한 끈처럼 길게 떨어지는 유칼립투스의 줄기 껍질 역시 썩지 않고 그대로 남아 바람을 타고 불길을 퍼뜨리는 역할을 합니다.

아이러니한 것은 이와 동시에 유칼립투스가 산불에 아주 강하다는 사실입니다. 유칼립투스는 줄기에 단열재 역할을 하는 두꺼운 섬유질 껍질이 발달해 겉이 불에 타더라도 안에서 새로운 싹을 키워낼 수 있습니다. 그래서 유칼립투스의 줄기 안쪽에는 산불을 대비해 나올 준비를 하고 있는 싹들이 숨어 있습니다. 혹시나 강력한 산불에 줄기가 다 타버리게 되더라도 괜찮습니다. 땅속 바로 밑에 리그노튜버lignotuber라고 하는 목질의 덩어리가 양분을 저장하고 있다가 산불로 나무가 손상되면 빠르게 새로운 싹을 만들어내기 때문입니다. 유칼립투스의 열매는 또한 단단한 목질로 되어 있어 안에 있는 씨앗을 산불로부터 보호합니다. 이 열매는 산불이 지나가고 나면 벌어져 작은 씨앗들을 바깥세상으로 내보냅니다.

결국 유칼립투스와 산불은 서로를 강화하는 방향으로 진화했다고 볼 수 있습니다. 유칸립투스는 오스트레일리아의 메마르고 척박한 땅에서 생존하기 위해 산불을 받아들인 셈입니다. 산불의 역사를 연구하는 미국의 화재 전문가 스티븐 파인이 그의 책 《불타는 덤불*Burning Bush*》에서 다음과 같이 말한 것도 그런 이유이죠.

> "대부분의 유칼립투스에게 불은 파괴자가 아니라 해방자였다.
> For most eucalyptus, fire was not a destroyer but a liberator."

하지만 유칼립투스와 같이 생존을 위해 산불에 적응할 수밖에 없었던 식물들에게는 산불이 반가울 수 있어도, 산불은 엄연히 오랜 시간 구축된 산림 생태계를 한순간에 무너뜨리는 무시무시한 재해입니다. 더구나 산불의 80%는 인간에 의한 것입니다. 온난화와 기후변화로 전 세계적으로 대규모 산불은 더 자주 일어나고 있으며, 우리나라도 예외는 아닙니다. 현재 우리나라는 10년 전에 비해 산불 횟수는 2.5배 많아졌으며, 피해 면적은 3배 가까이 늘어났습니다. 또한 예전에는 3~4월에 집중적으로 발생했던 산불이 이제는 한여름인 7월을 제외하고는 연중 내내 발생하고 있습니다. 산불은 그 속에 있는 수많은 식물과 동물, 심지어 인간의 생명까지 앗아갑니다. 그렇기에 유칼립투스에게는 미안하지만 우리는 더 많은 관심과 주의를 기울여 산불을 막아야 합니다.

야레타의 꽃

야레타

야레타 내부 단면

아타카마 사막에 펼쳐진 꽃의 향연

남극의 이끼

바위손
(왼쪽: 봄과 여름, 오른쪽: 가을과 겨울)

오히아 레후아의 다양한 꽃

은검초

은검초의 은빛 털

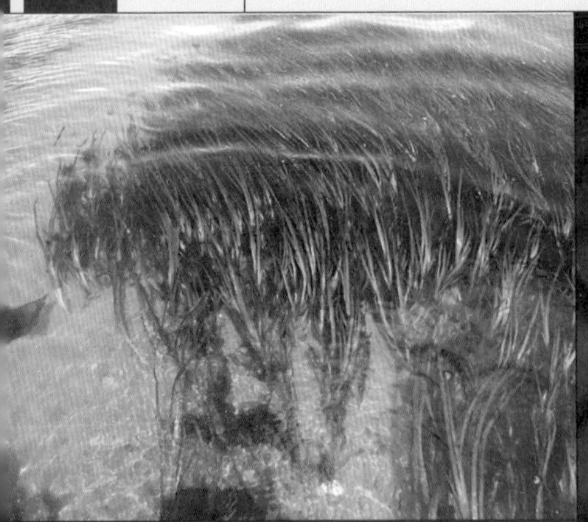

거머리말

연꽃의 연잎

연꽃의 연근

부레옥잠

부레옥잠의 공기주머니

벌레잡이풀(네펜데스)

파리지옥

끈끈이주걱

통발

유칼립투스의 꽃과 잎

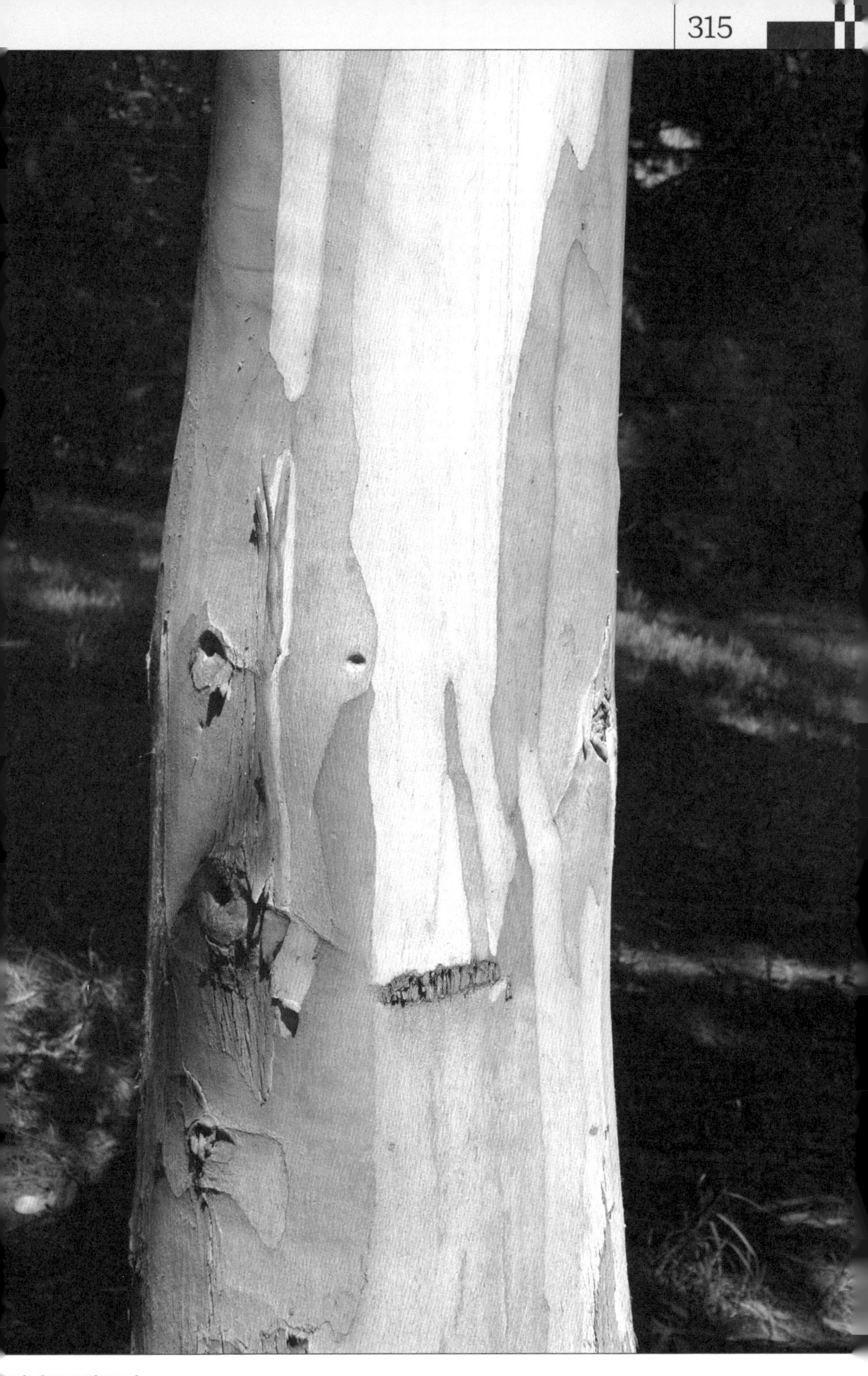

유칼립투스의 줄기

Chapter 5

시간

오래되거나

최신이거나

가장 오래 사는 나무 ÷× 브리슬콘소나무

Pinus longaeva

÷ 세계에서 가장 오래 사는 나무, 브리슬콘소나무.
5,000년에 이르는 기후의 역사를 몸 안에 켜켜이 새기고 있는
지구의 가장 오래된 거주자다.

신과 함께

> "서수한무거북이와두루미삼천갑자동박삭치치카포사리사리센타워리워리세브리깡므두셀라구름이허리케인에담벼락담벼락에서생원서생원에고양이고양이엔바둑이바둑이는돌돌이"

우스꽝스럽게 들리는 이 이름은 1970년대 어느 TV 코미디 프로그램에 나온 것입니다. 자손이 귀한 서씨 집안에 5대 독자가 태어나자 그 아이가 오래 살기를 바라는 마음으로 이름을 지었는데, 전 세계에서 장수를 대표하는 것들을 모두 넣다 보니 이렇게 길어지고 말았죠.

이 이름 속에 등장하는 '장수의 대표'들을 풀이해보면, 수한무(수명이 무한함), 거북이와 두루미(십장생의 대표 동물), 삼천갑자 동방삭[삼천갑자(60년×3,000=18만 년)를 살았다는 전설의 인물], 치치카포 사리사리센타(아프리카에서 가장 오래 살고 있다는 가상의 인물), 워리워리 세브리깡(앞의 사람이 먹었다는 약초), 므두셀라(성경 속 인물 중에서 가장 오래 산 사람. 향년 969세), 구름이 허리케인에 담벼락 서생원 고양이 바둑이[설화 〈쥐의 사위 고르기〉에 나오는 사위 후보들. 구름을 몰아내는 허리케인, 허리케인을 막아내는 담벼락, 담벼락에 구멍을 내는 쥐(서생원), 쥐를 잡는 고양이, 고양이를 잡는 바둑이], 돌돌이(그 바둑이의 이름)가 됩니다. 그리고 이 이름들에는 현재 지구에서 가장 오래 살고 있는 나무의 이름도 들어 있습니다. 바로 미국 캘리포니아주의 인요 국유림Inyo national forest에 사는 브리슬콘소나무의 이름인 '므두셀라Methuselah'입니다.

위에 언급한 대로 므두셀라는 구약 성경에 등장하는 인물로 969세에 죽었다고 알려졌으며, 성경에 나오는 인물 중 가장 오래 산 사람입니다. 미국 애리조나대학 나이테연구소의 에드먼드 슐먼은 1957년 인요 국유림에 있는 브리슬콘소나무 숲에서 나무들의 나이를 조사하다가 수령이 4,600년이 넘는 나무를 발견하고는 '세계에서 가장 오래된 살아 있는 나무'라는 타이틀과 함께 므두셀라라는 이름을 지어주었습니다. 그 후 므두셀라의 정확한 수령이 4,789년으로 밝혀짐에 따라 이 브리슬콘소나무는 2022년 기준으로 무려 4,854년을 살아오고 있는 나무가 되었습니다.

4,854년을 산다는 건 이 나무가 기원전 2832년(B.C. 2832)에 씨앗에서 싹이 터서 이집트의 피라미드가 건설되던 시절(B.C. 2686~2181)과 신화에 따르면 단군이 고조선을 건국하던 시절(B.C. 2333)을 살아왔다는 걸 의미합니다. 또 이 나무는 멀리서나마 트로이 전쟁(B.C. 1200)과 로마제국의 건국(B.C. 753)을 함께했으며, 석가모니와 예수, 소크라테스 및 공자의 탄생과 죽음을 본 것입니다. 한자리에서 뿌리를 내리고 5,000년 가까이 살고 있는 므두셀라는 고작 100년을 사는 인간이 이해하기에는 상상이 되지 않는 영겁의 시간을 통과한 것이죠.

슐먼은 나무의 나이테에 기록된 기후의 역사를 연구하는 학자였습니다. 그는 1939년부터 가장 오래된 나무를 찾아 미국 전역을 누볐고, 결국 1953년부터 1,500년 된 나무를 발견함과 동시에 인요 국유림의 브리슬콘소나무를 본격적으로 조사하기 시

작했습니다. 조사한 지 3년이 지난 1956년에 그는 그곳에 수령이 4,000년 이상인 브리슬콘소나무가 있다는 사실을 알게 되었고, 이듬해 드디어 세계에서 가장 오래된 살아 있는 나무를 찾은 것입니다. 므두셀라를 발견한 슐먼은 이 지역의 브리슬콘소나무에 대한 좀더 면밀한 조사 연구를 계획했지만 안타깝게도 그 다음 해 51세의 나이로 사망하게 되면서 므두셀라는 지금까지 세계에서 가장 오래된 살아 있는 나무로 남아 있습니다.

그런데 므두셀라가 조사될 때 함께 채집되었던 나무가 2012년이 되어서야 다시 연구되어 그 당시 수령이 5,062년, 즉 2022년 기준으로 5,072년라는 게 밝혀졌습니다. 므두셀라의 수령보다 218년이 더 많죠. 하지만 슐먼과 함께 나이테연구소에 있었으며 그가 채집한 나이테 샘플들을 재조사해 2012년에 그 나이를 밝혔던 토머스 할런이 이듬해인 2013년에 사망하는 바람에, 해당 나무의 존재가 불분명해지고 나이테 샘플이 사라져 공식적으로는 므두셀라가 여전히 가장 오래된 살아 있는 나무입니다.

므두셀라의 존재가 세상에 알려지자 오래된 나무의 나이테에 대한 연구가 활발해졌습니다. 그리고 1964년에 미국 노스캐롤라이나대학의 대학원생인 도널드 커리는 네바다주의 그레이트베이슨 국립공원에서 '프로메테우스Prometheus'라는 이름의 브리슬콘소나무를 만나게 되죠. 그도 슐먼처럼 나이테에 기록된 과거의 기후 정보를 연구하는 사람이었습니다. 당시 그 지역 사람들은 이 나무의 정확한 수령은 모른 채로 그저 상당히 오래되었을 것이란 추측과 함께 프로메테우스라는 이름을 붙여 부르고 있었습니다.

프로메테우스는 그리스 신화에 나오는 타이탄의 신 중 하나로 이름은 '선지자(미리 생각하는 자)'라는 뜻이며, 최초로 인간(그중에서도 남자)을 만든 것으로 알려져 있습니다. 프로메테우스는 신들의 제왕인 제우스가 인간에게는 금지한 불을 훔쳐 인간에게 가져다줄 만큼 자신이 창조한 인간을 아꼈으며, 이를 위해 제우스라는 절대자에게 대항할 만큼 강한 자였습니다. 그는 제우스의 회유에도 굴하지 않고 3만 년이라는 세월 동안 코카서스(캅카스)산의 바위에서 쇠사슬에 묶여 있었기에 저항 정신의 상징이 되었죠.

하지만 커리는 프로메테우스의 길고 긴 저항의 역사를 알지 못한 채 그 나무를 베어버리고 말았습니다. 나이테를 세기 위해 나무를 잘라버린 것이죠. 원래 살아 있는 나무의 나이테를 조사하기 위해서는 생장추increment borer라고 하는 도구로 나무줄기에 구멍을 뚫어 연필 두께의 목편core을 채취하는 게 일반적인 방법입니다. 나무는 줄기껍질 바로 안쪽 층만 살아 있고 내부는 죽은 세포로 이루어져 있어 이렇게 채취하면 나무에 피해가 크지 않기 때문이죠. 커리도 처음에는 이 방법을 시도했으나 뒤틀리고 울퉁불퉁한 나무의 나이테 샘플을 채취하는 게 어려워지자 나무를 베어버린 것입니다. 그리고 그날 저녁 숙소로 돌아온 커리는 잘라낸 샘플의 나이테를 세어보고는 경악을 금치 못했습니다. 그 나이테의 수는 그때까지 알려진 가장 오래된 살아 있는 나무인 므두셀라보다 48개가 더 많은 4,844개였기 때문입니

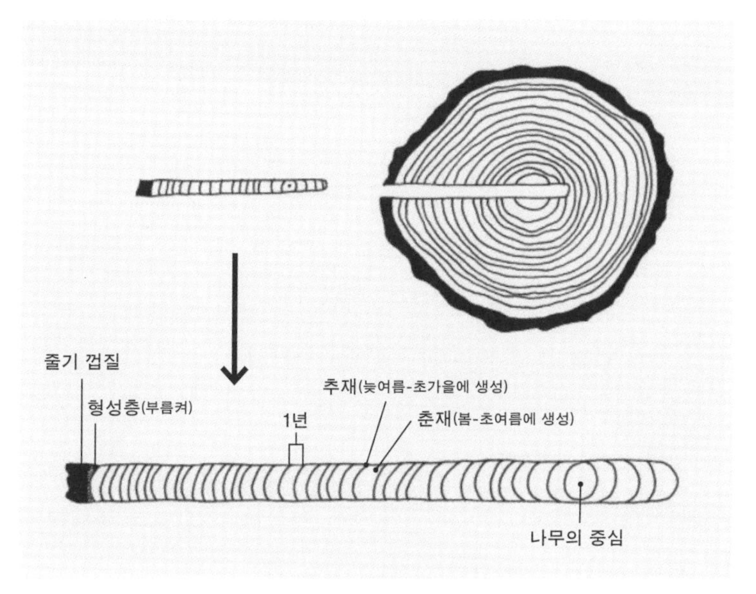

생장추로 추출한 목편

다. 커리는 그날 4,844년을 살아오던, 세계에서 가장 오래된 살아 있는 나무를 죽인 겁니다. 훗날 프로메테우스의 수령은 최소 4,862년으로 수정되었습니다. 그리고 그 나무의 나이테는 커리가 자른 1964년에 멈춰버렸습니다.

5,000년의 기록 보관소

나무의 나이테에는 단순히 그 나무의 나이만 담겨 있는 것이 아닙니다. 그해의 여름이 얼마나 무더웠는지, 겨울은 얼마나 추웠는지, 병해충이 창궐하던 시기와 산불이 일어난 시기 등도 나이테에 담겨 있습니다. 이것은 나무가 어떤 환경에서 얼마큼 성장했었는지가 나이테의 간격이나 상태에 고스란히 기록되기 때문입니다. 그래서 나이테는 그것이 새겨질 당시의 기후 관측소이자 기록 보관소입니다.

'므두셀라'와 '프로메테우스'도 약 5,000년 동안 한 해도 빠짐없이 자신이 뿌리내린 곳의 기후와 환경을 그대로 기록해오고 있었습니다. 그렇기에 이들은 오래된 나무라는 타이틀만으로는 담을 수 없는 가치를 품고 있다고 할 수 있습니다.

므두셀라와 프로메테우스를 발견한 일련의 일들은 그 지역을 보호구역으로 지정하는 결과로 이어졌습니다. 하지만 잘려나간 프로메테우스와 달리 므두셀라의 위치는 공개되지 않았습니다. 단지 발견자인 슐먼을 기리는 '슐먼 숲Schulman grove'에 있는 길이 약 7km의 '므두셀라 둘레길'에, 다른 여러 나무들 사이에 있다고만 알려져 있습니다. 이 둘레길에는 므두셀라 외에도 수천 년을 살고 있는 브리슬콘소나무가 즐비합니다. 그렇다면 이 나무들은 어떻게 수천 년을 살아올 수 있었을까요? 그곳의 환경이 식물이 살기에 더없이 좋은 곳이어서 그런 것일까요?

브리슬콘소나무가 살고 있는 곳은 캘리포니아주와 네바다주의 경계를 따라 이어져 있는 인요 국유림의 화이트산맥입니다. 사실 이곳은 불모의 황무지와 다름없습니다. 이곳은 해발 3,000m가 넘는 고산지대로 기온이 영하 30℃까지 떨어지는 혹독한 추위와 소용돌이치는 강한 바람, 양분이 없는 건조한 토양 및 짧은 여름이라는 열악한 환경에 둘러싸인 곳이죠. 또한 이곳은 이 산맥의 이름처럼 백색을 띤 바위가 많은 지역입니다. 이는 석회암의 일종인 백운암 때문인데, 강한 염기성을 띠는 백운암이 많은 땅은 식물이 살기 힘듭니다. 하지만 이런 환경이기 때문에 브리슬콘소나무는 세계에서 가장 오래 살 수 있었는지도 모릅니다. 한정된 자원을 나눠야 하는 경쟁자는 사라진 지 오래되었고, 띄엄띄엄 간격을 두고 자라는 나무들 사이에 산불이 번질 일도 없으니까요.

이에 더해 브리슬콘소나무가 이곳에서 살아남을 수 있었던 적응 전략에는 몇 가지가 있습니다. 먼저 브리슬콘소나무는 빠르게 자라지 않습니다. 나무 둘레는 매해 2.5mm 이하로 성장하며, 수천 년을 살았다고 하기에는 가장 큰 개체의 키가 15m에 불과할 정도로 작습니다. 15m라는 키도 아주 좋은 환경에서 클 때의 경우죠. 그래서 브리슬콘소나무는 위로 쭉 뻗어 있는 수형이 아닌 기이하게 뒤틀린 모양의 줄기와 가지를 갖고 있습니다. 또 아주 느리게 자라는 만큼 나무줄기에 있는 조직이 매우 촘촘하고 단단하게 형성되어 줄기 내부의 밀도가 아주 높습니다. 이 줄기 내부에는 다량의 수지(송진)가 있어서 브리슬콘소나무는 건조에 강하고 자신을 해치는 균과 곤충의 침입을 완벽하게 차단합니다. 그래서 브리슬콘소나무는 죽은 후에도 썩지 않고 수백 년 동안 서 있을 수 있죠. 마지막으로, 1년에 고작 6주 정도에 불과한 여름에 성장도 하고 양분도 저장해야 하므로 브리슬콘소나무는 최대한 에너지를 아끼는 생활을 합니다. 그래서 새로 돋아난 잎이 몇 년이 지나면 떨어져버리는 일반적인 소나무들과 달리 브리슬콘소나무는 한번 만들어낸 잎을 최대 43년이나 달고 살기도 합니다. 척박한 곳에서 삶을 이어가려면 절약하고 또 절약할 수밖에 없는 것이죠.

브리슬콘소나무는 이런 특성을 가졌기에 다른 식물들이 살기 힘든 환경에서 살아남을 수 있었습니다. 수천 년의 기후를 성실하게 몸 안에 기록하면서 말이죠. 브리슬콘소나무가 있는 인요국유림의 '인요Inyo'라는 이름은 아메리카대륙의 원주민 언어로 '위대한 영혼의 거처dwelling place of the great spirit'라는 뜻이라고 합니다. 아마도 이들 원주민은 오래전부터 브리슬콘소나무가 그토록 혹독한 환경에서도 수천 년을 살아오고 있다는 것을 알았던 것 같습니다. 위대한 영혼의 브리슬콘소나무는 지구의 가장 오래된 거주자인 셈이죠.

우리나라에서 가장 오래 산 나무

향나무 *Juniperus chinensis*

우리나라에서 가장 오래 살고 있는 나무는 경상북도 울릉도에 있는 향나무입니다. 이 나무는 도동항의 동쪽 바위산 절벽에서 항구를 내려다보며 2,500년을 넘게 살아온 것으로 알려져 있습니다. 다만 이 향나무의 수령은 아직까지 공식적으로 측정되지 못했습니다. 나무가 바위 절벽에 자리 잡고 있기 때문에 나이테 측정에 필요한 구멍을 뚫기가 어려워서입니다. 산림청 자료에 따르면 이 향나무의 수령은 2,000년에서 3,000년으로 추정

경상북도 울릉군 울릉읍 도동리 **향나무**	약 2,000~3,000년
강원도 삼척시 도계면 늑구리 **은행나무**	약 1,500년
강원도 홍천군 내면 창촌리 계방산 **주목**	약 1,500년
강원도 정선군 사북면 사북리 두위봉 **주목**	약 1,400년
부산시 기장군 장안읍 장안리 **은행나무**	약 1,300년
경기도 화성시 향남읍 증거리 **느티나무**	약 1,300년
강원도 영월군 영월읍 하송리 **은행나무**	약 1,200년
충청남도 천안시 서북구 성환읍 양령리 **은행나무**	약 1,200년
경기도 구리시 아천동 **은행나무**	약 1,200년
경상남도 하동군 화개면 운수리 **느티나무**	약 1,200년

우리나라의 오래된 나무 Top 10

된다고 합니다. 그렇다면 이 향나무는 기원전 1000년의 철기시대에 울릉도에 최초로 인간이 거주하기 시작했을 때 태어났다고 볼 수 있습니다. 울릉도가 '우산국'이라는 이름으로 처음으로 문헌에 등장한 512년(지증왕 13년)인 신라시대에도 이 향나무는 그 자리에 있었던 거죠.

향나무는 이름 그대로 향기가 나는 나무입니다. 그래서 제사를 지낼 때 피우는 향처럼 향을 내는 물건의 재료로 다양하게 쓰입니다. 우리나라를 비롯한 일본과 중국, 몽골에 자생하며 보통은 약 20m까지 키가 자라지만, 우리나라에서 가장 많은 향나무가 살고 있는 울릉도의 향나무들은 키가 그리 크지 않습니다. 화산활동으로 만들어진 울릉도의 바위산에서 살려면 키가 큰 게 불리하기 때문이죠. 그도 그럴 것이 우리나라에서 폭풍 일수가 가장 많은 울릉도에서는 거센 비바람에 날아가거나 부러지지 않으려면 키가 작은 게 생존에 유리할 수밖에 없습니다.

도동항의 향나무도 키가 4m에 불과합니다. 울릉도라는 환경적 특성이 이유기도 하지만 985년 태풍 브렌다로 한쪽 가지가 부러졌기 때문입니다. 심하게 구불거리는 나무의 몸통은 오랜 세월과 함께 이 나무가 겪어야 했던 풍파를 짐작하게 합니다. 현재 이 나무의 몸통은 단단한 쇠줄로 고정되어 있습니다. 항구를 내려다보며 자란 나무가 더이상 기울어지는 것을 방지하고자 설치한 것입니다. 울릉도의 인간사와 시작을 같이한 향나무가 오래도록 그 자리를 지킬 수 있기를 바라봅니다.

가장 오래된 겉씨식물 +× 소철

살아 있는 화석

씨앗(종자)은 식물의 역사에서 위대한 탄생이었습니다. 고생대 데본기에 등장한 씨앗은 축축한 환경에서 만들어지는 포자와 달리 물이 없는 환경에서도 생성될 수 있었습니다. 또한 씨앗에는 어린싹인 배아를 보호하는 껍질과 그 안에 배아가 싹틀 때 필요한 양분(배젖이나 떡잎)이 들어 있기 때문에 극도의 건조함 같은 가혹한 조건에서도 살아남아 적당한 환경이 주어지면 발아할 수 있었습니다. 이 같은 이점으로 씨앗을 가진 식물은 고사리들이 살지 못하는 지역을 넘어 전 세계로 퍼져나갈 수 있었습니다.

지금은 멸종되어 화석으로만 만날 수 있는 '종자고사리'는 식물체의 전체 모습은 포자로 번식하는 나무고사리(나무처럼 크게 자라는 고사리종)와 비슷하지만 '씨앗을 맺는' 식물이었습니다. 이 종자고사리가 고사리식물과 종자식물의 중간 단계이자 오늘날 종자식물의 조상이라고 할 수 있죠. 종자고사리는 씨앗이 밖으로 드러난 겉씨식물로, 이는 씨앗을 갖는 식물의 첫 번째 형태였습니다.

멸종된 종자고사리와는 다르게 오늘날에도 살아 있는 식물로 만날 수 있는 겉씨식물 중 지구에 가장 먼저 나타난 것은 소철입니다. 소철류는 고생대 석탄기에 지구에 출현한 후로 페름기를 거쳐 중생대 쥐라기에 번성한 식물입니다. 겨울에도 푸른 깃털 모양의 크고 단단한 잎을 뽐내며, 줄기는 단단한 목질이고, 매우 느리게 성장해 천년 넘게 살기도 합니다.

쥐라기에 무척이나 다양했던 소철류는 백악기 후로 꽃을 가지고 점차 세력을 넓히는 속씨식물에 밀려 많은 종이 멸종되었습니다. 그리고 현재 열대지역과 아열대지역에 300여 종이 남아 그들이 번성하던 먼 옛날의 모습을 유지한 채 살아가고 있다고 여겨지고 있습니다. 그래서 소철류를 흔히 '살아 있는 화석 living fossils'이라고 부르죠.

1859년 진화론의 아버지 찰스 다윈이 처음으로 사용한 이 표현은 수억 년 동안 시간의 흐름을 견디며 크게 변치 않은 채로 여전히 오늘을 살고 있는 생물을 일컫는 데 쓰이고 있습니다. 소철류뿐만 아니라 고사리식물인 석송*Lycopodium clavatum*과 또 다른 겉씨식물인 은행나무*Ginkgo biloba*, 메타세쿼이아*Metasequoia glyptostroboides* 등이 그 옛날의 형태를 그대로 간직한 '살아 있는 화석'으로 칭송받습니다. 하지만 크게 변하지 않은 모습만을 두고 화석에 새겨진 식물이 오늘날 살아 있는 식물로 이어졌다고 하기엔 증거가 부족합니다. 더구나 식물을 분류할 때에 중요한 씨앗을 포함한 부분, 목질의 종류, 잎의 표피 등 식물체 전체가 화석으로 보존되는 경우가 거의 없기 때문에 화석 속의 식물을 분류하는 일은 틀릴 수 있습니다. 그래서 '살아 있는 화석'에 대한 비판적인 시각이 존재하기도 하기도 합니다.

사실 다윈은 《종의 기원On the Origin of Species》에서 '살아 있는 화석'이라는 말을 처음 사용했지만, 이 용어를 정의한 적은 없습니다. 그는 포유류이지만 조류와 파충류처럼 알을 낳는 오리너구리*Ornithorhynchus anatinus*처럼 자연 상태에서 다소 떨어져 있는 생물군을 연결하는 중간 형태의 생물종을 설명하며, 이 희한한 형태를

'거의 살아 있는 화석'이라 할 수 있다고 언급했을 뿐입니다. 겉씨식물의 첫 번째 형태인 종자고사리가 고사리와 닮은 외모지만 씨앗을 갖는 식물이었고 또한 고사리식물과 겉씨식물의 중간 형태를 나타내는 '멸종된 식물'의 화석인 데 반해, 오리너구리는 그야말로 '살아 있는 화석'이라는 뜻인 것이죠. 다윈은 오리너구리가 한정된 지역에 살았기 때문에 심한 경쟁에 노출되지 않아 멸종되지 않고 오늘날까지 살아남을 수 있었다고 설명했습니다.

많은 과학자가 '살아 있는 화석'이 수백만 년 전의 화석과 비슷해 보인다고 해서 마치 진화를 멈춘 채 오늘날까지 살아남아 있다고 생각해서는 안 된다고 주장합니다. 모든 진화가 눈에 보이는 차이로 이어지는 건 아니기 때문입니다. 진화는 때때로 생물의 게놈(genome, 생물체에 들어 있는 모든 유전 정보)에 숨겨진 채로 남아 있으며, 모든 생물은 끊임없이 진화하고 있으니까요.

부활의 왕

그렇다면 소철류를 '살아 있는 화석'이라고 말할 수 있을까요? 사실 현재의 소철류는 중생대에 번성하던 그 소철류가 아닙니다. 물론 소철류의 혈통 자체는 고대로부터 지금까지 이어져온 것이라고 할 수 있지만 현재 지구에 살고 있는 소철류들은 비교적 최근에 생겨난 것입니다. 중생대 쥐라기를 '소철의 시대'라고 부를 만큼 쥐라기에 큰 번영을 누렸던 소철류는 중생대 말기에 꽃을 가진 속씨식물에 그 자리를 내어주며 97%가 멸종되

고 말았습니다. 하지만 소철의 끈질긴 생명은 끊어지지 않은 채로 이어오다 신생대 중반(마이오세)에 다시 한번 다양화되어 현재 300여 종으로 분화되었습니다.

소철류는 오스트레일리아와 아프리카, 동남아시아, 남아메리카에서 거의 동시에 여러 종으로 다양화되었습니다. 이러한 소철류의 부활은 그 당시 전 세계의 대륙이 오늘날의 위치로 자리 잡으면서 지구가 계절을 갖는 기후로 변화했기 때문에 가능했습니다. 소철류는 그들이 한창 번성하던 쥐라기 때와 비슷한, 여름에 비가 많이 오는 열대 기후와 아열대 기후에 정착해 다시금 번영을 꿈꿀 수 있게 되었죠. 그래서 소철은 '살아 있는 화석'이라기보다 '부활의 왕'이라고 할 수 있습니다.

현존하는 300여 종의 소철류를 '살아 있는 화석'이라고 할 수는 없겠지만 소철류는 다윈이 의미했던 두 생물군을 연결하고 있는 중간 단계의 생물은 맞습니다. 왜냐하면 소철류는 고사리식물의 특징[1]을 가지고 있는 동시에, 씨앗을 맺는 식물(종자식물)이기 때문입니다. 오늘날의 소철류가 갖고 있는 이 특징은 멸종과 부활을 거치는 동안에도 그대로 가지고 내려온 조상의 유산이라고 할 수 있습니다. 이 유산을 통해 소철류는 '현재 지구상에 살고 있는 겉씨식물 중에서 가장 오래된 식물'의 계통이 되었죠.

1 고사리식물의 특징은 편모를 가진 정자가 있다는 것입니다. 정자는 밑씨에 있는 난자를 만나 씨앗을 만드는 생식 세포를 이릅니다.

하지만 소철류의 부활에도 현재 소철류의 3분의 2는 국제자연보전연맹IUCN의 멸종위기식물 목록[2]에 등재되어 있으며, 소철들은 그 어떤 식물군보다 크게 멸종 위협을 받고 있습니다. 소철류가 비교적 최근에 빠르게 다양화되었기 때문에 유전적 스펙트럼이 넓지 않기 때문입니다. 따라서 자신이 처한 환경이 변하면 이에 적응하지 못하고 대부분이 사라지고 마는 것입니다. 결국 소철들은 인간의 손에 '여섯 번째 대멸종(인간의 활동으로 엄청난 속도로 이루어지고 있는 멸종)'을 맞는 희생자가 될 확률이 높습니다.

쇠로 깨어난다

다양한 소철류 중에서 우리나라에서는 따뜻한 남부지방에 소철*Cycas revoluta*을 심어 기르고 있습니다. 소철은 잎이 아름다워 관상용으로 가치가 높은 식물이죠. 하지만 소철의 씨앗을 비롯한 식물의 모든 부분에는 소철류에만 존재하는 독특한 독소인 사이카신cycasin이라는 물질이 들어 있어 먹지 않도록 조심해야 합니다. 이 물질은 섭취 시 구토와 설사, 발작 등을 일으키며 나아가 암과 신경질환을 일으키는 것으로 알려져 있습니다. 하지만 이런 독성에도 사람들은 소철의 씨앗과 줄기, 뿌리를 말려 빻은

2 국제자연보전연맹은 전 세계 자원 및 자연 보호를 위해 1948년 설립된 세계 최대 규모의 국제 환경 기구입니다. 국제자연보전연맹에서는 적색목록(Red List)을 만들어 멸종 위험이 있는 식물, 동물, 곰팡이 등을 총 9개(절멸, 야생절멸, 위급, 위기, 취약, 준위협, 최소관심, 정보부족, 미평가) 범주로 분류해 보호를 촉구하고 있습니다.

다음 독성을 제거하는 과정을 거쳐 탄수화물(전분)을 추출해 식량으로 이용하기도 했습니다. 특히 오스트레일리아의 원주민들에게 소철 씨앗은 중요한 탄수화물 공급원이었습니다.

소철의 이름을 풀이해보면 깨어날 소蘇와 쇠 철鐵, 즉 '쇠로 깨어난다'라는 뜻으로 아무리 죽어가는 소철이라 해도 쇠못을 끼우거나 박아두면 다시 살아난다는 데서 유래한 것입니다. 그만큼 철분을 좋아하는 식물이라고 할 수 있죠. 배고픈 사람에게는 소중한 식량이기도 했으며, 현재는 아름다운 잎으로 사람들의 눈을 즐겁게 해주는 소철이 조상이 물려준 특징을 그대로 간직한 채 부활의 왕좌에 다시 올라갈 수 있기를 바라봅니다. 나머지 3분의 1의 소철류마저 멸종위기에 처하기 전에, 너무 늦지 않아야 할 것입니다.

선택받은 행운아

은행나무 *Ginkgo biloba*

소철과 마찬가지로 고사리식물의 특징인 편모가 달린 정자를 가지고 있는 동시에 포자가 아닌 씨앗을 맺는 또 하나의 식물로는 은행나무가 있습니다. 겉씨식물인 은행나무의 첫 혈통은 고생대 페름기에 출현했으며, 지금의 은행나무와 비슷한 형태를 가진 개체(은행나무속 식물들)가 출현한 것은 중생대 쥐라기 때입니다. 이 식물들은 쥐라기와 백악기 때 다양한 종류로 분화하며 번성했습니다. 하지만 이들은 신생대에 들어서 변화하는 기후와 꽃이라는 무기를 가지고 점점 우세해지는 속씨식물에 밀려 소철류와 함께 쇠퇴의 길을 걸어야 했습니다.

결국 오늘날에는 중국의 일부 지역에 은행나무 1종만이 살아남고 나머지 다른 은행나무류들은 멸종되어 화석으로만 남게 되었습니다. 그런데 그 일부 지역의 은행나무도 스스로 번식해 자라는 것이 아니라 오래전부터 인간이 심어 기른 것이라는 의견이 있습니다. 그렇다면 우리 주변에 가로수로 쉽게 보이는 은행나무는 어디서 온 것일까요? 이 은행나무는 수천 년 전부터 씨앗을 먹기 위해 은행나무를 심어 길렀던 중국에서 불교 문화와 더불어 우리나라로 전파된 것이라고 합니다. 한반도로 건너온 은행나무는 식용인 씨앗과 함께 아름다운 단풍으로 인간들을 매료시켰으며, 여러 곳에 심어져 이제는 어디서나 만날 수 있는 나무가 되었죠. 결국 은행나무는 인간들의 취향에 딱 들어맞아 멸종을 피할 수 있었던 것입니다.

사실 은행나무는 사람들에게 사랑받을 수밖에 없는 나무입니다. 앞서 이야기한 씨앗과 단풍 말고도 은행나무는 여러 가지 장점을 가지고 있기 때문이죠. 먼저 은행나무에는 벌레가 꼬이지 않습니다. 은행나무는 자신을 갉아먹으려는 곤충을 막는 화학물질을 만들어내는 동시에 그 곤충의 천적을 유인하는 물질을 방출합니다. 또 은행나무는 곰팡이나 박테리아의 침입에도 강해서 잎이 썩거나 상하는 경우가 거의 없습니다. 오늘날과 같이 오염되고 척박한 도시 환경에서도 은행나무는 아주 잘 자랍니다. 은행나무는 높은 수준의 대기 오염을 견딜 수 있으며, 콘크리트 아래에서도 번성할 수 있는 강인한 뿌리를 가지고 오래도록 그 자리에서 서 있습니다.

은행나무의 강인함이 세계적으로 알려진 것은 제2차 세계대전 때문입니다. 1945년 8월 6일 미국의 비행기가 일본 히로시마에 원자폭탄을 떨어뜨려 엄청난 피해가 발생했는데, 폭발의 중심부에서 1~2km 안에 있던 은행나무 6그루가 다음 해에 다시 새싹을 틔운 것을 사람들이 보게 된 것입니다. 히로시마에 떨어졌던 원자폭탄은 반경 1.6km를 모조리 파괴하고 말았지만 은행나무는 검게 그을렸을 뿐 다시 새싹을 틔우고 살아났습니다. 그리고 이 은행나무들은 지금까지도 살아 있다고 합니다. 은행나무는 이 엄청난 생명력으로 멸종의 위기에서 벗어났기에 인간들에게 선택되었는지 모릅니다.

은행나무를 처음으로 서양에 알린 사람은 독일의 박물학자이자 의사였던 엥겔베르트 캠퍼입니다. 그는 1683년부터 12년간 러시아를 시작으로 중국과 일본 등 아시아의 여러 나라를 여행했고, 1712년 자신의 여행기를 담은 책을 출판하며 일본에서 만났던 은행나무를 서양에 알렸습니다. 라틴어로 쓴 그의 책《회국기관Amoenitatum Exoticarum》에서 그는 어디서도 본 적 없는 이 신기한 나무를 소개했습니다. 그런데 여기서 그는 은행나무의 철자를 틀리게 적고 맙니다. 그는 은행(銀杏, 은살구)의 일본어 발음인 '긴쿄ginkyo'를 '긴코ginkgo'라고 잘못 표기했고, 1771년 분류학의 아버지 칼 린네가 이를 그대로 발표하는 바람에 은행나무 학명 가운데 속명이 *Gingko*가 되어버렸습니다.

캠퍼는 유럽으로 돌아올 당시 은행나무 씨앗을 가져왔고 이것이 묘목으로 자라 1730년 유럽에서 최초로 네덜란드에 있는 식물원에 은행나무가 심어졌다고 합니다. 그 당시 유럽 사람들은 이 이국적인 나무에 매료되었고, 유럽에서 은행나무는 빠르게 전파되었습니다. 그리고 이 은행나무의 후손은 1758년에 영국으로, 다시 1784년에는 아메리카 대륙의 필라데피아에 첫발을 디디게 되었습니다. 그 후 미국 내의 여러 곳에서도 은행나무는 사람들에게 사랑받는 나무가 되었죠.

그런데 2010년 중국의 한 식물학자의 연구에 따르면 중국과 한국, 일본, 유럽 및 미국에 자라고 있는 오래된 은행나무 145개체의 유전자를 분석한 결과 놀랍게도 유럽과 미국에서 가장 오래된 은행나무가 우리나라 경상북도 청도군에 있는, 조선 중종 4년(1509년)에 심어진 은행나무(경상북도 기념물 제109호)와 유전적으로 비슷하다고 합니다. 그렇다면 이 결과는 유럽과 미국에 건너간 최초의 은행나무가 캠퍼가 가져갔던 일본 은행나무의 후손이 아니라 우리나라 은행나무의 후손이라는 것일까요? 안타깝게도 우리나라의 은행나무가 1730년에 유럽으로 전파되었다는 기록이 없기 때문에 이를 확인할 길은 없습니다. 다만 중국에서 우리나라로 건너온 은행나무가 일본을 거쳐 캠퍼의 손에 들려 유럽으로 갔을 수도 있고, 중국의 한 은행나무의 후손이 우리나라에도 일찍이 심겨져 자라다 중국을 방문했던 유럽인들의 손에 들려 또 다른 후손이 네덜란드의 식물원에 심겨졌고, 그 후손이 미국으로 건너갔다고 추측해볼 수는 있습니다. 비록 이 은행나무들의 확실한 전파 경로를 알 수는 없지만 한 가지 확실한 건 은행나무는 인간들이 기꺼이 심어 길렀기에 멸종에서 멀어진 식물이라는 것입니다.

은행나무는 은행나무가족(은행나무과)의 모든 식물이 멸종될 때까지 살아남은 유일한 생존자입니다. 또한 인간에게 선택받은 행운아죠. 냄새나는 씨앗 껍질을 즐겨 먹으며 은행나무 씨앗을 퍼뜨려 주던 고대의 동물이 멸종된 지금, 인간들이 그 자리를 대신해 은행나무를 전 세계로 퍼뜨리고 있으니까요.

가장 오래 사는 잎 ÷× 웰위치아

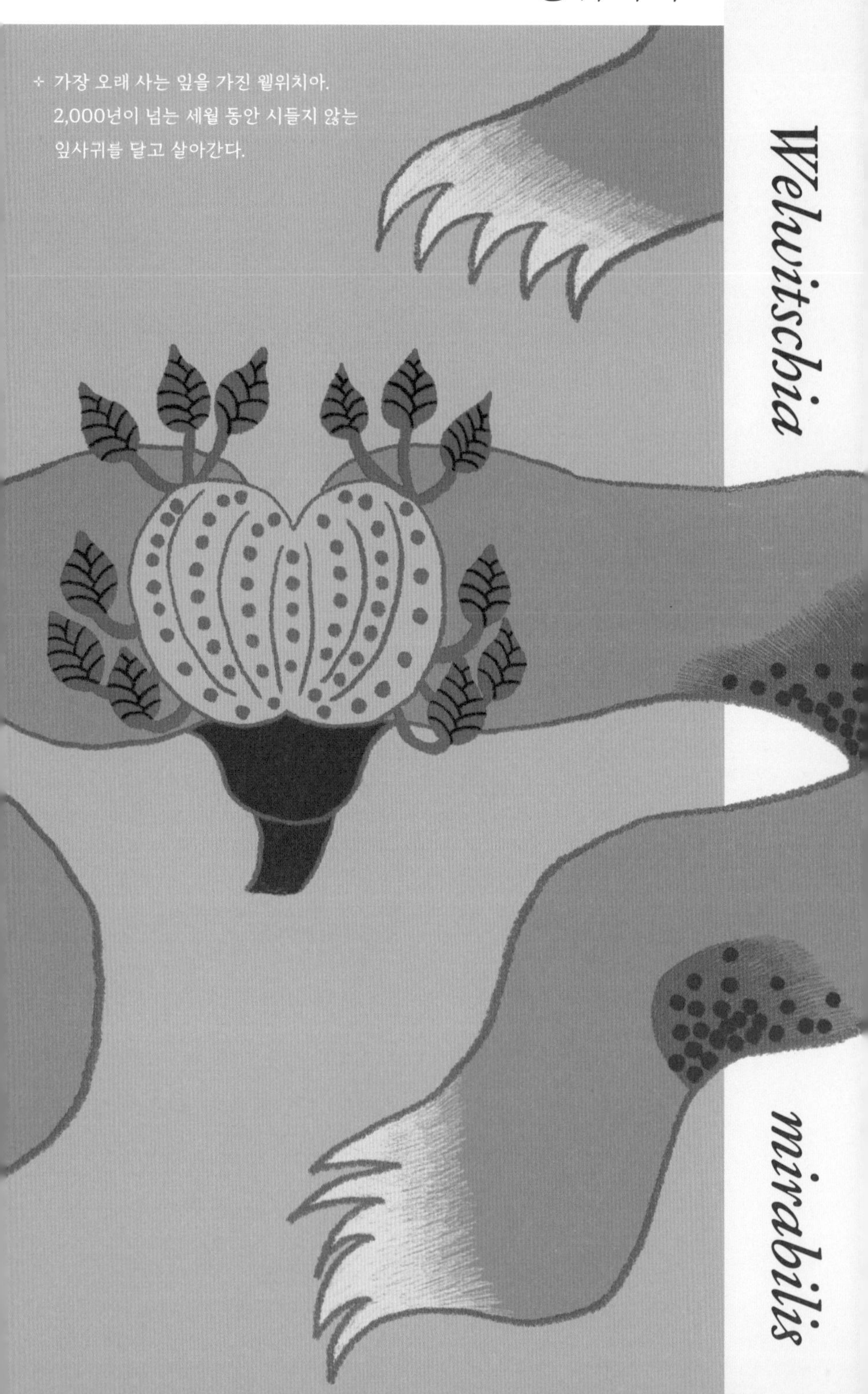

÷ 가장 오래 사는 잎을 가진 웰위치아. 2,000년이 넘는 세월 동안 시들지 않는 잎사귀를 달고 살아간다.

Welwitschia mirabilis

2,000년간 시들지 않는 잎사귀

나무는 수천 년을 살 수 있지만 그 나무에 달리는 잎은 어떨까요? 당연히도 잎은 나무의 줄기와는 달리 대부분 얇을 뿐만 아니라 리그닌과 같은 단단한 조직이 별로 없어서 나무의 수령만큼 오래 살지 못합니다. 잎의 수명은 몇 주에서 몇 년 정도가 대부분이죠. 하지만 그중에서도 칠레소나무*Araucaria araucana*의 잎은 평균 수명이 24년으로 알려져 있어 장수하는 잎으로 유명합니다. 또 앞서 본 세상에서 가장 오래된 살아 있는 나무인 브리슬콘소나무의 잎도 최대 43년을 살 수 있다고 합니다.

장수하는 잎은 서식 환경의 척박함을 보여주는 증거가 되기도 합니다. 토양이 척박할수록 잎의 수명은 늘어납니다. 양분이 부족한 지역일수록 식물이 생존하기 위해서는 새로운 잎을 많이 만들어내기보다 한번 키워낸 잎을 오래 달고 있는 게 효율적이기 때문입니다. 대신 잎이 달려 있으려면 두껍고 단단해야 합니다. 이런 잎은 처음 만들 때는 에너지가 많이 들지만 그만큼 오랫동안 식물에 매달려 있으면서 광합성으로 양분을 만들어내기 때문에 같은 에너지로 얇고 유연한 잎을 여러 개 만드는 것보다 식물에게 이득입니다. 그렇다면 '세계에서 가장 오래 사는 잎'을 달고 있는 식물은 무엇일까요? 어떤 서식환경에서 살며 어떤 모습의 잎을 달고 있을까요? 이를 알아보기 위해서는 남아프리카의 나미브 사막으로 가야 합니다.

남아프리카 남서부 대서양 연안에 있는 나라 나미비아와 앙골라에 걸쳐 있는 나미브 사막은 우리나라 면적의 5분의 4 정도 되는 크기의, 세계에서 가장 오래된 사막 중 하나입니다. 극도로 건조한 이 사막에는 한번 키워낸 잎을 평생 달고 살아가는, 죽지 않는 잎을 가진 식물이 있습니다. 그것도 많게는 2,000년이 넘는 생애 동안 단 2장의 잎을 단 채로 살아냅니다. 그래서 사람들은 이 식물의 이름 앞에 '이상한', '놀라운', '기괴한' 등의 수식어를 붙이곤 합니다. 불가사의한 이 식물의 이름은 웰위치아입니다.

웰위치아는 1859년 오스트리아의 식물학자이자 탐험가인 프리드리히 웰위치가 앙골라를 탐험하다 나미브 사막에서 발견했습니다. 웰위치아라는 이름은 발견자 웰위치의 이름을 딴 것이죠. 이 식물은 땅속으로 깊게 뻗는 뿌리와 그에 비해 짧기만 한 줄기를 가지고 있습니다. 이 줄기는 나이가 들면서 점점 넓어질 뿐 위를 향해 성장하지 않습니다. 웰위치아는 땅바닥에 붙어 있는 듯한 모습으로 평생을 살아가는 겁니다. 줄기는 지름이 150cm가 넘을 만큼 자라기도 하는데, 그 둘레에는 넓적한 끈처럼 생긴 잎 2개가 양쪽으로 자라납니다. 이 잎은 두께가 약 1.4cm이며, 너비는 1.8m, 길이는 6m까지도 자랍니다. 그리고 웰위치아가 죽지 않고 살아가는 동안 줄기에서 절대 떨어지지 않은 채로 붙어 있습니다.

앞에서 이야기한 대로 척박한 환경에서는 한번 키워낸 잎을 여러 해 동안 달고 사는 것이 에너지를 아끼는 일이라고는 하나 무려 2,000년이 넘는 동안 잎을 그대로 달고 있는다는 건 무척 어려운 일입니다. 더욱이 사막의 강한 모래바람은 웰위치아의 넓적한 잎을 수시로 찢어놓죠. 그래서 웰위치아의 잎은 심하게 구불거리는 형태로 변하며, 끝부분은 모래에 하염없이 쓸려 닳아 없어지기도 합니다. 이처럼 고된 환경에서 웰위치아는 어떻게 잎을 평생 달고 살아갈 수 있는 것일까요?

6미터짜리 자라나는 손톱

웰위치아의 평균 수명은 400년에서 1,500년이지만 어떤 개체는 2,000년도 넘게 산다고 합니다. 이렇게 오랜 세월 동안 잎을 달고 살아가기 위해 웰위치아는 잎끝이 닳아 없어지는 만큼 줄기 둘레에 있는 분열조직에서 새로운 잎 조직을 만들어냅니다. 인간의 손톱이 계속 자라나듯 웰위치아의 잎도 계속 자라나는 것이죠. 이렇게 새로 자라나는 잎의 길이는 1년에 8cm에서 15cm에 이른다고 합니다. 이런 속도라면 2,000년을 살아온 웰위치아는 평생 동안 최대 30km나 되는 길이의 잎을 키워낸 셈이 됩니다. 이런 방식은 오래된 잎을 떨구고 새잎을 만드는 것보다 에너지를 줄일 수 있습니다. 또한 모래바람에 상한 잎의 끝부분을 제외한 나머지 부분이 언제나 남아 있어 안정적인 광합성을 할 수 있습니다.

그런데 줄기에서 해마다 15cm씩 새로운 잎 조직이 자라 나온다면, 총 길이가 6m인 잎의 끝에는 40년 전에 나온 잎 조직이 있게 됩니다. 다시 말해 잎 한 장의 끝과 끝이 40년의 시간으로 연결된다는 거죠. 웰위치아는 이런 형태의 잎을 효율적으로 관리하기 위해 새로 나온 잎 부분과 오래전에 나온 잎 부분이 수행하는 광합성의 양을 다르게 하고, 물이 이동하는 양도 다르게 합니다. 즉, 오래된 잎 부분으로 갈수록 광합성 성능은 줄어들거나 멈추게 되고, 최근에 자란 나온 잎 부분으로 갈수록 광합성도 많이, 물도 많이 쓰게 하죠. 이런 방법은 잎의 모든 부분에 에너지를 쏟아 관리하는 것보다 효율적이라고 할 수 있습니다.

경이로운 잎

살아 있는 한 끊임없이 자라나는 웰위치아의 잎은 사막의 가혹한 환경에서 생존에 많은 도움이 됩니다. 웰위치아 줄기가 넓어질수록 잎도 여러 갈래로 갈라져 줄기를 가운데에 두고 사방으로 펼쳐지는데, 이런 형태는 식물의 줄기 밑으로 넓은 그늘을 만들어 강렬한 태양 빛에 뿌리가 마르지 않게 합니다. 또한 두껍고 단단한 잎은 땅을 뒤덮으며 널찍이 펼쳐져 있어 뿌리 근처의 모래가 바람에 쓸려나가지 않게 붙잡아 주는 역할도 합니다. 만약 잎이 없는 기간이 생긴다면 그늘이 사라지고 모래가 파헤쳐져 뿌리가 마르고 말 것입니다.

웰위치아를 처음 발견했던 웰위치는 이 식물을 만난 순간 말할 수 없는 감흥에 휩싸여 무릎을 꿇은 채로 한참을 바라보았다고 합니다. 그리고 이 식물의 표본을 영국 큐 왕립식물원의 원장이었던 조셉 후커에게 보내며 앙골라에서 부르는 이름인 툼보아Tumboa로 발표해달라고 했죠. 툼보아는 웰위치아의 줄기 모습에서 연상되는 나무의 '그루터기'라는 뜻입니다. 하지만 후커는 이 놀라운 식물의 발견자에 경의를 표하며 그의 이름을 따 속명으로 웰위치아*Welwitschia*를, 이어지는 종소명에는 미라빌리스*mirabilis*

라는 형용사를 붙였습니다. 미라빌리스는 라틴어로 '멋진', '경이로운'이라는 뜻이죠. 후커의 선택대로 웰위치아는 오늘도 나미브 사막에서 '멋진' 잎사귀를 달고 살아가고 있습니다.

Amborella trichopoda
✢ 모든 꽃의 조상과 가장 가까운 암보렐라.
미스터리한 꽃의 기원을 풀 열쇠다.

지독한 미스터리

바다에 살았던 식물의 조상을 뒤로하고 육지로 올라온 첫 식물인 이끼식물, 그리고 그 뒤를 이어 등장한 관다발을 가진 고사리식물, 씨앗을 가진 겉씨식물의 출현은 식물이 끊임없이 진화하고 있음을 보여줍니다. 그리고 마지막으로 등장한 속씨식물(씨앗이 씨방 안에 싸여 있으며, 꽃을 피우는 식물)의 행보는 꽤 의아하고 신비로운 사건이었습니다. 그들은 고생대에 겉씨식물과의 공통 조상으로부터 갈라져 나왔지만 1억 년 넘게 이렇다 할 존재감을 보이지 않다가 갑자기 중생대 백악기 초기에 등장해 폭발적으로 다양해지며 지구를 점령해버렸으니까요. 물론 그 1억 년이라는 기간에 속씨식물이 존재했었음을 말해주는 꽃가루 화석은 발견되었습니다. 하지만 그 기간에 확실한 증거가 될 씨방을 가진 식물의 형태를 보여주는 화석은 거의 발견되지 않고 있습니다.

속씨식물은 겉씨식물과 조상이 같은 것이지 겉씨식물의 후손은 아니기 때문에 겉씨식물이 번성하던 때에 속씨식물의 계통도 지구 어딘가에서 명맥을 이어왔을 것입니다. 그러면 속씨식물은 1억 년이 넘는 시간 동안 모습을 거의 드러내지 않다가, 어떻게 갑자기 그토록 놀라운 속도로 번성할 수 있었을까요? 진화론의 아버지 찰스 다윈마저도 이러한 속씨식물의 기원을 '지독한 미스터리abominable mystery'라고 표현했을 정도로 이 문제는 해답을 찾기 어려운 문제였습니다. 이에 여러 과학자가 고생대 후기부터 중생대 쥐라기까지의 화석들을 분석해 속씨식물의 기원을 밝히려고 노력해왔습니다.

화석에 담긴 발자취

지금까지 발견된 화석 중에서 가장 오래된 속씨식물은 중생대 쥐라기 초기인 1억 7,400만 년 전의 지질층에서 찾은 난징간투스 덴드로스틸라*Nanjinganthus dendrostyla*입니다. 참고로 이 학명에서 Nanjing은 발견된 도시 난징에서 왔고, anthos는 라틴어로 '꽃', dendro는 '나무 모양', stylus는 '암술대'를 의미합니다. 이 식물 화석은 쥐라기 초기 시대의 화석이 풍부한 중국의 난징 지역에서 발견되어 2018년에 발표되었으며, 화석 속에 속씨식물의 가장 큰 특징인 씨앗을 감싸고 있는 씨방의 모습이 뚜렷하게 남아 있었습니다. 활짝 핀 꽃은 지름이 1cm 정도였고 꽃받침과 꽃잎이 4~5장씩 있었으며 뚜껑을 덮은 컵 모양을 한 씨방 안에 씨앗이 1~3개 담겨 있었죠.

그 후 2022년 중국 내몽골의 쥐라기 중기(1억 6,400만 년 전) 지층에서 완전한 모습의 꽃봉오리와 씨방이 발달한 열매를 가진 식물 화석이 발견되었습니다. 플로리게르미니스 쥬라시카*Florigerminis jurassica*라는 이 식물의 화석에는 꽃잎 4개에 둘러싸인 길이 4mm의 꽃봉오리와 길이 1cm의 둥근 열매가 한 가지에 달려 있는 모습이 잘 나타나 있었습니다. 이 식물의 학명이 그러한 특징을 요약해서 보여줍니다. 라틴어로 flori는 '꽃', germinis는 '봉오리', jurassica는 '쥐라기'를 의미하죠. 이 식물의 화석에는 꽃이 봉오리 상태로 남아 있어 씨방의 모습이 잘 드러나지는 않

으나, 같은 가지에 발달한 열매가 씨방의 존재를 말해주고 있습니다. 또한 단단한 가지에 떨어진 잎의 흔적이 있는 것으로 보아 이 식물은 여러 해를 사는, 낙엽이 지는 나무라는 점도 추측할 수 있습니다.

이러한 화석이 발견될 때마다 속씨식물의 발자취는 하나씩 밝혀지고 있습니다. 하지만 아직까지도 속씨식물이 어떤 형태에서 진화해오다 그처럼 짧은 시간에 다양화되었는지는 확실히 알려지지 않았습니다. 일반적으로 꽃은 줄기나 잎과 달리 연하고 무르다는 특징이 있어서 화석으로 남기 힘듭니다. 그래서 속씨식물의 화석은 좀처럼 발견되기 어렵죠. 어떤 학자들은 속씨식물이 아마도 물속과 같은 화석이 만들어지기 힘든 환경에 주로 살았을 거라고 주장하기도 합니다.

분명한 건 속씨식물은 갑자기 놀라운 속도로 번성해 오늘날 모든 식물종의 90%에 달하는 35만 종이라는 다양함을 보유하고 있다는 것입니다. 이 숫자는 전 세계의 겉씨식물이 1,000여 종에 불과한 것과는 상당히 대조되는 현실입니다.

고유종의 천국, 뉴칼레도니아

그렇다면 오늘날 겉씨식물과의 공통 조상에서 가장 먼저 갈라져 나온, 살아 있는 속씨식물은 무엇일까요? 그 식물은 태평양의 남서쪽에 있는 뉴칼레도니아(프랑스령 섬으로 오스트레일리아의 북동쪽에 위치)의 열대우림에서만 서식하는, 키가 작은 상록수 암보렐라입니다. *Amborella trichopoda*라는 학명에서 ambora는 '암보라'라는

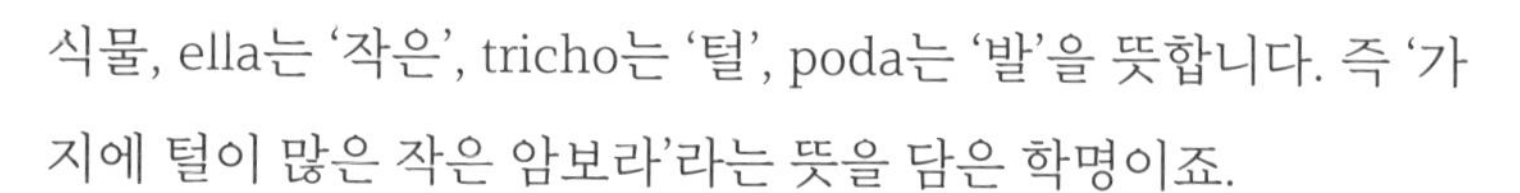
식물, ella는 '작은', tricho는 '털', poda는 '발'을 뜻합니다. 즉 '가지에 털이 많은 작은 암보라'라는 뜻을 담은 학명이죠.

암보렐라는 살아 있는 속씨식물의 가계도에서 조상으로부터 가장 먼저 갈라져 나온 식물이기 때문에 가장 원시적인 속씨식물로 여겨집니다. 물론 속씨식물의 조상이 암보렐라와 똑같이 생긴 것도 아니며 암보렐라가 속씨식물의 조상도 아닙니다. 단지 오늘날 살아 있는 속씨식물 중에서는 암보렐라가 지구에서 가장 먼저 꽃을 피우는 식물로 살아왔다는 것입니다. 즉 암보렐라는 속씨식물의 조상과 가장 가까운, 살아 있는 친척이라고 할 수 있죠.

암보렐라와 다른 속씨식물들의 DNA를 분석한 결과 암보렐라는 중생대 트라이아스기(2억 년 전)에 속씨식물의 조상에서 갈라져 나왔다고 합니다. 그렇다면 암보렐라가 2억 년 동안이나 지구에서 멸종되지 않고 살아남을 수 있었던 이유는 무엇일까요? 그것은 아마도 이 식물이 뉴칼레도니아에 살았기 때문일 것입니다. 오늘날의 모든 대륙이 하나로 합쳐져 있던 고생대 말의 초대륙 판게아가 중생대(2억 년 전)에 갈라지기 시작해 북쪽의 로라시아와 남쪽의 곤드와나 대륙으로 갈라질 때 뉴칼레도니아는 곤드와나 대륙에 붙어 있었습니다. 그 후 중생대 말인 8,500만 년 전 뉴칼레도니아는 오스트레일리아 대륙에서 분리되어 지금까지 섬으로 남아 있습니다.

이렇게 오랫동안 다른 지역과의 교류 없이 고립된 곳이라는 지리적 특성과 따뜻하고 안정적인 기후라는 특성이 더해져 뉴

칼레도니아에는 3,000여 종의 관속식물[1]이 살고 있으며, 이 중에서 70%가 넘는 종이 고유종(그 지역에만 사는 생물종)입니다. 즉, 뉴칼레도니아는 우리나라의 5분의 1에 해당하는 작은 면적에도 불구하고 우리나라 관속식물의 70%가 넘는 식물종 수를 가지고 있으며, 우리나라가 10% 정도의 고유종을 가지고 있는 것에 비해 아주 높은 비율의 고유종을 가지고 있는 것입니다. 결국 암보렐라를 비롯한 많은 뉴칼레도니아의 고유 식물들은 그들이 사는 지역 덕에 멸종되지 않고 지금까지 살아남을 수 있었던 것이죠.

암보렐라는 꽃을 피우긴 하지만 다른 속씨식물과는 달리 겉씨식물과 고사리식물처럼 줄기에 가짜 물관(헛물관)을 가지고 있습니다. 가짜 물관이란 암보렐라를 제외한 속씨식물이 갖는 물관(빨대처럼 생긴 관으로 이어져 있는 통로)처럼 물의 이동통로이기는 하지만 위아래가 뚫린 관이 아닌, 여러 개의 세포가 비스듬히 맞물려 있어 이 세포들의 옆벽에 있는 구멍을 통해 물이 이동하는 형태를 말합니다. 이처럼 겉씨식물과 고사리식물의 특성을 공유하고 있다는 것은 암보렐라가 그만큼 겉씨식물과 속씨식물과의 공통 조상에서 갈라져 나온 지 얼마 안 된 것을 말해줍니다.

1 관다발식물이라고도 하며, 조직 속에 관다발이 없는 이끼식물을 제외한 식물(고사리식물, 겉씨식물, 속씨식물)을 일컫습니다.

속씨식물의 조상과 가장 가까운 친척

암보렐라는 꽃을 피우기 시작한 속씨식물의 가장 오래된 선배인 셈입니다. 그렇다면 암보렐라는 어떻게 생긴 꽃을 피울까요? 그리고 이 꽃을 통해 우리는 무엇을 알 수 있을까요? 암보렐라는 꽃가루가 있는 수꽃과 열매를 맺는 암꽃을 각각의 나무에 따로 피웁니다. 이를 암수딴그루라고 하죠. 연한 노란색으로 피어나는 수꽃과 암꽃의 지름은 4mm 정도로 작습니다. 수꽃은 9~12개의 화피(꽃잎과 꽃받침의 구별이 없을 때 그것들을 합쳐 부르는 말)와 10~20개의 수술로 이루어져 있는데, 수술에서 꽃가루가 있는 부분이 V자 형태로 되어 있습니다. 그리고 암꽃은 화피 7~8장과 연두색 암술 5개, 그리고 가짜 수술 1~2개로 이루어

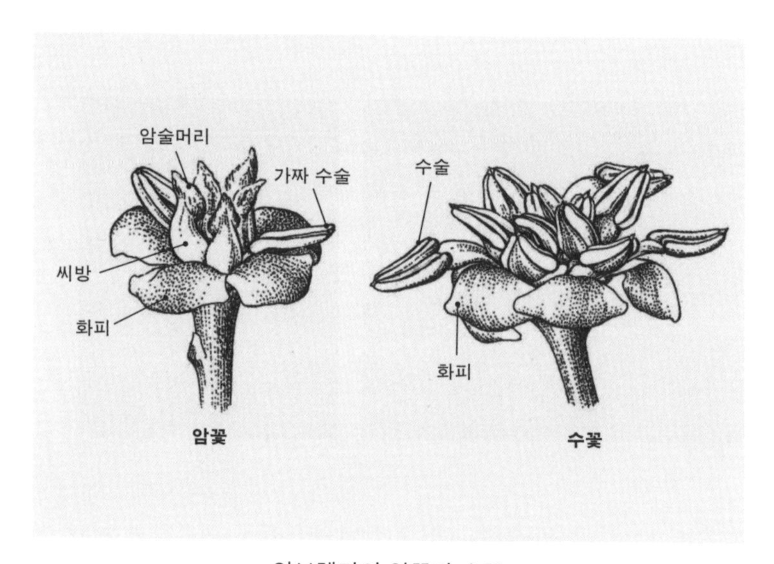

암보렐라의 암꽃과 수꽃

져 있습니다.

꽃가루가 없어서 헛수술이라고도 하는 가짜 수술은 암보렐라의 암꽃이 초기에는 암술과 수술을 모두 가진 양성화였다는 것을 추측하게 해줍니다. 또한 몇몇 개체에서는 수꽃에서도 작아진 암술을 발견할 수 있으며, 어떤 개체에서는 암술과 수술이 온전히 있는 양성화도 관찰됩니다. 즉 암보렐라의 꽃은 암수딴그루이기는 하지만 부분적으로는 양성화이며, 과거 양성화였던 꽃이 점차 암꽃과 수꽃으로 분화되고 있는 것을 보여주고 있습니다.

또 암보렐라 꽃에 있는 암술은 1cm가 안 되는 지름을 가진 둥글고 빨간 열매로 자라나며, 그 안에는 1개의 씨앗이 들어 있습니다. 이 열매는 향기도 없고 맛도 거의 없지만 손으로 으깨면 빨간 즙이 나오죠. 이러한 암보렐라의 꽃과 열매에서 연상되는 속씨식물의 초기 모습은 다음과 같습니다.

- 양성화(하나의 꽃에 암술과 수술이 모두 있는 꽃)
- 꽃잎과 꽃받침의 구분이 없는 화피(꽃덮이)
- 여러 개의 암술
- 꽃밥과 수술대로 확실히 구분되지 않는 수술
- 암술대와 암술머리가 확실히 구분되지 않는 암술
- 다 익어도 벌어지지 않는 열매

이 외에 암보렐라의 씨방이 씨앗을 완전히 감싸고 있다기보

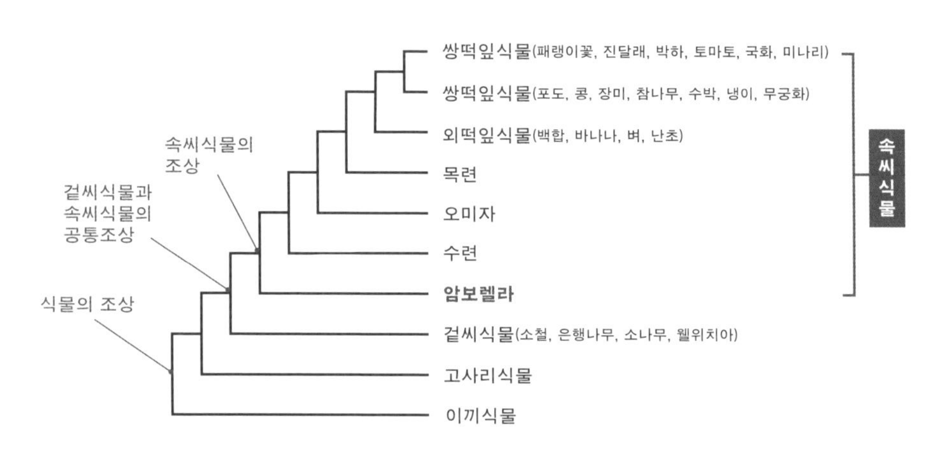

식물의 계통도

다는 봉합되는 부분이 풀과 같은 접착제로 발라져 있다는 점도 원시적인 속씨식물의 모습으로 추측되는 동시에, 씨방이 씨앗을 감싸게 되는 진화 과정을 보여주는 증거로 여겨집니다. 물론 이 특징들이 중생대의 화석에서 발견된 꽃의 모습과는 다를 수도 있지만 현재 살아 있는 속씨식물의 직접적인 조상과 가장 가까운 친척인 암보렐라를 통해 우리는 그 조상의 모습을 추측해 볼 수 있는 것입니다. 이것은 모두 암보렐라가 뉴칼레도니아에 지금까지 살아왔었기에 가능한 것이었죠.

속씨식물은 겉씨식물에는 없던 꽃과 그 속에서 발달한 열매(씨방)를 가지고 곤충을 비롯한 동물과 함께 공진화(서로 다른 종들이 서로 영향을 미치며 진화하는 것)하며 오늘날까지 번성하고 있습니다. 우리의 삶도 꽃에서 파생되는 꿀과 열매, 씨앗에 많은 의지를 하고 있습니다. 우리는 주식인 쌀을 비롯해 달콤한 과일과 채소 및 씨앗을 먹고 살아왔으니까요. 그리고 아름다운 꽃은 그대로의 모습으로도 우리에게 기쁨을 안겨줍니다. 그래서 꽃의 기원은 '지독한 미스터리'라기보다 인간을 비롯한 지구 동물들에게 크나큰 축복이라고 할 수 있습니다.

브리슬콘소나무

브리슬콘소나무의 솔방울

브리슬콘소나무의 촘촘한 조직

울릉도 향나무

오래 산 웰위치아

어린 웰위치아

소철

멕시코 소철

은행나무의 씨앗

은행나무

청도 적천사 은행나무

암보렐라의 암꽃

암보렐라의 잎

암보렐라의 수꽃과 꽃봉오리

나가며

앞으로의 여정

식물은 지구에 나타난 이후로 지금까지 끊임없이 진화해왔습니다. 식물의 범위에 광합성을 하며 물속에 살고 있는 조류(미역, 다시마, 파래, 김 등)까지 포함하는 경우도 있지만, 흔히 우리가 말하는 식물은 이런 조류로부터 육지로 올라온 육상식물입니다. 육상식물은 지구 나이를 1년으로 바꾸었을 때 11월 24일인 4억 6,600만 년 전 고생대 오르도비스기에 이끼식물의 모습으로 지구에 등장한 후 관다발을 가진 고사리식물과 씨앗을 가진 겉씨식물, 그리고 꽃과 씨방을 가진 속씨식물을 차례로 출현시키며 진화의 길을 걸어오고 있습니다.

사실 식물은 이러한 진화의 길을 의도하지는 않았습니다. 지금까지 지구의 자연환경이 그들을 오늘날의 모습으로 이끌고 온 것입니다. 식물을 포함한 모든 생물종은 세대를 거치며 다양한 돌연변이를 세상에 내놓았고, 그들 중에서 다른 개체보다 주어진 환경에 더 잘 살아남아 자손을 퍼뜨렸던 돌연변이들이 새로운 종으로 진화해온 것이죠. 따라서 진화란 '주어진 환경과 그것에 대한 적응(생존, 번식)'이 반복되면서 이루어진 것이며 진화의 방향은 환경에 따라 달라집니다.

결국 환경은 종의 진화를 이끄는 원동력입니다. 이를 '자연선

택natural selection'이라고 하죠. 이것은 영국의 박물학자 찰스 다윈 이 1859년 그의 책 《종의 기원》에서 주장한 이론입니다. 그의 주장에 따르면 다양한 변이가 있는 개체들 중에서 그 환경에 가장 잘 맞는 개체(가장 번식을 많이 하는 개체)가 선택되어 살아남게 되는 과정이 오랜 시간 동안 반복되면서 진화가 이루어진다고 합니다. 오늘날 우리가 만나는 지구의 생물은 모두 이러한 진화의 길을 거쳐왔으며, 지금도 그들은 자연환경의 선택을 받으며 진화하고 있습니다.

하지만 오늘날처럼 환경이 급속도로 변하게 되면 대부분의 생물은 그 환경에 적응할 시간, 즉 생존에 유리한 형질을 가진 돌연변이 개체를 남길 시간이 없게 됩니다. 물론 멸종은 진화의 자연스러운 일부이며 지금까지 많은 생물종이 멸종되어왔죠. 그래서 지금까지 지구에 출현했던 종의 99%가 멸종해버린 상태가 현재라고 합니다. 또 지구의 역사에서는 75%가 넘는 생물종이 짧은 기간 동안 멸종되었던 대멸종 사건도 5번이나 있었습니다. 그러나 오늘날 벌어지는 지구 생물의 멸종은 이전의 대멸종보다 속도가 빠를 뿐만 아니라 이전 대멸종의 원인이었던 대규모 화산 폭발이나 거대한 운석 충돌, 그리고 이로 인한 기후변화가 아니라 지구에 사는 하나의 생물종인 호모 사피엔스Homo sapiens, 즉 인간에 의

해 벌어지고 있습니다.

산업혁명 이후 지난 200년 동안 지구 생물의 멸종률은 급격히 증가했으며, 이는 자연 상태에서 생물종이 멸종하는 비율인 자연 멸종률background extinction rate의 약 1,000배에 이른다고 합니다. 이 수치는 현재 지구 역사상 여섯 번째 대멸종이 진행되고 있다는 것을 의미합니다. 이에 1964년에 설립된 국제자연보전연맹IUCN에서는 전 세계 멸종위기에 처한 생물의 목록(적색목록, Led List)을 만들고 이를 알림으로써 지구의 생물다양성을 보전하기 위해 앞장서고 있습니다. 앞에서 만나보았던 레드우드와 타이탄 아룸, 푸야 라이몬디, 은검초 등도 그 목록에 등재되어 있죠. 우리나라에도 환경부가 지정한 멸종위기야생생물 목록이 있습니다. 그중에서 식물은 암매를 포함한 I급이 11종, 가시연꽃을 포함한 II급이 77종으로 총 88종이 등재되어 있습니다. 이들은 어떤 조치가 없다면 곧 멸종의 위험에 처할 식물들입니다.

앞으로 식물은 어떤 진화의 길을 걷게 될까요? 그리고 지구의 다른 생물들은 어떻게 될까요? 우리는 온난화, 이상기온 등의 뉴스를 볼 때마다 지구의 환경이 심각하게 변하고 있다는 것을 알게 되지만 아직까지 이것이 현실적으로 느껴지는 일은 많지 않습니다. 단지 예전보다 여름이 더 덥고 겨울이 더 춥다는 정도로만 느낄 뿐이죠. 또 생물들의 멸종 소식을 들을 때에도 지구 저편에서 일어나는 작은 사건 정도로만 여기기도 합니다.

현재 인간을 제외한 지구의 모든 생물에게 환경의 변화는 진화의 원동력이 아닌 멸종의 지름길이 되고 있습니다. 그렇다면 다른 생물들이 빠르게 멸종되어가는 지구에서 인간은 안전할까요? 아마 인간이 파괴한 환경으로 생물의 멸종을 우리가 직접 느낄 때가 온다면 인간이라는 종도 이미 멸종의 길에 올라서 있을지도 모릅니다.

우리는 이 책에서 식물의 탄생과 진화에 이은 극한 식물의 세계를 둘러보았습니다. 우리는 그들이 지금의 모습을 갖게 되기까지 보내야 했던 긴 시간을 기억해야 합니다. 그리고 그들의 터전을 빼앗고 파괴하는 일도 멈춰야 합니다. 무엇보다 우리가 지구의 모든 생물과 같은 지위에 있다는 것을 잊지 말아야 합니다.

사진 출처

21p ©Holger Casselmann

22p ©Bryan.calloway

23p ©Bff

24p ©Bernard Spragg. NZ

25p ©Leslie Seaton

27p ©Plant Image Library

29p ©Peripitus

31p ©Giovanni Ussi

110-119p

타이탄 아룸 ©Sailing moose

불염포 안에 숨은 타이탄 아룸의 암꽃과 수꽃 ©W. Barthlott

앉은부채 ©SB_Johnny

추위를 견디는 앉은부채 ©R. A. Nonenmacher

자이언트 라플레시아 ©SofianRafflesia

레드우드 ©LauraB26

용문사 은행나무 ©한국학중앙연구원, 김성철

거삼나무 ©Tuxyso

난쟁이버들의 수꽃 ©MurielBendel

난쟁이버들의 열매 ©El Grafo

한라산 암매 ©국립생물자연관(웹사이트)

잭프루트 ©Treeworld Wholesale

잭프루트의 암꽃과 수꽃 ©কামরুল ইসলাম শাহীন

잭프루트의 열매 ©Alex Popovkin, Bahia, Brazil

서양 호박 ©Nyttend

남개구리밥 | 셔터스톡

남개구리밥의 꽃 | http://cfb.unh.edu/phycokey/phycokey.htm

호밀 ©Alupus

라피아 레갈리스 ©Frettie

아마존빅토리아수련의 잎맥 ©Suguri F

아마존빅토리아수련 ©James Steakley

가시연꽃 ©Krzysztof Ziarnek, Kenraiz

오베로니아 시밀리스 난초 ©Ramesh Med

오베로니아 시밀리스 난초의 씨앗 | 《Orchid Seed Diversity》, 2014

바닐라 난초 ©Malcolm Manners

바닐라 난초의 열매 ©Sunil Elias

코코 드 메르 ©Wouter Hagens

코코 드 메르의 씨앗 ©Brocken Inaglory

157-163p

죽순대 ©ひでわく

죽순대의 뿌리 ©Forest and Kim Starr

팔카타리아 몰루카나 ©Forest and Kim Starr

변경주선인장 ©Tomascastelazo

변경주선인장의 꽃 ©Ken Bosma

사구아로 부츠 ©Sharktapus

서양측백 ©Peter Kelly

효종대왕릉 회양목 ©Jocelyndurrey

뽕나무의 암꽃 ©Jocelyndurrey

뽕나무의 수꽃 ©Krzysztof Ziarnek, Kenraiz

뽕나무의 열매 ©Dinesh Valke

풀산딸나무의 꽃 ©James St. John

샌드박스의 열매 ©Hans Hillewaert | 셔터스톡

푸야 라이몬디 | 셔터스톡

푸야 라이몬디 군락 | 셔터스톡

푸야 라이몬디의 꽃 ©Urrola

238-247p

피마자 ©Stefan.lefnaer

피마자의 씨 ©Sedum

피마자의 열매 ©Forest & Kim Starr

홍두 ©scott.zona

맨치닐 ©georama

맨치닐의 열매 ©Jason Hollinger

악마의 발톱 ©Secrétariat CITES

악마의 발톱의 열매 ©Roger Culos

남가새 ©Lazaregagnidze

짐피짐피 잎의 털 ©CSIRO

짐피짐피 ©Steve Fitzgerald

쐐기풀 ©Jidanni

리토프스 ©C T Johansson

리토프스를 자른 단면 ©C T Johansson

리토프스의 꽃 ©Rolf Engstrand

뿌리와 잎으로만 이루어진 리토프스 ©yellowcloud

사사패모 ©Yang Niu

자바오이의 씨앗 | 셔터스톡

케라토카리윰 아르겐테움 ©Jeremy Midgley

교살자 무화과나무 ©chujoslaw

속이 텅 빈 교살자 무화과나무 ©Prashanthns

교살자 무화과나무가 집어삼킨 앙코르 와트 | 셔터스톡

겨우살이 ©Daniel Ballmer

끈적이는 액체로 둘러싸인 겨우살이의 씨앗 ©0000ff

미국실새삼 ©김진옥

틸란드시아 ©Abd2206

틸란드시아 세로그라피카 ©OpenCage

수염 틸란드시아 | 셔터스톡

308-315p

야레타 | 셔터스톡

야레타의 꽃 ©Matt Berger

야레타 내부 단면 ©Max Antheunisse

아타카마 사막에 펼쳐진 꽃의 향연 | 셔터스톡

남극의 이끼 | 셔터스톡

바위손 ©김진옥

오히아 레후아의 다양한 꽃 ©David Eickhoff

은검초 ©Forest and Kim Starr

은검초의 은빛 털 ©Forest and Kim Starr

거머리말 ©Brew, John

연꽃의 연잎 ©David J. Stang

연꽃의 연근 ©FotoosRobin

부레옥잠 ©Amada44

부레옥잠의 공기주머니 ©Jacopo Prisco

벌레잡이풀(네펜데스) | 퍼블릭 도메인

끈끈이주걱 ©Jacopo Prisco

파리지옥 ©CostaPPPR

통발 ©Andrea Moro

유칼립투스의 꽃과 잎 ©JonRichfield ©Ethel Aardvark

유칼립투스의 줄기 ©Krzysztof Golik

356-361p

브리슬콘소나무 ©Gnarly

브리슬콘소나무의 촘촘한 조직 | 셔터스톡

브리슬콘소나무의 솔방울 | 셔터스톡

울릉도 향나무 | 울릉군청 웹사이트

오래 산 웰위치아 | 셔터스톡

어린 웰위치아 ©Willyman

소철 ©Emőke Dénes

멕시코 소철 ©David J. Stang

은행나무 ©Cayambe

은행나무의 씨앗 ©Harlaching

청도 적천사 은행나무 ©한국민족문화대백과

암보렐라의 암꽃 ©김진옥

암보렐라의 잎 ©Stan Shebs

암보렐라의 수꽃과 꽃봉오리 ©Scott Zona

극한 식물의 세계

초판 1쇄 2022년 9월 23일

지은이 김진옥 소지현
일러스트 전태형

펴낸이 김한청
기획편집 원경은 김지연 차언조 양희우 유자영 김병수 장주희
마케팅 최지애 현승원
디자인 이성아 박다애
운영 최원준 설채린

펴낸곳 도서출판 다른
출판등록 2004년 9월 2일 제2013-000194호
주소 서울시 마포구 양화로 64 서교제일빌딩 902호
전화 02-3143-6478 **팩스** 02-3143-6479 **이메일** khc15968@hanmail.net
블로그 blog.naver.com/darun_pub **인스타그램** @darunpublishers

ISBN 979-11-5633-496-5 03480